博碩文化

Jason Alls 著　　江玠峰 譯

Clean Code
學派的風格實踐

重構遺留 Codebase，突破 C# 效能瓶頸

Clean Code in C#

Clean Code 學派的風格實踐

重構遺留 Codebase，突破 C# 效能瓶頸

Clean Code in C#

Packt>

本書如有破損或裝訂錯誤，請寄回本公司更換

作　　者：Jason Alls
譯　　者：江玠峰
責任編輯：盧國鳳

董 事 長：陳來勝
總 編 輯：陳錦輝

出　　版：博碩文化股份有限公司
地　　址：221 新北市汐止區新台五路一段 112 號 10 樓 A 棟
　　　　　電話 (02) 2696-2869　傳真 (02) 2696-2867

發　　行：博碩文化股份有限公司
郵撥帳號：17484299
戶　　名：博碩文化股份有限公司
博碩網站：http://www.drmaster.com.tw
讀者服務信箱：dr26962869@gmail.com
訂購服務專線：(02) 2696-2869 分機 238、519
（週一至週五 09:30～12:00；13:30～17:00）

版　　次：2021 年 06 月初版一刷

建議零售價：新台幣 690 元
I S B N：978-986-434-789-6
律師顧問：鳴權法律事務所 陳曉鳴律師

國家圖書館出版品預行編目資料

Clean Code 學派的風格實踐：重構遺留 Codebase,
突破 C# 效能瓶頸 / Jason Alls 著；江玠峰譯.
-- 新北市：博碩文化股份有限公司, 2021.06
面；　公分
譯自：Clean Code in C#.
ISBN 978-986-434-789-6(平裝)

1.C#(電腦程式語言)

312.32C　　　　　　　　　　　　110008318

Printed in Taiwan

博碩粉絲團

歡迎團體訂購，另有優惠，請洽服務專線
(02) 2696-2869 分機 238、519

感謝我的父母在生活中和事業上對我的支持。感謝軟體世界中所有讓我的職涯成為可能的人,他們僱用我、培訓我,與我並肩工作。是你們幫助我達到今日的成就。謝謝大家!

貢獻者

作者簡介

Jason Alls 在使用 Microsoft 技術寫程式這方面有超過 21 年的經驗。他的職業生涯始於一家澳大利亞公司，從開發「客服中心管理報告軟體」開始，這個軟體被全球客戶使用，包括電信業者、銀行、航空公司和警察單位。然後，他繼續開發「GIS 市場應用程式」，並在銀行產業從事 Oracle 與 SQL Server 之間的資料移轉工作。自 2005 年起，他獲得了 MCAD in C# 的微軟專業認證，並參與了各種桌面、Web 和行動裝置的應用程式開發。

Jason 目前任職的企業被公認為是教育軟體領域的全球領導者，他開發並且支援以 ASP.NET、Angular 和 C# 所編寫的「閱讀障礙測驗和評估軟體」。

感謝我的父母在生活中和事業上對我的支持。感謝軟體世界中所有讓我的職涯成為可能的人，他們僱用我、培訓我，與我並肩工作。是你們幫助我達到今日的成就。謝謝大家！

特別感謝 Packt Publishing 的所有工作人員，他們不僅為我提供了寫作機會，還協助我改善了內容。這真是一個令人大開眼界的體驗，也是一次愉快的經歷。您們在寫作過程中給予我的支援和付出，讓像我這樣的電腦程式設計師成為了一位成功的作家。沒有您們的熱情參與，這本書就不可能完成。

審閱者簡介

Omprakash Pandey，Microsoft 365 顧問，在過去的 20 年間一直與業界專家合作，以了解專案需求並致力於專案實作。他培訓了 50,000 多位極具抱負的開發人員，並協助開發了超過 50 種企業應用程式。他提供了有關 .NET 開發、Microsoft Azure 和其他技術的創新解決方案。他曾在許多地方為多位客戶工作，這些客戶包括 Hexaware、Accenture、Infosys 等。他成為 Microsoft Certified Trainer（微軟認證培訓師）已經超過 5 年了。

我要感謝我的父母，我的同事，Ashish 和 Francy 的幫助和支持。

譯者簡介

江玠峰 助理教授、國立交通大學資訊工程博士（2011）。過去曾任資訊工業策進會數位教育研究所組長、敦陽科技系統規劃開發處技術經理，目前任教於中國醫藥大學人文與科技學院科技教育中心。研究領域包括：計算理論、科技教育、數位學習、專案管理。

目錄

Chapter 12：使用工具以提升程式碼品質

Chapter 13：重構 C# 程式碼：識別程式碼臭味

前言

《*Clean Code* 學派的風格實踐：重構遺留 *Codebase*，突破 *C#* 效能瓶頸》將說明如何識別「有問題的程式碼」，這些程式碼在編譯時並不具有可讀性、可維護性和可擴展性。我們也將學習多種工具和模式，以及各種重構方法，讓程式碼變得更整潔。

目標讀者

本書適合那些精通 C#，並想學習如何識別「有問題的程式碼」和編寫 clean code 的電腦程式設計師。目標讀者主要是應屆畢業生、中階程式設計師，但即便是資深程式設計師也能從本書獲益。

本書內容

「第 1 章，C# 中的程式碼撰寫標準和原則」，著眼於一些好程式碼與壞程式碼。藉由閱讀本章，你將了解為什麼需要程式碼撰寫標準、原則、方法和慣例。你將了解模組化和 KISS、YAGNI、DRY、SOLID 和 Occam's Razor 的設計準則。

「第 2 章，程式碼審查：過程和重要性」，引導你完成程式碼審查流程並說明其重要性。本章將指引你準備程式碼以供審查、主導程式碼審查、知道要審查的內容、知道何時發送程式碼以進行審查，以及如何提供和回應審查回饋。

「第 3 章，類別、物件和資料結構」，涵蓋了類別的組織、文件註解、內聚、耦合、Demeter 定律，以及不可變物件和資料結構等廣泛主題。讀完本章，你將能夠編寫組織良好的程式碼，而且只負責單一職責，同時為程式碼的使用者提供相關的文件，並使程式碼得以擴展。

「**第 4 章**，編寫整潔的函數」，可以幫助你了解「函數式程式設計」，如何使方法保持小巧，以及如何避免程式碼重複和多個參數。讀完本章，你將能夠描述「函數式程式設計」、編寫函數式程式碼、避免編寫具有兩個以上參數的程式碼、編寫不可變的資料物件和結構、保持方法的輕巧，以及編寫符合 SRP（單一職責原則）的程式碼。

「**第 5 章**，例外處理」，本章介紹已檢查和未檢查的例外、`NullPointerException`，以及如何避免它們；本章還探討了業務規則例外、提供有意義的資料，以及建置自己的自訂例外。

「**第 6 章**，單元測試」，將指引你使用 SpecFlow 來運用「行為驅動開發」（BDD）軟體方法，以及使用 MSTest 和 NUnit 來運用「測試驅動開發」（TDD）。你將學習如何使用 Moq 編寫模擬（偽）物件，以及如何使用 TDD 軟體方法編寫失敗的測試、再讓測試通過，最後再對程式碼進行重構。

「**第 7 章**，端點到端點系統測試」，使用範例專案，指引你完成端點到端點測試的手動過程。在本章中，你將執行端點到端點（E2E）測試、程式碼和測試工廠、程式碼和測試依賴注入，以及測試模組化。你還將學習如何運用模組化。

「**第 8 章**，執行緒與同步」，著重於了解執行緒的生命週期；向執行緒新增參數；使用 `ThreadPool`、`mutex` 和同步執行緒；使用 semaphore 處理平行執行緒；限制 `ThreadPool` 使用的執行緒和處理器的數量；預防死結和競爭條件；靜態方法和建構函式；可變性和不可變；以及執行緒安全。

「**第 9 章**，設計及開發 API」，幫助你了解 API 是什麼、API 代理、API 設計準則、使用 RAML 進行 API 設計以及 Swagger API 開發。在本章中，你將在 RAML 中設計「語言中立的 API」，並在 C# 中進行開發，以及使用 Swagger 文件化你的 API。

「**第 10 章**，使用 API 金鑰和 Azure Key Vault 保護 API」，向你展示如何取得第三方 API 金鑰，將該金鑰儲存在 Azure Key Vault 中，以及如何檢索你生成並部署到 Azure 的 API。然後，你將實作 API 金鑰身分驗證和授權，以保護你的 API。

「**第 11 章**，處理橫切關注點」，使用 PostSharp 來處理橫切關注點，其中運用了構成「切面導向開發」基礎的 Aspect 和屬性（attribute）。你還將學習如何使用代理和裝飾器。

「第 12 章，使用工具提升程式碼品質」，向你展示了各種工具，這些工具將幫助你編寫高品質的程式碼，並提升現有程式碼的品質。你將接觸到程式碼指標和程式碼分析、快速操作、名為 dotTrace Profiler 和 Resharper 的 JetBrains 工具，以及 Telerik JustDecompile。

「第 13 章，重構 C# 程式碼：識別程式碼臭味」，是探討「重構 C# 程式碼」的兩大章的其中一章，帶你了解各種類型的「有問題的程式碼」，並向你展示如何將其修改為易於閱讀、維護和擴展的 clean code。本章按英文字母順序列出了程式碼問題。你將學習諸如類別依賴、無法修改的程式碼、集合和組合爆炸等主題。

「第 14 章，重構 C# 程式碼：實作設計模式」，將帶你完成「建立式」和「結構式」設計模式的實作。然後簡單介紹了「行為式」設計模式。最後，你將獲得一些與 clean code 和重構有關的最後想法。

閱讀須知

大部分的章節可以獨立閱讀，而且順序不限。但是，為了充分利用本書，建議你按順序閱讀各章。在閱讀每一章時，請按照說明進行操作，並執行給定的任務。然後，當你抵達每一章的結尾時，可回答「練習題」並研讀「延伸閱讀」來增強所學[1]。為了最大程度地利用本書的內容，建議你滿足以下要求：

本書提及的軟體／硬體	規格
Visual Studio 2019	Windows 10、macOS
Atom	Windows 10、macOS、Linux：https://atom.io/
Azure 資源	Azure 訂閱：https://azure.microsoft.com/en-gb/
Azure Key Vault	Azure 訂閱：https://azure.microsoft.com/en-gb/
The Morningstar API	取得你自己的 API 金鑰：https://rapidapi.com/integraatio/api/morningstar1（**編輯注**：網址已失效，輸入網址會自動導向：https://rapidapi.com/blog/best-stock-api/。）
Postman	Windows 10、macOS、Linux：https://www.postman.com/

1　讀者可以到博碩文化官網下載「練習題參考解答」：
http://www.drmaster.com.tw/bookinfo.asp?BookID=MP12105。

若能在開始閱讀和實作之前,先準備好上述這些軟硬體,將會很有幫助。

若你閱讀的是原文書的電子書版本,我們建議你可以自行鍵入程式碼,或透過 GitHub 儲存庫存取程式碼(下方的「下載範例程式檔案」小節將提供連結)。如此一來,你將能減少或避免與程式碼複製貼上有關的任何錯誤。

你應該有使用 Visual Studio 2019 Community 版本或更高版本的基礎,而且具備基本的 C# 程式設計技能,包括編寫控制台應用程式。許多範例將以 C# 控制台應用程式的形式出現。主要專案將會使用 ASP.NET。若你能夠使用框架和核心來編寫 ASP.NET 網站,將會有所幫助。但請放心,我們將指導你完成所有需要執行的步驟。

下載範例程式檔案

你可以由你的帳戶下載本書的範例程式碼,網址:http://www.packtpub.com。如果你是在其他地方購買此書,則可以造訪此網址:http://www.packtpub.com/support,經過註冊之後,我們會將相關檔案直接 email 給你。

你可以用以下步驟下載程式碼:

1. 在 http://www.packtpub.com 登入或註冊。
2. 點選 **SUPPORT** 選項。
3. 點擊 **Code Downloads**。
4. 在 **Search**(搜索框)中輸入書名,然後按照螢幕上的說明進行操作。

檔案下載之後,請確認你是使用以下最新版本的解壓縮工具來解壓縮檔案:

- Windows 上使用 WinRAR 或 7-Zip
- Mac 上使用 Zipeg、iZip 或 UnRarX
- Linux 上使用 7-Zip 或 PeaZip

本書的程式碼是由 GitHub 託管,可以在如下網址找到:https://github.com/PacktPublishing/Clean-Code-in-C-。若程式碼有所更新,將會在 GitHub 上相對應地更新。

在 https://github.com/PacktPublishing/，我們還提供了豐富的其他書籍的程式碼和影片。讀者可以去查看一下！

下載本書的彩色圖片

我們還提供你一個 PDF 檔案，其中包含本書使用的彩色圖表，可以在此下載：
https://static.packt-cdn.com/downloads/9781838982973_ColorImages.pdf。

本書排版格式

本書中有許多不同種類的排版格式。

程式碼（CodeInText）：在文本中的程式碼、資料庫表格名稱、資料夾名稱、檔案名稱、副檔名、路徑名稱、網址、使用者的輸入和 Twitter 帳號名稱，會以如下方式呈現。舉例來說：「InMemoryRepository 類別實作了 IRepository 的 GetApiKey() 方法，這會回傳 API 金鑰的字典。這些金鑰將儲存在我們的 _apiKeys 字典成員變數中。」

程式碼區塊，會以如下方式呈現：

```
using CH10_DividendCalendar.Security.Authentication;
using System.Threading.Tasks;

namespace CH10_DividendCalendar.Repository
{
    public interface IRepository
    {
        Task<ApiKey> GetApiKey(string providedApiKey);
    }
}
```

命令列當中的輸入和輸出則會如下所示：

```
az group create --name "<YourResourceGroupName>" --location "East US"
```

粗體：表示新詞語、重要單詞或你在螢幕上看到的單詞。例如，選單或對話框中的單詞會出現在這樣的文本當中。舉例來說：「要建立 app 服務，請在剛剛建立的專案上點擊滑鼠右鍵，然後從選單中選擇 **Publish**」。

警告或重要訊息會出現在像這樣的文字方塊中。

提示和技巧，看起來會像這樣。

讀者回饋

我們永遠歡迎讀者的回饋。

一般回饋：如果你對本書的任何方面有疑問，請在郵件的主題中註明書籍名稱，並發送電子郵件至 customercare@packtpub.com。

勘誤表：雖然我們已經盡力確保內容的正確準確性，錯誤還是可能會發生。若你在本書中發現錯誤，請向我們回報，我們會非常感謝你。勘誤表網址為 www.packtpub.com/support/errata，請選擇你購買的書籍，點擊 Errata Submission Form，並輸入你的勘誤細節。

盜版警告：如果你在網際網路上以任何形式發現任何非法複製的本公司產品，請立即向我們提供網址或網站名稱，以便我們尋求補救措施。請透過 copyright@packtpub.com 與我們聯繫，並提供相關的連結。

如果你有興趣成為作者：如果你具有專業知識，並對寫作和貢獻知識有濃厚興趣，請參考：authors.packtpub.com。

讀者評論

請留下你對本書的評論。當你使用並閱讀完這本書時，何不到本公司的官網留下你寶貴的意見？讓廣大的讀者可以在本公司的官網看到你客觀的評論，並做出購買決策。讓 Packt 可以了解你對我們書籍產品的想法，並讓 Packt 的作者可以看到你對他們著作的回饋。謝謝你！

有關 Packt 的更多資訊，請造訪 packtpub.com。

1

C#中的程式碼撰寫
標準和原則

在 C# 中，程式碼的撰寫標準和原則（coding standards and principles）是為了讓程式設計師透過編寫效能更高且易於維護的程式碼來提升自己的技能。在本章中，我們將會看到一些具有對比效果的「好程式碼」（good code）範例以及「壞程式碼」（bad code）範例。我們將會討論為什麼需要程式碼撰寫標準、原則和方法。然後進一步思考用於命名、註解和格式化原始碼（包括類別、方法和變數）的慣例。

大型程式很難以理解和維護。對於初級程式設計師而言，了解程式碼及其作用可能是個艱鉅的任務，團隊也很難在這樣的專案上合作。從測試的角度來看，這可能會使事情變得相當困難。因此，我們將研究如何使用模組化（modularity），把程式分解為較小的模組，這些模組可以一起產生功能完備的解決方案，該解決方案也可以完全測試，可由多個團隊同時處理，而且更易於閱讀、理解及記錄。

在本章的最後，我們將會探討一些程式設計準則，這些準則主要包含 KISS、YAGNI、DRY、SOLID 和 Occam's Razor（奧卡姆剃刀原理）。

本章將涵蓋以下主題：

- 對程式碼撰寫標準、原則及方法的需求
- 命名慣例和方法
- 註解和格式
- 模組化
- KISS
- YAGNI
- DRY
- SOLID
- Occam's Razor

本章的學習目標是讓你執行以下操作：

- 了解為什麼「壞程式碼」會對專案產生負面影響。
- 了解「好程式碼」如何對專案產生正面影響。
- 了解程式碼撰寫標準如何改進程式碼以及如何執行它們。
- 了解程式碼撰寫原理如何提升軟體品質。
- 了解方法學（methodology）是如何幫助開發 clean code 的。
- 實作程式碼撰寫標準。
- 選擇假設最少的解決方案。
- 減少程式碼重複（duplication）並編寫 SOLID 程式碼。

技術要求

要使用本章中的程式碼，你將需要下載並安裝 Visual Studio 2019 Community Edition 或更高版本。這個 IDE 可於以下網址下載：https://visualstudio.microsoft.com/。

你可以在以下網址找到本書的程式碼：https://github.com/PacktPublishing/Clean-Code-in-C-。我把它們全部放進一個單一的解決方案，每一章都有一個專屬的解決方案資料夾。你將在相關章節的資料夾中找到每一章的程式碼。如果要執行一個專案，請記住將其指定為啟動專案（startup project）。

好程式碼與壞程式碼

「好程式碼」和「壞程式碼」都可以編譯，這是首先要了解的。接下來要了解的是，「壞程式碼」之所以稱作「壞的」是有原因的，而「好程式碼」之所以稱作「好的」也是有原因的。讓我們在下面的比較表中查看這些原因：

好程式碼	壞程式碼
適當的縮排	不適當的縮排
有意義的註解	多餘的註解
API 文件註解	為「壞程式碼」辯解的註解 註解掉的程式碼行
正確地使用名稱空間（namespace）	名稱空間的組織不當
良好的命名慣例	不好的命名慣例
只做一項工作的類別（class）	做多重工作的類別
只做一件事情的方法（method）	執行過多事情的方法
少於 10 行程式碼的方法（最好不超過 4 行）	超過 10 行程式碼的方法
不超過兩個參數的方法	超過兩個參數的方法
正確地使用例外	利用例外來控制程式流程
易於閱讀的程式碼	難以閱讀的程式碼
鬆散耦合（loosely coupled）的程式碼	緊密耦合（tightly coupled）的程式碼
高內聚	低內聚
物件（object）能被確實處置（dispose）	物件遺落於各處
避免使用 Finalize() 方法	使用 Finalize() 方法
正確的抽象等級	過度設計（over-engineering）
在大型類別中使用區域（region）	在大型類別中缺乏區域
封裝及資訊隱藏	直接揭露資訊
物件導向的程式碼	義大利麵條式的程式碼
設計模式	設計反模式

這是一個非常詳盡的清單，不是嗎？在以下各節中，我們將研究這些特徵，以及好壞程式碼之間的差異如何影響程式碼效能。

壞程式碼

現在，我們將簡單介紹我們前面列出的每一種「壞程式碼」的實務情形，並詳細說明它們如何影響你的程式碼。

不適當的縮排

縮排不當可能會使程式碼難以閱讀，尤其是在方法較大的情況下。為了使程式碼易於人類閱讀，我們需要適當的縮排。如果程式碼缺少適當的縮排，則很難查看程式碼的哪一部分屬於哪個區塊。

預設情況下，當以小括號和大括號結束段落時，Visual Studio 2019 會正確地格式化和縮排程式碼。但有時候，它會錯誤地格式化程式碼，以引起你的注意，提醒你編寫的程式碼包含「例外」（exception）。但是，如果你使用的是簡單的文字編輯器，則必須手動進行格式化。

縮排不正確的程式碼要修正起來是很耗時的，而且會相當浪費寫程式的時間，這些是很容易避免的。讓我們看一個簡單的程式碼範例：

```
public void DoSomething()
{
for (var i = 0; i < 1000; i++)
{
var productCode = $"PRC000{i}";
//...implementation
}
}
```

前面的程式碼看起來並不那麼好，但是仍然可讀。但是，當增加的程式碼行數越多，程式碼會越難閱讀。

遺漏右大括號（closing bracket）是很常發生的。如果你的程式碼沒有正確縮排，那麼這會使尋找遺漏的括號變得困難，因為你不容易發現哪個程式碼區塊缺少其右大括號。

多餘的註解

我看過許多程式設計師對這種註解感到不悅，因為這種註解只是在陳述顯而易見的涵義。在我參與過的寫程式討論中，程式設計師們描述了他們多麼不喜歡註解，以及他們認為程式碼本身應該要「自我文件化」（self-documenting）。

我可以理解他們的觀點。如果你可以閱讀沒有註解的程式碼，就像讀一本書並理解它一樣，那麼它就是一段非常好的程式碼。如果你有一個宣告為字串的變數，那麼為什麼要增加如 `// string` 的註解呢？讓我們看一個例子：

```
public int _value; // This is used for storing integer values.
```

在這裡，我們知道該值按其 int 型別保存一個整數。因此，確實沒有必要陳述顯而易見的內容。你只是在浪費時間和精力，並使程式碼混亂。

為壞程式碼辯解的註解

你可能有個緊迫的交付期限，但是像這樣的註解「`//` 我知道這段程式碼很爛，但是至少它能起作用！」則是太糟糕了，請不要這樣做。它顯示出缺乏專業素養，只會讓其他程式設計師覺得反感。

如果你真的想讓事情變得順利，請提出 一份重構的工單（refactor ticket），並將其新增為 TODO 註解的一部分，例如：「`//` `TODO`：`PBI23154` 重構程式碼，以滿足公司的程式碼撰寫慣例。」然後，你或其他來處理「技術債」（technical debt）的開發人員可以選擇**產品待辦事項**（Product Backlog Item，**PBI**）並重構程式碼。

這是另一個例子：

```
...
int value = GetDataValue(); // This sometimes causes a divide by zero
error. Don't know why!
...
```

這真的很糟糕。好的，謝謝你讓我們知道此處出現除以零的錯誤。但是，你是否提出了 bug 的工單？你是否嘗試過深入並修復它？如果每個積極從事專案工作的人都沒有使用該程式碼，那麼他們怎麼知道那裡有錯誤程式碼？

至少，你最少應該要有一個「`//` `TODO:`」註解。然後，該註解至少要顯示在**任務列表**（**Task List**）中，以便可以通知開發人員並對其進行處理。

註解掉的程式碼行

如果你註解掉幾行程式碼以嘗試某些操作，那很好。但是，如果要使用「取而代之的程式碼」，則必須在簽入（check in）後刪除「已註解掉的程式碼」。一個或兩個註解並

不是那麼糟糕，但是當你有多行註解掉的程式碼時，它會分散注意力，並使程式碼難以維護；它甚至可能導致混亂：

```
/* No longer used as has been replaced by DoSomethinElse().
public void DoSomething()
{
    // ...implementation...
}
*/
```

為什麼？到底是為什麼？如果它已被替換並且不再需要，則只需將其刪除。如果你的程式碼處於「版本控制」（version control）中，並且你需要取回該方法，那麼你永遠可以查看檔案的歷史記錄並取回該方法。

名稱空間的組織不當

使用名稱空間時，請勿包括其他地方的程式碼。這可能會讓尋找正確程式碼變得很難或不可能，尤其是在大型 Codebase（程式庫）中。讓我們看看這個例子：

```
namespace MyProject.TextFileMonitor
{
    + public class Program { ... }
    + public class DateTime { ... }
    + public class FileMonitorService { ... }
    + public class Cryptography { ... }
}
```

我們可以看到前面程式碼中的所有類別都在一個名稱空間下。但是，我們有機會新增另外三個名稱空間，以更好地組織此程式碼：

- MyProject.TextFileMonitor.Core：用來定義常用成員的「核心類別」將放在此處，例如：我們的 DateTime 類別。
- MyProject.TextFileMonitor.Services：所有作為「服務」的類別都將放置在此名稱空間中，例如：FileMonitorService。
- MyProject.TextFileMonitor.Security：所有與「安全」相關的類別都將放置在此名稱空間中，包括本例中的 Cryptography 類別。

不好的命名慣例

在 Visual Basic 6 的程式設計時代,我們曾經使用匈牙利表示法(Hungarian Notation)。我記得第一次切換到 Visual Basic 1.0 時曾經使用過它,但如今我們已不再需要使用匈牙利表示法了。此外,它讓你的程式碼變得很難看。因此,現代的方法會使用 NameLabel、NameTextBox、SaveButton 來取代 lblName、txtName、btnSave 之類的名稱。

使用神秘或與程式碼意圖不符的名稱,可能會使閱讀程式碼變得相當困難。ihridx 是什麼意思?它代表 Human Resources Index(人力資源指數)且是一個「整數」(integer)。真的!請避免使用諸如 mystring、myint 和 mymethod 之類的名稱。這樣的名稱真的沒有用。

也不要在名稱中的單詞之間使用「下底線」,例如:Bad_Programmer。這會對開發人員造成視覺壓力,並使程式碼難以閱讀,請移除「下底線」吧!

在類別等級和方法等級中,不要對變數使用相同的程式碼慣例。這可能會使建立變數的範圍變得困難。適當的變數名稱慣例是對變數使用「駝峰式的大小寫」(如 alienSpawn),並將「Pascal 大小寫」用於方法、類別、結構和介面名稱(如 EnemySpawnGenerator)。

遵循良好的變數名稱慣例,你應該在成員變數的前面(prefix)加上「下底線」,藉此區分區域變數(local variables,包含在建構函式或方法當中)和成員變數(member variables,位於類別頂端且在建構函式和方法之外)。我在工作場所中使用這樣的程式撰寫慣例,也確實執行良好,程式設計師們似乎也喜歡這樣的慣例。

做多重工作的類別

一個好的類別只能做一份工作。一個類別若是必須連接到資料庫、擷取資料、處理資料、載入報告、將資料指派給該報告、顯示該報告、儲存該報告、列印該報告甚至匯出該報告,它所做的事情實在太多了。我們需要將其重構為更小、組織更好的類別。像這樣「無所不能的類別」是很難閱讀的,我個人覺得它們令人望而生畏。如果遇到像這樣的類別,請將其功能(functionality)組織到多個區域中。然後將這些「區域中的程式碼」移到只執行一項工作的「新類別」中。

以下是「一個類別」必須做「多項事情」的例子：

```csharp
public class DbAndFileManager
{
 #region Database Operations
 public void OpenDatabaseConnection() { throw new
  NotImplementedException(); }
 public void CloseDatabaseConnection() { throw new
  NotImplementedException(); }
 public int ExecuteSql(string sql) { throw new
  NotImplementedException(); }
 public SqlDataReader SelectSql(string sql) { throw new
  NotImplementedException(); }
 public int UpdateSql(string sql) { throw new
  NotImplementedException(); }
 public int DeleteSql(string sql) { throw new
  NotImplementedException(); }
 public int InsertSql(string sql) { throw new
  NotImplementedException(); }

 #endregion

 #region File Operations

 public string ReadText(string filename) { throw new
  NotImplementedException(); }
 public void WriteText(string filename, string text) { throw new
  NotImplementedException(); }
 public byte[] ReadFile(string filename) { throw new
  NotImplementedException(); }
 public void WriteFile(string filename, byte[] binaryData) { throw new
  NotImplementedException(); }

 #endregion
}
```

如前所示，該類別主要執行兩項操作：它執行資料庫操作（database operations），它也執行檔案操作（file operations）。現在，將程式碼整齊地組織在正確命名的區域當中，這些區域在邏輯上將「類別中的程式碼」分離。但**單一職責原則**（Single Responsibility Principle，**SRP**）被打破了。我們首先需要重構此程式碼，以將資料庫操作區分成它自己的類別，名為 DatabaseManager 之類的。

然後，我們將從 DbAndFileManager 類別中刪除資料庫操作，僅保留檔案操作，接著將 DbAndFileManager 類別重新命名為 FileManager。我們還需要考慮每個檔案的名稱空間，以及是否應該對其進行修改，以便將 DatabaseManager 放置在 Data 名稱空間中，並將 FileManager 放置在 FileSystem 名稱空間中，或它們在程式的等效名稱空間中。

以下程式碼是將「資料庫程式碼」從 DbAndFileManager 類別擷取到「其自身類別」以及「正確的名稱空間」中的結果：

```
using System;
using System.Data.SqlClient;

namespace CH01_CodingStandardsAndPrinciples.GoodCode.Data
{
    public class DatabaseManager
    {
        #region Database Operations

        public void OpenDatabaseConnection() { throw new
         NotImplementedException(); }
        public void CloseDatabaseConnection() { throw new
         NotImplementedException(); }
        public int ExecuteSql(string sql) { throw new
         NotImplementedException(); }
        public SqlDataReader SelectSql(string sql) { throw new
         NotImplementedException(); }
        public int UpdateSql(string sql) { throw new
         NotImplementedException(); }
        public int DeleteSql(string sql) { throw new
         NotImplementedException(); }
        public int InsertSql(string sql) { throw new
         NotImplementedException(); }

        #endregion
    }
}
```

檔案系統程式碼的重構得到了 FileSystem 名稱空間中的 FileManager 類別，如下所示：

```
using System;

namespace CH01_CodingStandardsAndPrinciples.GoodCode.FileSystem
```

```
{
    public class FileManager
    {
        #region File Operations

        public string ReadText(string filename) { throw new
         NotImplementedException(); }
        public void WriteText(string filename, string text) { throw new
         NotImplementedException(); }
        public byte[] ReadFile(string filename) { throw new
         NotImplementedException(); }
        public void WriteFile(string filename, byte[] binaryData) { throw
         new NotImplementedException(); }

        #endregion
    }
}
```

我們已經看到了如何識別「做得太多」的類別，以及如何重構它們以僅做一件事情。接下來，讓我們重複一下該過程，看看「執行過多事情」的方法。

執行過多事情的方法

我經常發現自己迷失在「具有過多縮排層級，並能執行許多操作」的方法之中。這樣的排列令人難以置信。我想重構程式碼，讓維護更加容易，但是我的長官不准我這樣做。將程式碼分配給不同的方法，明明就可以讓方法變得更小！

以時間為例，該方法接受一個字串，然後對該字串進行加密和解密。這仍然很冗長，因此，你可以看到為什麼方法應該保持較小的原因：

```
public string security(string plainText)
{
    try
    {
        byte[] encrypted;
        using (AesManaged aes = new AesManaged())
        {
            ICryptoTransform encryptor = aes.CreateEncryptor(Key, IV);
            using (MemoryStream ms = new MemoryStream())
                using (CryptoStream cs = new CryptoStream(ms, encryptor,
                    CryptoStreamMode.Write))
```

```
        {
            using (StreamWriter sw = new StreamWriter(cs))
                sw.Write(plainText);
            encrypted = ms.ToArray();
        }
    }
    Console.WriteLine($"Encrypted data:
     {System.Text.Encoding.UTF8.GetString(encrypted)}");
    using (AesManaged aesm = new AesManaged())
    {
        ICryptoTransform decryptor = aesm.CreateDecryptor(Key, IV);
        using (MemoryStream ms = new MemoryStream(encrypted))
        {
            using (CryptoStream cs = new CryptoStream(ms, decryptor,
             CryptoStreamMode.Read))
            {
                using (StreamReader reader = new StreamReader(cs))
                    plainText = reader.ReadToEnd();
            }
        }
    }
    Console.WriteLine($"Decrypted data: {plainText}");
}
catch (Exception exp)
{
    Console.WriteLine(exp.Message);
}
Console.ReadKey();
return plainText;
}
```

正如你在前面的方法中所見，它有 10 行程式碼且很難閱讀。另外，它所做的不只是一件事。該程式碼可以分解為兩種方法，每種方法執行一個任務。一種方法將加密字串，另一種方法將解密字串。這個例了讓我們清楚理解為什麼方法的程式碼不應超過 10 行。

超過 10 行程式碼的方法

大型方法不易閱讀和理解，它們還會導致非常難以發現的錯誤。大型方法的另一個問題是，它們可能會忽略其原始意圖。當你遇到大型方法時，更糟糕的是，這些方法有「用註解分隔的多個部分」和「包裝在多個區域之中的程式碼」。

如果必須滾動游標才能讀取方法，那麼該方法太長了，會為程式設計師帶來壓力和錯誤理解。反過來說，這可能會造成修改，進而破壞程式碼或意圖，或同時破壞兩者。方法應該盡可能地小，但是，還是要運用常識，因為你可能將小方法的問題歸納到第 n^{th} 等級，以至於它變得過頭了。取得正確平衡的關鍵是要確保該方法的意圖非常清楚，實作亦非常簡潔。

前面的程式碼很好地說明了為什麼應該使方法保持較小。小型方法易於閱讀和理解。通常，如果你的程式碼超過 10 行，則可能會超出預期的效果。請確保你的方法如同 OpenDatabaseConnection() 和 CloseDatabaseConnection()，將意圖命名出來，讓方法遵守其意圖且不會偏離它們。

現在我們來看看方法參數。

超過兩個參數的方法

具有許多參數的方法往往會變得有些笨拙。除了難以閱讀之外，還很容易將值傳遞給錯誤的參數並破壞型別安全性（type safety）。

隨著參數數量的增加，測試方法會變得越來越複雜，主要原因是你有更多的排列「可能性」可應用於測試案例。你可能會遺漏那些導致生產環境中出現問題的使用案例。

利用例外來控制程式流程

用於控制「程式流程」（program flow）的「例外」可能會隱藏程式碼的意圖，它們還可能會導致意外的結果。當你的程式碼被編寫為預期一個或多個「例外」時，就表示你的設計是錯誤的。「**第 5 章**」中將詳細討論一種典型的情境。

典型的情況是某項業務會使用**業務規則例外**（Business Rule Exceptions，**BRE**）。一個方法在執行一項操作時會預期將拋出（throw）「例外」，而程式流程將由是否拋出「例外」來確定。更好的方法則是使用可用的語言建構來執行回傳布林值的驗證檢查。

以下程式碼顯示了使用 BRE 來控制「程式流程」：

```
public void BreFlowControlExample(BusinessRuleException bre)
{
    switch (bre.Message)
    {
        case "OutOfAcceptableRange":
```

```
            DoOutOfAcceptableRangeWork();
            break;
        default:
            DoInAcceptableRangeWork();
            break;
    }
}
```

該方法接受 BusinessRuleException。根據例外中的訊息，BreFlowControlExample() 會呼叫 DoOutOfAcceptableRangeWork() 方法或是 DoInAcceptableRangeWork() 方法。

控制流程的更好方法是透過布林邏輯（Boolean logic）。讓我們看一下 BetterFlowControlExample() 方法：

```
public void BetterFlowControlExample(bool isInAcceptableRange)
{
    if (isInAcceptableRange)
        DoInAcceptableRangeWork();
    else
        DoOutOfAcceptableRangeWork();
}
```

在 BetterFlowControlExample() 方法中，某個布林值會傳遞給該方法。布林值用於確定要執行的路徑。如果條件在可接受的範圍內，則將呼叫 DoInAcceptableRangeWork()，否則，將會呼叫 DoOutOfAcceptableRangeWork() 方法。

接下來，我們將探討難以閱讀的程式碼。

難以閱讀的程式碼

像千層麵和義大利麵條一樣的程式碼確實很難閱讀或遵循。命名不良的方法也可能會帶來痛苦，因為它們會混淆方法的意圖。如果方法很大，並且鏈接方法（linked methods）被許多不相關的方法分開，則方法會更進一步混淆。

千層麵程式碼（Lasagna code，或稱為「間接」，indirection）指的是抽象層，其中某些事物是透過「名稱」而不是透過「動作」來參照的。分層（Layering）在**物件導向程式設計**（Object-Oriented Programming，**OOP**）中得到了廣泛的使用，並取得了良

好的效果。但是,使用的「間接」做法越多,程式碼就越複雜。這會使新加入專案的程式設計師很難完全了解程式碼。因此,必須在「間接」與「易於理解」之間取得平衡。

義大利麵條程式碼(Spaghetti code)指的是緊密結合的,具有低內聚(low cohesion)的混亂糾結程式碼。這樣的程式碼很難維護、重構、擴展和重新設計。儘管從好的方面來說,它還是很容易閱讀和遵循的,因為它在程式設計中更具程序性(procedural)。我記得曾在 VB6 GIS 程式擔任初級程式設計師,該程式已出售給多家公司並用於行銷目的。我的技術總監和他的高級程式設計師以前曾嘗試重新設計軟體,但失敗了。於是他們把「挑戰」交給了我,以便我重新設計程式,但是當時我還不擅長軟體分析和設計,所以我也失敗了。

該程式碼太複雜,無法遵循並歸類到相關項目中,而且它太大了。事後看來,我最好列出該程式所做的所有事情,按「功能」將列表分組,然後甚至不看程式碼就提出需求列表。

因此,我在重新設計軟體時吸取的教訓是避免瀏覽程式碼,不惜一切代價。寫下程式執行的所有操作以及應包括的新功能。將列表變成一組具有相關任務、測試和驗收標準的軟體需求(software requirements),然後按照規格(specifications)進行程式開發。

緊密耦合的程式碼

緊密耦合的程式碼很難測試,也很難擴展或修改。依賴於「系統中其他程式碼」的程式碼也很難被重複使用。

緊密耦合的一個範例是當你在參數中參照「具體的類別型別」而不是參照「介面」時。參照具體類別(concrete class)時,對具體類別的任何更改都會直接影響參照它的類別。因此,如果你有一個用於連接到 SQL Server 客戶端的「資料庫連接類別」,然後接管了另一個需要 Oracle 資料庫的客戶,則必須為該特定客戶及其 Oracle 資料庫修改具體類別。這將導致程式碼的兩個版本。

客戶越多,所需的程式碼版本就越多。這很快就會變得棘手,成為不得不處理的惡夢。想像一下,你的「資料庫連接類別」有 100,000 個不同的客戶端,並使用該類別 30 個變形中的其中 1 個,而且它們都有相同的 bug(也都會被這個 bug 影響)。這 30 個類別必須具有相同的修補、測試、包裝和部署的程式。這是大量的維護開銷,所費不貲。

透過參照介面型別（interface type），然後使用資料庫工廠（database factory）來建置所需的連接物件（connection object），可以克服這種特殊情況。客戶可以在配置檔案中設置連接字串，然後將其傳遞給工廠。工廠將產生一個具體的連接類別，該類別實作了特定資料庫的連接介面，該特定資料庫是由連接字串所指定的。

這是緊密耦合程式碼的錯誤範例：

```
public class Database
{
    private SqlServerConnection _databaseConnection;

    public Database(SqlServerConnection databaseConnection)
    {
        _databaseConnection = databaseConnection;
    }
}
```

從範例中可以看到，我們的「資料庫類別」與「使用 SQL Server」綁定在一起，並且需要寫死（hardcoded）更改，才能接受任何其他類型的資料庫。在後面的章節中，我們將以實際的程式碼範例介紹程式碼的重構。

低內聚

「低內聚」由不相關的程式碼組成，這些程式碼執行各種不同的任務，而這些任務卻組合在一起。舉例來說，實用程序（utility）類別，其中包含許多用於處理日期、文字、數字、執行檔案的輸入和輸出、資料驗證以及加密和解密的實用程序方法。

物件遺落於各處

當物件遺落在記憶體中時，它們可能導致記憶體流失（memory leak）。

靜態變數會以多種方式導致記憶體流失。如果你沒有使用 DependencyObject 或 INotifyPropertyChanged，那麼你實際上是在訂閱事件（subscribing to events）。**通用語言執行平台**（Common Language Runtime，**CLR**）透過 PropertyDescriptors AddValueChanged 事件使用 ValueChanged 事件來建立「強參照」（strong reference），這導致 PropertyDescriptor 儲存區參照了其綁定的物件。

除非取消綁定，否則最終將導致記憶體流失。你也會因為使用參照了未釋放物件的靜態變數，而導致記憶體流失。靜態變數參照的任何物件都被標記為不由「垃圾收集

器」所收集。這是因為參照物件的靜態變數是**垃圾收集**（Garbage Collection，**GC**）的根，且「垃圾收集器」會將任何屬於 GC 根的物件都標記為「不要回收」（do not collect）。

當你使用捕獲類別成員的匿名方法時，該類別的實例將被參照。這將導致「對類別實例的參照」保持活動狀態，而匿名方法亦保持活動狀態。

當使用**非託管程式碼**（**unmanaged code**，**COM**）時，如果不釋放任何託管和非託管物件，也不明確地釋放記憶體，最終將導致記憶體流失。

無限制快取而不使用「弱參照」（weak reference）、不刪除未使用的快取記憶體，甚至不限制快取記憶體大小，像這樣的程式碼最終將耗盡記憶體。

如果要在永不終止的執行緒（thread）中建立物件參照，最終也會導致記憶體流失。

事件訂閱不是匿名參照類別。當這些事件保持訂閱狀態時，物件將保留在記憶體中。因此，除非你取消訂閱不需要的事件，否則很可能會導致記憶體流失。

使用 Finalize() 方法

雖然終結器（finalizer）可以協助從「未正確處理的物件」中釋放資源，並有助於防止記憶體流失，但它們確實有許多缺點。

你不知道終結器何時會被呼叫。終結器將與所有依賴項一起被「垃圾收集器」提升（promoted）到下一代，並且直到「垃圾收集器」決定這樣做時才會進行垃圾回收。這代表物件會在記憶體中保留很長一段時間。使用終結器可能會發生記憶體不足的例外，因為你「建立物件的速度」可能比「回收物件的速度」還要快。

過度設計

過度設計可能是一場惡夢。造成這種情況的最大原因是，身為凡人，要涉足一個龐大的系統、試圖理解它、思考如何使用它以及它會走向哪裡，這會是個耗時的過程。更嚴重的是，在沒有文件的情況下，你是該系統的新手，即便是使用該系統的時間遠超過你的人也無法回答上述問題。

當你希望在規定的期限內進行處理時，這可能是造成壓力的主要原因。

保持簡單和愚蠢！

我工作過的某間公司就是一個很好的例子。我必須為一個 Web 應用程式編寫一個測試，該應用程式接受來自服務的 JSON 並進行測試，然後將所得的分數傳遞給另一個服務。根據公司政策，我並沒有使用 OOP、SOLID 或 DRY。但是我確實透過使用 KISS 和程序式程式設計（procedural programming）在非常短的時間內完成工作。我為此受到懲罰，並被迫使用他們自己的測試播放器（test player）去重寫它。

所以我著手學習他們的測試播放器。這個測試播放器沒有文件，沒有遵循他們的 DRY 原理，也很少有人真正理解它。我的新版本不得不使用他們的系統，也因此花費了數週的時間去建置程式。（不像我原本的系統，它僅需花費幾天的時間。）於是，在等待某人執行所需操作的同時，我的速度也變慢了。

我的第一個解決方案滿足了業務需求，它是一段無關緊要的獨立程式碼。第二個解決方案滿足了開發團隊的技術要求。這個專案的持續時間超過了最後期限。任何超出其截止日期的專案都會使企業付出比預期還要更多的資金。

我想為我那「受懲罰的系統」做出的另一點說明是，與「為了使用通用測試播放器而重寫的新系統」相比，我的系統更簡單、更易於理解。

你不一定需要遵循 OOP、SOILD 和 DRY。有時候，不這樣做也是有好處的。畢竟，你可以編寫完美又出色的 OOP 系統，但就其本質而言，你的程式碼已被轉換為程序式程式碼（procedural code），其實更接近電腦所理解的內容！

在大型類別中缺乏區域

具有許多區域的大型類別很難閱讀和遵循，尤其是在相關方法未歸類在一起的情況下。區域非常適合用來在大型類別中的進行成員分組。但是，如果你不使用它們，它們就派不上用場了！

遺失意圖的程式碼

如果你正在檢閱一個類別，它正在做幾件事，你該如何知道它的初衷呢？舉例來說，若你想要查詢日期方法（date method），而你在程式碼「輸入／輸出名稱空間」的檔案類別中找到它，那麼日期方法是否在正確的位置上？答案是「否」。對於那些不了解你的程式碼的開發人員來說，找到這個日期方法會很困難嗎？答案是「是的，很難」。讓我們看看這段程式碼：

```
public class MyClass
{
    public void MyMethod()
    {
        // ...implementation...
    }

    public DateTime AddDates(DateTime date1, DateTime date2)
    {
        //...implementation...
    }
    public Product GetData(int id)
    {
        //...implementation...
    }
}
```

類別的目的是什麼？該名稱並沒有任何指示，而 MyMethod 可以做什麼呢？該類別似乎也在進行日期操作並獲取產品資料。AddDates 方法應該只在「管理日期的類別」中使用，而 GetData 方法則應該在產品的視圖模型中。

直接揭露資訊

直接揭露資訊的類別是不好的。除了產生可能導致錯誤的緊密耦合之外，如果要更改資訊型別，還必須在使用該資訊的任何地方都更改型別。另外，如果要在指派之前執行資料驗證（data validation），該怎麼辦？以下是一個例子：

```
public class Product
{
    public int Id;
    public int Name;
    public int Description;
    public string ProductCode;
    public decimal Price;
    public long UnitsInStock
}
```

在前面的程式碼中，如果要將 UnitsInStock 從 long 型別更改為 int 型別，則必須在參照的「所有位置」更改程式碼。你也必須對 ProductCode 做同樣的事情。若新的產品條碼（product code）必須遵循嚴格的格式，那麼如果字串可以藉由呼叫類別（the calling class）直接指派，你就無法驗證產品條碼了。

好程式碼

你已經了解什麼是編寫程式碼時應該避免的做法了，現在，讓我們介紹一些編寫良好程式碼的實務做法，撰寫賞心悅目、事半功倍的程式碼。

適當的縮排

當你使用適當的縮排時，它會程式碼更加容易閱讀。你可以透過縮排來區分程式碼區塊的開始和結束位置，以及哪些程式碼屬於這些程式碼區塊：

```
public void DoSomething()
{
    for (var i = 0; i < 1000; i++)
    {
        var productCode = $"PRC000{i}";
        //...implementation
    }
}
```

在前面的簡單範例中，程式碼看起來不錯並具有可讀性。你可以清楚地看到每個程式碼區塊的開始和結束位置。

有意義的註解

有意義的註解指的是能夠表達程式設計師「意圖」的註解。這種註解在這些時候是很有幫助的，例如：當程式碼是正確的，但是對於新手來說很難以理解的時候，甚至對同一位程式設計師來說，在經過幾週之後可能也變得難以理解的時候。這樣的註解確實很有幫助。

API 文件註解

擁有良好文件又易於遵循的 API，就是好的 API。API 註解是可用於生成「HTML 文件」的 XML 註解。「HTML 文件」對於那些希望使用你的 API 的開發人員來說，是很重要的。文件越好，就有越多的開發人員想要使用你的 API。以下是一個例子：

```
/// <summary>
/// Create a new <see cref="KustoCode"/> instance from the text and
globals. Does not perform
/// semantic analysis.
/// </summary>
/// <param name="text">The code text</param>
/// <param name="globals">
```

```
/// The globals to use for parsing and semantic analysis. Defaults to
<see cref="GlobalState.Default"/>
/// </param>.
public static KustoCode Parse(string text, GlobalState globals = null) {
... }
```

Kusto 查詢語言（Kusto Query Language）專案的這段摘錄，就是一個很好的 API 文件註解的範例。

正確地使用名稱空間

在查詢特定程式碼段落時，經過適當組織並放置在適當名稱空間中的程式碼，可以為開發人員節省大量時間。例如，如果你要查詢與「日期」和「時間」有關的類別和方法，則最好有一個名為 DateTime 的名稱空間、一個與時間相關的方法（稱為 Time 類別），以及一個與日期相關的方法（稱為 Date 類別）。

名稱空間的正確組織，如以下範例所示：

名稱	說明
CompanyName.IO.FileSystem	這個名稱空間包含：定義「檔案」和「目錄」操作的類別。
CompanyName.Converters	這個名稱空間包含：用於執行各種「轉換操作」的類別。
CompanyName.IO.Streams	這個名稱空間包含：用於管理串流輸入和輸出的型別。

良好的命名慣例

遵循 Microsoft C# 命名慣例是很好的。你可使用「Pascal 大小寫」來表示名稱空間、類別、介面、列舉（enum）和方法。亦可使用「駝峰式大小寫」作為變數名稱和參數名稱，並確保在成員變數前面加上「下底線」。

讓我們看看下面的範例程式碼：

```
using System;
using System.Text.RegularExpressions;

namespace CompanyName.ProductName.RegEx
{
  /// <summary>
  /// An extension class for providing regular expression extensions
```

```
/// methods.
/// </summary>
public static class RegularExpressions
{
  private static string _preprocessed;

  public static string RegularExpression { get; set; }
  public static bool IsValidEmail(this string email)
    {
      // Email address: RFC 2822 Format.
      // Matches a normal email address. Does not check the
      // top-level domain.
      // Requires the "case insensitive" option to be ON.
      var exp = @"\A(?:[a-z0-9!#$%&'*+/=?^_`{|}~-]+(?:\.
        [a-z0-9!#$%&'*+/=?^_`{|}~-]+)*@(?:[a-z0-9](?:[a-z0-9-]
        [a-z0-9])?\.)+[a-z0-9](?:[a-z0-9-]*[a-z0-9])?)\Z";
      bool isEmail = Regex.IsMatch(cmail, exp, RegexOptions.IgnoreCase);
      return isEmail;
    }

    // ... rest of the implementation ...

  }
}
```

這是一個合適的例子,展示了名稱空間、類別、成員變數、參數和區域變數的命名慣例。

只做一項工作的類別

好的類別是只做一項工作的類別。當你閱讀類別時,其意圖很明確。只有應該在該類別中的程式碼,才可以存在該類別中,而沒有別的。

只做一件事情的方法

方法應該只做一件事。一個方法不應該做很多事情,像是解密(decrypt)字串和執行字串替換(replacement)。方法的意圖應該很清楚。只做一件事情的方法更傾向於小巧、易讀和具有目的性。

少於 10 行的方法，最好不超過 4 行

理想情況下，你的方法應該不超過 4 行程式碼。但無法事事盡如人意，因此你應該以長度不超過 10 行的方法為目標，以使其易於閱讀和維護。

不超過兩個參數的方法

方法最好可以不具有參數，但是有一、兩個也無妨。如果你開始擁有兩個以上的參數，則需要考慮一下類別和方法的責任：它們是否承擔過多的責任？如果確實需要兩個以上的參數，則最好使用物件。

具有兩個以上參數的任何方法都可能變得難以閱讀和遵循。不超過兩個參數會使程式碼容易閱讀，而「作為物件的單一參數」比「具有多個參數的方法」更具可讀性。

正確地使用例外

切勿使用例外來控制程式流程。請妥善處理可能觸發例外的常見條件，以免拋出例外。一個好的類別就是具有這樣的設計，讓你避免出現例外。

透過使用 try/catch/finally 來從例外中恢復並且／或是釋放資源。捕獲例外時，請使用可能在程式碼中拋出的特定例外，以便你有更多詳細的資訊來記錄或協助處理例外。

有時候，未必可以使用預先定義的 .NET 例外型別（exception type）。在這種情況下，有必要產生你自己的自訂例外。在你的自訂例外類別的後面（suffix）加上 Exception 字樣，並確保包括以下三個建構函式：

- Exception()：使用預設值
- Exception(string)：接受字串訊息
- Exception(string, exception)：接受字串訊息和內部例外

如果必須拋出例外，請不要回傳錯誤程式碼，而應回傳包含「有意義資訊」的例外。

易於閱讀的程式碼

程式碼越可讀，開發人員將越喜歡使用它。這樣的程式碼更易於學習和使用。專案進行期間，有許多開發人員來來去去，新手將能夠輕鬆閱讀、擴展並維護程式碼。可讀的程式式碼不太容易出錯，也更安全。

鬆散耦合的程式碼

鬆散耦合的程式碼更易於測試和重構。如果需要，你還可以更輕鬆地替換（swap）和更改鬆散耦合程式碼。程式碼重用（reuse）是鬆散耦合程式碼的另一個好處。

讓我們使用先前提過的一個「壞」例子：將資料庫傳遞給 SQL Server 連線。我們可以透過參照介面（而不是具體型別）來使同一個類別更加鬆散耦合。以下是重構「壞」例子之後的「好」例子：

```
public class Database
{
    private IDatabaseConnection _databaseConnection;

    public Database(IDatabaseConnection databaseConnection)
    {
        _databaseConnection = datbaseConnection;
    }
}
```

在這個相當基本的範例中可以看到，只要傳入的類別實作了 IDatabaseConnection 介面，我們就可以為「任何類型的資料庫連線」傳入任何類別。因此，如果我們在「SQL Server 連線類別」中發現錯誤，則僅影響 SQL Server 客戶端。這表示具有不同資料庫的客戶端將繼續工作，而且我們只需要在一個類別中為 SQL Server 客戶修復程式碼。這減少了維護開銷，因此降低了總體維護成本。

高內聚

正確地組合在一起的通用功能具有高度的內聚力。這樣的程式碼很容易找到。例如，如果查看 Microsoft System.Diagnostics 名稱空間，你會發現它僅包含與「診斷」有關的程式碼。在 Diagnostics 名稱空間中包含集合（collections）和檔案系統（filesystem）程式碼是沒有意義的。

物件能被確實處置

使用可處置類別（disposable class）時，應永遠呼叫 Dispose() 方法來清除所有正在使用的資源。這有助於降低記憶體流失的可能性。

有時你可能需要將物件設置為 null，才能使其超出範圍。靜態變數即為一例，其中包含對「不再需要的物件」的參照。

using 敘述句也是使用可處置物件（disposable object）的一種好方法，因為當該物件不再在範圍內時，它會被自動處理，因此你無需明確地呼叫 Dispose() 方法。讓我們看看下面的程式碼：

```
using (var unitOfWork = new UnitOfWork())
{
 // Perform unit of work here.
}
// At this point the unit of work object has been disposed of.
```

該程式碼在 using 敘述句中定義了一個可處置物件，並在「左大括號」和「右大括號」之間執行所需的操作。在離開括號之前，該物件將被自動處理。因此，無需手動呼叫 Dispose() 方法，因為它是自動呼叫的。

避免使用 Finalize() 方法

使用非託管資源時，最好實作 IDisposable 介面，並避免使用 Finalize() 方法，因為我們無法保證終結器（finalizer）何時會執行。它們未必會按照你期望的順序（或你期望它們執行的時間）來執行。相反地，在 Dispose() 方法中處置非託管資源會更好，且更可靠。

正確的抽象等級

當你僅向「需要公開的物件」公開更高等級時，你就具有正確的抽象等級，並且不會在實作中迷失方向。

如果你發現你對實作細節一無所知，這代表你過度抽象了（over-abstracted）。如果你發現多個人必須同時在同一個類別之中工作，則代表你抽象不足（under-abstracted）。在這兩種情況下，都需要進行重構，讓抽象達到正確的等級。

在大型類別中使用區域

由於區域可以折疊（collapsed），所以將大型類別中的項目進行分組（grouping）是非常有用的。仔細檢查一個大型類別並在方法之間不斷來回，這是相當艱鉅的，因此，在類別中對「相互呼叫的方法」進行分組是一種好做法。然後，在處理一段程式碼時，可以根據需要來折疊和擴展這些方法。

截至目前為止，我們可以看出，良好的寫程式習慣使程式碼更具可讀性和易於維護。接下來，我們將探討對程式碼撰寫標準、原則，以及某些軟體方法（如 SOLID 和 DRY）的需求。

對程式碼撰寫標準、原則、方法的需求

現今大多數軟體是由多個團隊的程式設計師所編寫的。如你所知，我們都有自己獨特的寫程式方式，而且我們都有某種形式的寫程式觀念（意識形態）。你可以輕易地找到關於各種軟體開發範式（paradigms）的程式設計辯論。但共識是如果我們都遵守一組給定的程式碼撰寫標準、原則、方法，那麼的確會讓身為程式設計師的我們更加輕鬆。

讓我們更詳細地討論這些所代表的意義吧。

程式碼撰寫標準

程式碼撰寫標準列出了必須遵守的一些注意事項。可以透過諸如 FxCop 之類的工具強制實施這些標準，也可以透過「同儕程式碼審查」（peer code review）來手動實施這些標準。所有公司都有他們自己必須遵守的程式碼撰寫標準。但是，在現實世界中，你會發現，當企業期望程式必須在最後期限之前交付時，這些程式碼撰寫標準可能會完全消失，因為最後期限比實際的程式碼品質更重要。通常可以透過在錯誤列表（bug list）中新增任何必需的「重構」，作為產品發布（release）之後要解決的技術債（technical debt），藉此糾正這個問題。

Microsoft 有自己的程式碼撰寫標準，大多數情況下，這些標準都已被採用，可以對其進行修改以適合每個企業的需求。以下是可以在網路上找到的一些程式碼撰寫標準範例：

- https://www.c-sharpcorner.com/UploadFile/ankurmalik123/C-Sharp-coding-standards/
- https://www.dofactory.com/reference/csharp-coding-standards
- https://blog.submain.com/coding-standards-c-developers-need/

當不同團隊中的人員（或是同一團隊中的成員）皆遵守程式碼撰寫標準時，你的 Codebase 將變得統一。統一的 Codebase 更易於閱讀、擴展和維護。它也可能比較不容易出錯。如果確實存在錯誤，正因為該程式碼遵循了所有開發人員都遵循的一組標準準則，也因此更容易發現錯誤。

程式碼撰寫原則

程式碼撰寫原則是用來編寫高品質程式碼、測試和偵錯該程式碼，以及對程式碼執行維護的一組準則。程式設計師之間以及開發團隊之間的原則可能有所不同。

就算你是一位獨來獨往的程式設計師，透過定義自己的程式碼撰寫原則並遵守這些原則，你也將做出屬於自己的光榮貢獻。如果你在團隊之中工作，那麼對於所有人來說，能就一套程式碼撰寫標準達成共識，這可以說是非常有利的，讓共享程式碼更加容易。

在本書中，你將看到諸如 SOLID、YAGNI、KISS 和 DRY 等等的程式碼撰寫原則範例，我們將對這些原則進行詳細的說明。但就目前而言，你只需知道，**SOLID** 代表單一職責原則（Single Responsibility Principle）、開放封閉原則（Open-Closed Principle）、里氏替換原則（Liskov Substitution Principle）、介面隔離原則（Interface Segregation Principle）和依賴反轉原則（Dependency Inversion Principle）。**YAGNI** 代表 You Ain't Gonna Need It（你不需要它）；**KISS** 代表 Keep It Simple, Stupid（保持簡單和愚蠢）；而 **DRY** 代表 Don't Repeat Yourself（不要重複自己）。

程式碼撰寫方法

程式碼撰寫方法將軟體開發過程分為多個預先定義的階段。每個階段都有許多與之相關的步驟。不同的開發人員和開發團隊將遵循他們自己的程式碼撰寫方法。程式碼撰寫方法的主要目的是簡化「從最初的概念，到寫程式的階段，再到部署和維護的階段」的過程。

在本書中，你將學習使用 SpecFlow 進行**測試驅動開發**（Test-Driven Development，**TDD**）和**行為驅動開發**（Behavioral-Driven Development，**BDD**），以及使用 PostSharp 進行**切面導向程式設計**（Aspect-Oriented Programming，**AOP**）。

程式碼撰寫慣例

最好的做法是遵循 Microsoft C# 的程式碼撰寫慣例。你可以在這裡閱讀它們：`https://docs.microsoft.com/en-us/dotnet/csharp/programming-guide/inside-a-program/coding-conventions`。

透過採用 Microsoft 的程式碼撰寫慣例，可以保證你以「普遍接受且正式使用的格式」編寫程式碼。這些 C# 程式碼撰寫慣例可以協助人們專心閱讀你的程式碼，而無須花時間研究程式碼的排版（佈局，layout）。基本上，Microsoft 的程式碼撰寫標準促進了最佳實作。

模組化

將大型程式分解為較小的模組，這是很有意義的。小型模組易於測試，更易於重用，並且可以獨立於其他模組進行處理。小型模組也更易於擴展和維護。

模組化程式可以分為不同的「組件」（assembly）和這些「組件」中的不同名稱空間。模組化程式在團隊環境中也更容易執行，因為不同的團隊可以使用不同的模組。

在同一個專案中，可透過新增反映名稱空間的資料夾來對程式碼進行模組化。名稱空間只能包含與其名稱相關的程式碼。因此，如果你有一個名為 FileSystem 的名稱空間，那麼與「檔案」和「目錄」有關的型別應放在該資料夾中。同樣的，如果你有一個名為 Data 的名稱空間，那麼該名稱空間中只能有與「資料」和「資料來源」相關的型別。

正確模組化的另一個美麗之處是，如果你使模組小而簡單，則易於閱讀。除了寫程式之外，程式設計師絕大部分時間都花在閱讀和理解程式碼上。因此，程式碼越小且模組化的程度越高，那麼閱讀和理解程式碼就越輕鬆。這可以使人們對程式碼有更深入的了解，並且可以提升開發人員對程式碼的運用。

KISS

你可能是電腦程式設計領域的超級天才。你可能會寫出非常 Sexy 的程式碼，以至於其他程式設計師只能敬畏地凝視著它，最後在鍵盤上流口水。但是這些程式設計師光看程式碼就能知道這段程式碼是什麼嗎？如果你在交付期限前 10 個星期的時間內發現了這段程式碼，此時你卻深陷各種不同的程式碼，同時又要滿足各方 Deadline，你是否能肯定且清楚地說明該程式碼的作用？你是否能解釋選擇該程式碼撰寫方法的理由？你是否考慮過，以後仍然需要在這段程式碼中繼續工作？

你是否曾經編寫過一些程式碼，然後過了幾天才又回頭看了一下，卻心想：『我才沒有寫出這種垃圾！是我寫的嗎？』、『天哪！我在想什麼啊！？』我知道我對此感到內疚，我的一些前同事也是如此。

寫程式的時候，最重要的是使程式碼保持簡單，並採用即使是「新手」初級程式設計師也可以理解的可讀格式。初級人員經常需要閱讀、理解和維護程式碼。程式碼越複雜，初級人員花費的時間就越長。即使是資深人員，也可能因複雜的系統而苦苦掙扎，以至於他們不得不去其他地方工作，而那些地方的工作對大腦和健康造成的負擔也比較小。

舉例來說，如果你正在開發一個簡單的網站，請先問自己幾個問題。真的需要使用微服務（microservice）嗎？這項專案真的很複雜嗎？是否可以簡化它，讓它更容易維護？在開發新系統時，編寫一個效能良好、功能強大、可維護且可擴充的解決方案，所需的「移動式元件」，最少數量為多少？

YAGNI

YAGNI 是敏捷軟體開發中的一項原則，它規定程式設計師在絕對需要之前，不要新增任何程式碼。一名誠實的程式設計師將根據「設計」來編寫失敗的測試，然後編寫足夠的「產品程式碼」（production code）以使測試正常工作，最後「重構」程式碼以刪除重複的部分。使用 YAGNI 軟體開發方法，可以將類別、方法和整體程式碼行段保持在最低限度。

YAGNI 的主要目標是防止電腦程式設計師「過度設計」軟體系統。若非必要，不要增加複雜性。你必須記住只需編寫所需的程式碼。不要編寫不需要的程式碼，也不要為了實驗和學習而編寫程式碼。為此，請將實驗和學習的程式碼保留在沙盒（sandbox）專案之中。

DRY

請「不要重複自己！」（Don't Repeat Yourself!）若你發現你正在多個區域中編寫相同的程式碼，那麼這無疑是「重構」的候選物件。你應該檢視此程式碼，看看是否可以將其通用化（genericized）並放置在「輔助程序（helper）類別」當中，以供整個系統使用，或放置在函式庫中，以供其他專案使用。

如果你在多個地方都有同一段程式碼，而你發現這段程式碼有故障且需要修改，那麼你就必須在其他地方修改這段程式碼。在這種情況下，很容易忽略需要修改的程式碼。結果是程式碼發布了，有些地方的問題已經解決，但其他地方的問題卻仍然存在。

這就是為什麼最好在遇到「重複程式碼」時立即刪除它，因為如果不這樣做，可能會導致更多問題。

SOLID

SOLID 是五大設計原則（design principles）的縮寫，旨在使軟體更易於理解和維護。軟體程式碼應該易於閱讀和擴展，而不必修改現有程式碼的某些部分。SOLID 五大設計原則如下：

- **單一職責原則**（Single Responsibility Principle，**SRP**）：類別和方法應僅執行單一職責。構成單一職責的所有元素都應組合在一起並封裝在一起。
- **開放封閉原則**（Open-Closed Principle，**OCP**）：類別和方法應該是可以擴展但不可以修改的，即對擴展「開放」、對修改「封閉」。當需要更改軟體時，你應該能夠擴展軟體而無需修改任何程式碼。
- **里氏替換原則**（Liskov Substitution Principle，**LSP**）：你的函數有一個指向「基礎類別」（base class）的指標（pointer）。它必須能夠在不知道的情況下，使用從「基礎類別」衍生的任何類別。
- **介面隔離原則**（Interface Segregation Principle，**ISP**）：當你有大型介面時，使用它們的客戶端可能不需要所有方法。因此，使用介面隔離原則，你可以將方法提取到不同的介面。這表示你將擁有許多小介面，而不是擁有一個大介面。然後，類別可以僅使用所需的方法來實作介面。
- **依賴反轉原則**（Dependency Inversion Principle，**DIP**）：高等級模組（high-level module）不應該依賴於任何低等級模組（low-level module）之上。你應該能夠在低等級模組之間自由切換，而不會影響使用它們的高等級模組。高等級模組和低等級模組都應依賴於抽象。

抽象不應該依賴於細節，但是細節應該依賴於抽象。

當宣告變數時，應永遠使用靜態型別，例如：介面或抽象類別。然後，可以把「實作介面」或「從抽象類別繼承而來」的具體類別指定給該變數。

Occam's Razor

Occam's Razor（奧卡姆剃刀原理）主張：『如無必要，勿增實體（Entities should not be multiplied without necessity）。』換句話說，從本質上來說，這表示「最簡單的解決方案很可能是正確的解決方案」。因此，在軟體開發的過程中，可以透過做出不必要的假設並採用最簡單的解決方案，來解決 Occam's Razor 的問題。

軟體專案通常是基於事實和假設的集合。事實（facts）很容易處理，但假設（assumptions）則另當別論。你們通常會以一個團隊的形式，討論問題與潛在選擇，並提出一個軟體專案解決方案。在選擇解決方案的時候，應永遠選擇具有最少假設的專案，因為這將是最準確的選擇。即便有一些合理的假設，當你必須做出的假設越多，你的設計解決方案出錯的可能性就越高。

專案的移動式元件越少，就越不容易出錯。因此，在沒有必要的情況下就不需進行假設，僅需處理事實，使專案規模越小越好，使涉及的實體越少越好，如此一來，你便堅守了 Occam's Razor。

小結

在本章中，我們分別介紹了「好程式碼」和「壞程式碼」，希望你能體會「好程式碼」的重要性。我們也提供了 Microsoft C# 程式碼撰寫慣例的連結，讓你可以按照 Microsoft 最佳做法來寫程式（如果你尚未這樣做的話）。

我們也簡單介紹了各種軟體開發方法，包括 DRY、KISS、SOLID、YAGNI 和 Occam's Razor。

透過使用「名稱空間」和「組件」（assembly）對程式碼進行模組化，我們也展示了模組化的好處。這樣的好處包括獨立的團隊能夠在獨立的模組上工作，以及程式碼的可重用性（reusability）和可維護性（maintainability）。

在下一章中，我們將討論「同儕程式碼審查」。雖然「同儕程式碼審查」有時是令人不悅的，但它能檢查並確保程式設計師遵守公司整體的程式設計原則。

練習題

本書每一章的結尾都有練習題，讀者可以到博碩文化官網下載「練習題參考解答」：
http://www.drmaster.com.tw/bookinfo.asp?BookID=MP12105。

1. 「壞程式碼」會帶來哪些後果？
2. 「好程式碼」會帶來哪些結果？
3. 編寫模組化程式碼有哪些好處？
4. 什麼是 DRY 程式碼？
5. 編寫程式碼時為什麼要 KISS？
6. 縮寫 SOLID 代表什麼？
7. 請解釋 YAGNI。
8. 什麼是 Occam's Razor？

延伸閱讀

- Gary McLean Hall 的《*Adaptive Code: Agile coding with design patterns and SOLID principles, Second Edition*》
- Jeffrey Chilberto 和 Gaurav Aroraa 的《*Hands-On Design Patterns with C# and .NET Core*》
- Rob can der Leek, Pascal can Eck, Gijs Wijnholds, Sylvan Rigal 和 Joost Visser 的《*Building Maintainable Software, C# Edition*》
- 關於軟體反模式的實用參考，這個網站詳細列出了許多反模式：https://en.wikibooks.org/wiki/Introduction_to_Software_Engineering/Architecture/Anti-Patterns
- 關於設計模式的實用參考，這裡詳列出了許多設計模式，每一個都有連結到圖解和實作原始碼：https://en.wikipedia.org/wiki/Software_design_pattern

2

程式碼審查：過程和重要性

程式碼審查（Code Review）背後的主要動機是提升程式碼的整體品質。程式碼品質非常重要，這幾乎是無庸置疑的，尤其是如果你的程式碼是團隊專案的一部分，或是可以透過託管協議（escrow agreement）被其他人存取的話（例如：使用開放原始碼的開發人員和客戶）。

如果每一位開發人員都隨心所欲地編寫程式，那麼我們將會得到以多種不同方式編寫的相同類型程式碼，最終程式碼將變得一團糟。這就是為什麼制定一個「程式碼撰寫標準政策」（a coding standards policy）很重要的原因，這項政策概述了公司的程式碼撰寫實務和程式碼審查程序，大家都應該遵守。

在程式碼審查的過程中，同事之間會互相檢查彼此的程式碼，也會明白人人都有可能犯錯。他們會檢查程式碼中是否有錯誤，檢查破壞公司程式碼撰寫「行為準則」（code of conduct）的程式碼，以及在語法上正確但卻可以改進的程式碼，使其更具可讀性、更具可維護性以及更具效能。

因此，在本章中，我們將涵蓋以下主題，以詳細了解程式碼審查過程：

- 準備程式碼以供審查
- 主導程式碼審查
- 知道該審查什麼
- 知道何時發送程式碼以供審查
- 提供及回應審查回饋（review feedback）

請注意，在「準備程式碼以供審查」和「知道何時發送程式碼以供審查」這兩個小節，我們將從程式設計師（programmer）的角度進行討論。在「主導程式碼審查」和「知道要審查什麼」這兩個小節，我們將從程式碼審閱者（code reviewer）的角度進行討論。不過，在「提供及回應審查回饋」小節，我們將涵蓋程式設計師和**程式碼審閱者**的觀點。

本章的學習目標是讓你能夠執行以下操作：

- 了解程式碼審查及其優點
- 參與程式碼審查
- 提供建設性的批評
- 積極回應建設性的批評

在深入探討這些主題之前，讓我們了解一般的程式碼審查過程。

程式碼審查過程

進行程式碼審查的正常過程是確保你的程式碼可以編譯並且符合需求。它還應通過所有「單元測試」（unit test）和「端點到端點測試」（end-to-end test）。一旦確定自己能夠成功編譯、測試和執行程式碼，便將其簽入（check in）目前的工作分支（working branch）。一旦簽入，你將可發出「拉取請求」（pull request）。

然後，同儕審閱者（peer reviewer）將審查你的程式碼並分享評論（comment）和回饋。如果你的程式碼通過了程式碼審查，則該審查工作完成，然後可以將此工作分支合併（merge）到主幹中。否則，同儕審查結果將被退回（reject），你將需要檢查你的工作並解決審查者於評論中所提出的問題。

這是同儕程式碼審查過程的示意圖：

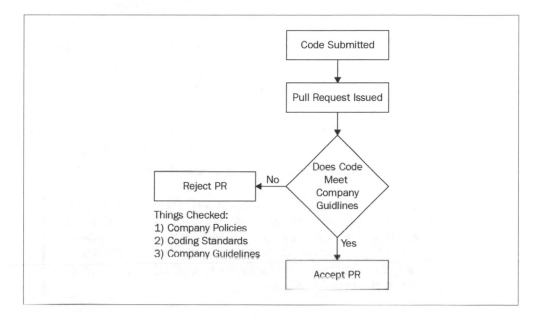

準備程式碼以供審查

程式碼審查的準備工作有時可能是很痛苦的事情，但是它確實可以提升整體程式碼品質，達到易於閱讀和易於維護的狀態。開發團隊應該將其作為標準的程式碼撰寫過程來執行，這絕對是值得的實務做法。這是程式碼檢查過程中的重要步驟，若確實執行此步驟，將可以為審閱者節省大量的時間和精力。

當要準備程式碼以供審查時，請牢記以下幾點：

- **永遠將程式碼審查放在心上**：只要一開始寫程式，就應該把程式碼審查放在心上。因此，請讓你的程式碼保持輕巧。如果可能，將你的程式碼限制為單一功能（feature）。
- **即使程式碼已建置，也請確保其通過所有測試**：如果程式碼已建置（build）但測試失敗，請立即處理導致這些測試失敗的原因。然後，當測試按預期通過時，你可以繼續進行後續的工作。請確保所有「單元測試」都能通過，而且「端點到端點測試」也都能通過，這一點很重要。重要的是，所有測試都必須完成並獲得「綠燈」，畢竟，在程式碼被發布到正式環境之後，那些「可以運作但卻測試失敗的程式碼」可能會讓一些客戶非常不滿意。

- **記住 YAGNI**：寫程式的時候，請確保僅增加滿足「你正在處理的需求或功能」所需的程式碼。如果你還不需要，請不要編寫程式碼。只有在需要時才增加程式碼，而不是在此之前。
- **檢查重複的程式碼**：如果你的程式碼必須是物件導向的，而且是 DRY 和 SOLID，那麼，請檢查其是否包含任何「程序式（procedural）程式碼」或「重複的（duplicate）程式碼」。若是如此，請花一些時間對其進行重構，使其成為物件導向的、DRY 和 SOLID。
- **使用靜態分析器**：已配置為執行公司最佳做法的「靜態程式碼分析器」（static code analyzers），它將檢查你的程式碼，並高亮度顯示（highlight）遇到的任何問題。請確保不要忽略任何資訊和警告。這些可能會導致問題進一步惡化。

最重要的是，只有在確信自己的程式碼滿足業務需求、遵守程式碼撰寫標準並通過所有測試之後，才能簽入該程式碼。如果你將程式碼作為**持續整合**（Continuous Integration，**CI**）管道（pipeline）的一部分來簽入，而程式碼在建置時失敗了，那麼，你將需要解決 CI 管道提出的關注領域。當你能夠簽入程式碼而 CI 也發出「綠燈」時，你就可以發出「拉取請求」。

主導程式碼審查

主導程式碼審查的時候，重要的是要有合適的人員參與。專案經理會決定參加同儕程式碼審查的人員。除非是在遠端工作，否則負責提交程式碼以供審閱的程式設計師將出席程式碼審查。在遠端工作的情況下，審閱者在審查程式碼時，將會接受「拉取請求」、拒絕「拉取請求」，或是向開發人員提出一些問題，然後再採取進一步措施。

程式碼審查的主導人員應具備以下技能和知識：

- **作為技術權威**：負責主導程式碼審查的人員應該是了解公司程式碼撰寫準則和軟體開發方法的技術權威。他們必須對所審查的軟體有全面的了解，這也是很重要的。
- **具備良好的軟實力**：作為程式碼審查的主導人，必須是一位熱情和鼓舞人心的人，才能夠提供建設性的回饋。審閱者必須具有良好的軟實力（soft skills），審閱者與被審閱者之間才不會產生衝突，這是很重要的。
- **不必過於嚴格**：程式碼審查的主導者不得過於嚴格，而且必須能夠解釋他們對程式碼的批評理由。如果主導者接觸過不同的程式設計風格，而且可以客觀地檢查程式碼以確保它滿足專案的要求，這將非常有用。

以我個人的經驗來說，同儕程式碼審查總是在團隊使用的版本控制（version control）工具中，以「拉取請求」的方式進行。程式設計師會將程式碼提交給版本控制，然後發出「拉取請求」，而審閱者就會檢查「拉取請求」中的程式碼。建設性回饋將以評論（comment）的形式提供，該評論將附加到「拉取請求」當中。如果「拉取請求」存在問題，則審閱者將會拒絕該更改請求，並對程式設計師需要解決的特定問題發表評論。如果程式碼審查成功，則審查者可以增加評論以提供正向回饋、合併「拉取請求」，然後將它關閉。

程式設計師將需要記錄審閱者的任何評論並將其採納。如果需要重新提交程式碼，那麼程式設計師將需要確保，在重新提交之前，所有審閱者的評論都已得到解決。

程式碼審查最好要簡短，而且不要一次審查太多行。

由於程式碼審查通常從「拉取請求」開始，因此，接下來我們將討論發出「拉取請求」以及隨之而來的對「拉取請求」的回應。

發出拉取請求

程式碼撰寫完成後，你對程式碼的品質及其建置的成果有信心，即可根據所使用的原始碼控制系統來「推送」（push）或「簽入」（check in）所做的修改。在「推送」程式碼後，你可以發出「拉取請求」。當提出「拉取請求」時，會通知其他對此程式碼感興趣的人，以審查你的修改之處。這些修改之處將會被討論，並就需要進行的任何潛在變更進行評論。從本質上來說，你所「推送」至原始碼控制儲存庫（repository）的動作，以及發出「拉取請求」的動作，就是啟動同儕程式碼審查過程的關鍵。

要發出「拉取請求」，只需點擊版本控制上的 **Pull requests** 標籤（tab）（前提是你已「簽入」或「推送」了程式碼）。然後將會有一個按鈕可供你點擊：**New pull requests**。它會將你的「拉取請求」新增到佇列（queue）中，以供相關審閱者提取。

在以下的螢幕截圖中，我們將看到透過 GitHub 請求（requesting）和完成（fulfilling）「拉取請求」的過程：

1. 在 GitHub 專案頁面上，點擊 **Pull requests** 標籤：

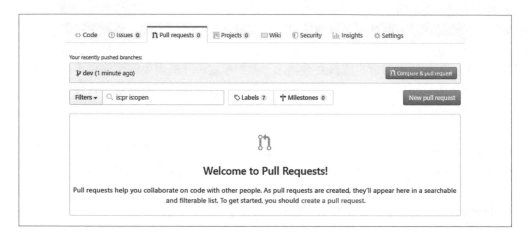

2. 然後，點擊 **New pull requests** 按鈕，將會顯示 **Comparing changes**（比較變更）的頁面：

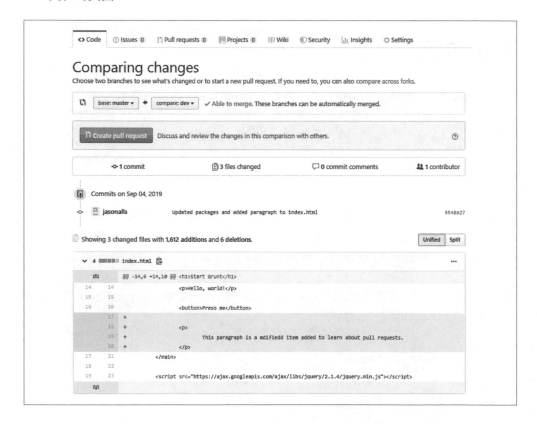

3. 若你滿意，你可以點擊 **Create pull request** 按鈕來啟動「拉取請求」。然後，你將看到 **Open a pull request**（打開拉取請求）的畫面：

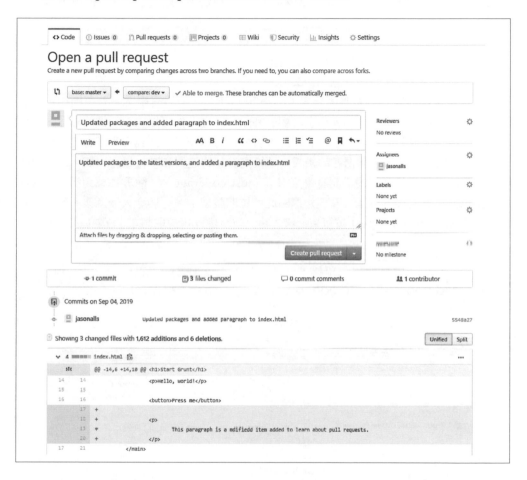

4. 你可以為此「拉取請求」寫下評論，以提供所有必要的資訊給程式碼審閱者，但請保持簡潔明瞭。有用的評論包括了明確標示所做的更改。你可以根據需要去修改 **Reviewers**（審閱者）、**Assignees**（指派人）、**Labels**（標籤）、**Projects**（專案）和 **Milestone**（里程碑）等欄位。然後，一旦對「拉取請求」的詳細資訊感到滿意，請點擊 **Create pull request** 按鈕來建立「拉取請求」。你的程式碼現在已準備好可供同儕審查。

回應拉取請求

審閱者負責在合併分支之前審查「拉取請求」，讓我們也看一下回應「拉取請求」的過程：

1. 首先複製一份正在受檢閱的程式碼的副本。
2. 在「拉取請求」中查看評論和修改。
3. 檢查並確保該程式碼與基礎分支（base branch）之間沒有衝突。若有衝突，你將必須拒絕此「拉取請求」並附上必要的評論。反之，你可以查看所做的修改，確保建置的程式碼沒有錯誤，也沒有編譯警告。在這個階段，你也必須留意程式碼「臭味」（smells）和任何潛在的錯誤，並檢查測試的建置和執行是否正確，以及對要合併的功能提供良好的「測試覆蓋率」（test coverage）。除非你感到滿意，否則請做出任何必要的評論，甚至是退回此「拉取請求」。一切令人滿意後，你可以點擊 **Merge pull request** 按鈕來新增評論，並合併此「拉取請求」，如下所示：

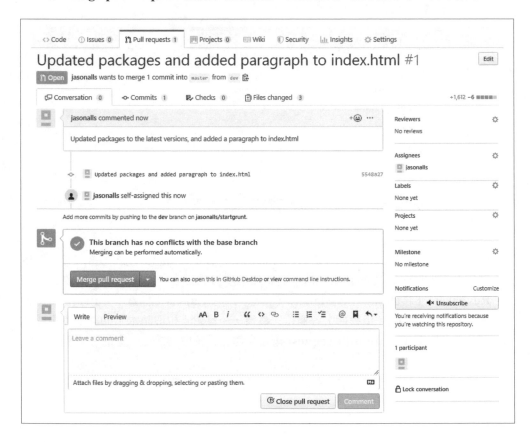

4. 現在，透過輸入評論並點擊 **Confirm merge** 按鈕來確認合併：

5. 一旦此「拉取請求」已被合併並且關閉，就可以透過點擊 **Delete branch** 按鈕來刪除分支，如以下螢幕截圖所示：

在上一節中，你看到了被審閱者（reviewee）是如何在合併請求之前，對他們的程式碼提出同儕審查的「拉取請求」。而在本節中，你則看到了如何審查並完成「拉取請求」。接下來，我們將看到在回應「拉取請求」時，同儕程式碼審查應該檢查什麼。

回饋意見對被審閱者的影響

在對同儕的程式碼進行程式碼審查時，還必須考慮你的回饋是正面的還是負面的。「負面回饋」沒有提供跟問題有關的詳細資訊，其中審閱者只專注在被審閱者身上，而非問題本身。審閱者沒有向被審閱者提供改進程式碼的建議，他的回饋只是為了傷害被審閱者。

收到這種「負面回饋」，被審閱者的心情是非常不愉快的。這讓人開始變得消極，也讓他們開始懷疑自己。接著，被審閱者內心將缺乏動力，並為團隊帶來負面影響，因為工作沒有按時完成，或是沒有達到一定水準。團隊成員也將感覺到審閱者和被審閱者之間的劍拔弩張，團隊中充滿了令人緊張的低氣壓。這也會造成士氣低落，而整個專案最終因此大受影響。

最後，被審閱者終於受夠了，他找到了其他地方的新職位來擺脫這一切。由於需要花費時間和金錢來尋找接任者，因此，該專案在時間上乃至財務上都受到了影響。無論找到誰來遞補空缺，都必須接受和「公司系統」、「工作流程」及「行為準則」有關的培訓。下圖顯示了審閱者對被審閱者表達「負面回饋」的結果：

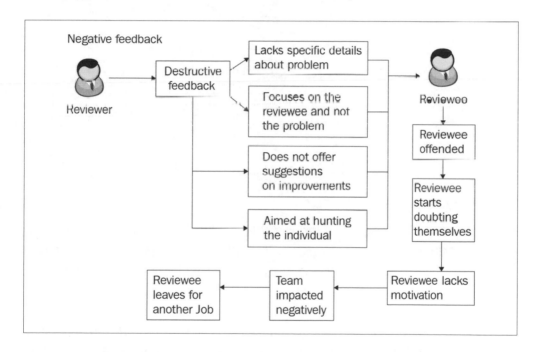

反之，審閱者給予被審閱者的積極回饋則會產生相反的效果。當審閱者向被審閱者提供「正面回饋」時，他們將重點放在問題上而不是在人身上。他們解釋了為什麼提交（submit）的程式碼不好，以及它可能引起的問題。然後，審閱者將向被審閱者「建議」可以改進程式碼的方式。審閱者提供的回饋僅為了提高被審閱者所提交的程式碼的品質。

當被審閱者收到正面（建設性）回饋時，他們會以正面方式做出回應。他們接受審閱者的意見，並透過回答問題、主動提出任何相關的問題，以適當的方式做出回應，然後根據審閱者的回饋更新程式碼。然後，將修改後的程式碼重新提交以供審核，並期望被接受。這對團隊產生了積極的影響，因為氣氛仍然是積極正向的，而工作也能按時完成並達到了要求的品質。下圖顯示了審閱者對被審閱者表達「正面回饋」的結果：

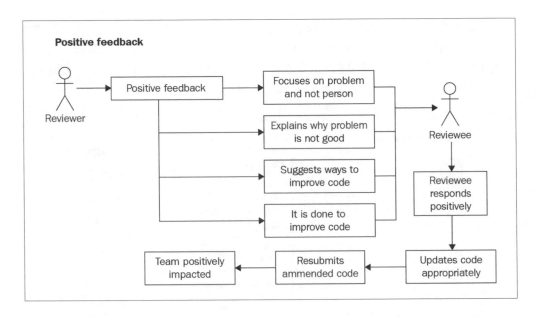

要記住的一點是，你的回饋可以是建設性的或破壞性的。作為審閱者，你的目標是建設性的而不是破壞性的。一個快樂的團隊就是一個富有成效的團隊。士氣低落的團隊不僅效率低落，更會對專案造成損害。因此，永遠要透過積極的回饋來維持一個快樂的團隊。

三明治回饋法（feedback sandwich technique）是一種達到正向建議（或指責）的小技巧。先從對優點的讚美開始，然後提供建設性的批評，然後再進一步讚美。如果團隊中的成員對任何形式的批評都不滿意，那麼這個小技巧會非常有用。與人打交道的「軟實力」與提供高品質程式碼的「軟體技能」同樣重要。別忘了！

現在，我們將繼續研究應審查的內容。

知道要審查什麼

審查程式碼時，必須考慮程式碼的不同方面。首先，被審查的程式碼應該只是由程式設計師「修改」並「提交」以供審查的程式碼。這就是為什麼你應該提交少量內容的原因。少量程式碼更易於審查和評論。

讓我們看一下程式碼審閱者應該評估的各個方面，以進行完整而徹底的審查。

公司的程式碼撰寫準則和業務需求

所有的程式碼都應該根據公司的「程式碼撰寫準則」以及要解決的「業務需求」來審查。所有新程式碼都應遵守公司採用的最新程式碼撰寫標準和最佳做法。

「業務需求」有很多種類型。這些需求包括了業務和使用者／利害關係人的要求，以及功能上和實作上的需求。無論程式碼要解決的是哪一種需求，都必須對其進行充分檢查，以確保其符合需求。

舉例來說，如果使用者／利害關係人的需求指出「作為使用者，我想新增一個新的客戶帳戶」，那麼該程式碼是否滿足此需求中列出的所有條件？如果公司的「程式碼撰寫準則」規定，所有程式碼都必須包含測試「正常流程」以及「例外情況」的單元測試，那麼，所有必需的測試是否都已實作出來？如果對這些問題中的任何一個回答為「否」，則必須由程式設計師對程式碼進行註解，然後重新提交程式碼。

命名慣例

程式碼應該被檢查，以確認其各種結構（如類別、介面、成員變數、區域變數、列舉和方法）是否遵循了命名慣例（naming conventions）。沒有人喜歡難以破解的神秘名稱，尤其是在 Codebase 很大的情況下。

以下是審閱者應該提出的幾個問題：

- 這些名稱的長度是否夠長，讓人容易閱讀和理解？
- 這些名稱與程式碼意圖之間是否具有關聯（命名是否有意義）？而這些名稱又足夠簡短，不至於激怒其他程式設計師？

作為審閱者，你必須能夠閱讀並理解程式碼。如果程式碼難以閱讀和理解，那麼在合併之前確實需要對其進行重構。

格式化

格式化有助於使程式碼更易於理解。應根據準則使用名稱空間、大括號和縮排，而且程式碼區塊的開始和結尾應易於識別。

同樣的，以下是審閱者在審查時應該考慮的問題：

- 程式碼是以空格還是 Tab 進行縮排？
- 是否使用了正確數量的空格？
- 某行程式碼是否太長，而應該分散在多行之中？
- 換行符號呢？
- 遵循樣式準則，每行是否只有一個敘述句（statement）？每行是否只有一個宣告（declaration）？
- 是否使用一個 Tab Stop（定位點）正確地縮排連續行（continuation lines）？
- 方法是否使用一行分隔？
- 組成單一表達式（expression）的多個子句是否使用括號分隔？
- 類別和方法是否整潔輕巧？它們僅執行應做的工作嗎？

測試

測試必須是可以理解的，而且必須涵蓋大多數的使用案例。它們必須涵蓋正常的執行路徑和特殊的使用案例。在測試程式碼時，審閱者應檢查以下內容：

- 程式設計師是否為所有程式碼提供了測試？
- 是否有未經測試的程式碼？
- 所有測試都有效嗎？
- 是否有任何測試失敗了？
- 是否有足夠的程式碼文件，包括註解、文件註解、測試和產品文件？
- 你是否看到任何突兀之處，即使它們能夠編譯且能正常運作，但在整合到系統中時，卻可能會引起錯誤？
- 該程式碼是否有完整的文件記錄以利維護和支援？

讓我們看看此流程如何進行：

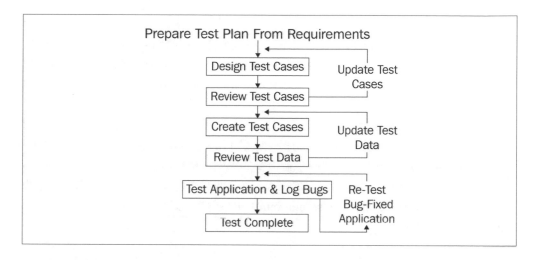

「未經測試的程式碼」有可能在「測試」和「生產」期間拋出預期之外的例外。不過，與「未經測試的程式碼」一樣糟糕的還有「不正確的測試」。「不正確的測試」可能會導致難以診斷的 bug（錯誤），可能會為客戶帶來煩惱，甚至增加工作量。bug 是技術債，而企業將之視為麻煩。此外，你可能已經編寫了程式碼，但是其他人在維護和擴展專案時可能不得不閱讀它。為同事提供一些文件永遠是一個好主意。

現在，從客戶的角度來看，他們該如何知道你的功能在哪裡以及如何使用它們？一個易於使用的良好文件會是個解法。請記住，並不是所有的使用者都精通技術。因此，請考量那些較缺乏技術的人員，但無需自視甚高。

作為檢查程式碼的技術權威，你是否發現任何可能成為問題的程式碼「臭味」？如果是這樣，那麼你必須標記、註解和退回該「拉取請求」，並要求作者重新提交其工作。

作為審閱者，你應檢查這些例外是否未用於控制程式流程，而且所拋出的任何錯誤均包含有意義的訊息，這些訊息對開發人員和接收它們的客戶來說，都是有幫助的。

架構準則和設計模式

新程式碼必須受檢查，看看其是否符合專案的架構準則（architectural guideline）。程式碼應遵循公司採用的任何程式碼撰寫範式（paradigm），例如：SOLID、DRY、

YAGNI 和 OOP。另外，在可能的情況下，程式碼應採用適當的設計模式（design pattern）。

這就是所謂 **Gang-of-Four**（四人幫，**GoF**）模式發揮作用的地方。GoF 由 C++ 經典名著《*Design Patterns: Elements of Reusable Object-Oriented Software*》的四位作者組成：Erich Gamma、Richard Helm、Ralph Johnson 和 John Vlissides。

如今，大多數（若非全部）的物件導向程式設計語言皆大量使用他們的設計模式。Packt 出版社也有許多討論設計模式的書，像是 Praseed Pai 和 Shine Xavier 撰寫的《*.NET Design Patterns*》。這裡有一個很棒的網站，提供各位讀者參考：`https://www.dofactory.com/net/design-patterns`。這個網站詳述每一種 GoF 模式，並提供了模式的定義、UML 類別圖（class diagram）、參與者、結構式程式碼，以及一些更接近實務的程式碼。

GoF 模式包括建立式（creational）、結構式（structural）和行為式（behavioral）設計模式。「建立式設計模式」包括 Abstract Factory、Builder、Factory Method、Prototype 和 Singleton。「結構式設計模式」包括 Adapter、Bridge、Composite、Decorator、Façade、Flyweight 和 Proxy。「行為式設計模式」則包括 Chain of Responsibility、Command、Interpreter、Iterator、Mediator、Memento、Observer、State、Strategy、Template Method 和 Visitor。

程式碼也應該正確組織，並放置在正確的名稱空間和模組中。也要檢查程式碼是否過於簡單或過度設計。

效能與安全性

其他可能需要考慮的事項包括「效能」與「安全性」：

- 程式碼執行得如何？
- 是否有任何瓶頸需要解決？
- 程式碼是以防止「SQL 注入（injection）攻擊」和「拒絕服務（denial-of-service）攻擊」的方式來撰寫的嗎？
- 你是否正確驗證了程式碼，以保持資料整潔，因此，資料庫當中僅儲存了有效資料？
- 你是否檢查了使用者介面、文件和錯誤訊息中的拼字錯誤？
- 你有遇到任何魔術數字（magic number）或是寫死的（hardcoded）值嗎？

- 配置（configuration）的資料是否正確？
- 是否偶然簽入了任何機密？

全面的程式碼審查將涵蓋前述各個面向以及它們各自的審查參數。而接下來，讓我們找出實際上何時才是執行程式碼審查的正確時間。

知道何時發送程式碼以供審查

在程式碼開發完成並傳遞給 QA 部門之前，應進行程式碼審查。在將任何程式碼簽入版本控制之前，所有程式碼均應在沒有錯誤、警告或資訊的情況下建置和執行。你可以透過執行以下操作來確保這一點：

- 你應該在程式上執行靜態程式碼分析，以查看是否出現任何問題。如果收到任何錯誤、警告或資訊，請解決每一個問題。不要忽略它們，因為它們可能會導致更進一步的問題。你可以在 Visual Studio 2019 的 **Project Properties**（專案屬性）頁籤的 **Code Analysis**（程式碼分析）頁面上存取 **Code Analysis** 配置對話框。使用右鍵點擊你的專案，然後選擇 **Properties | Code Analysis**。
- 你也應該確保所有測試都可以成功地執行，而且你的目標是讓所有新程式碼都被「正常的」和「例外的」使用案例完全覆蓋，這些使用案例可以根據正在使用的規格（specification）來測試程式碼的正確性。
- 如果你在工作場所採用持續開發的軟體實務（a continuous development software practice），以將你的程式碼整合到一個較大的系統中，那麼，你需要確保系統整合成功而且所有測試都可以成功執行。如果遇到任何錯誤，那麼你必須先解決它們，然後再繼續。

當你的程式碼很完整，也有齊全的文件記錄，而且你的測試工作及系統整合都沒有任何問題時，就是進行同儕程式碼審查的最佳時間。一旦你的程式碼審查已被批准（approved），即可將你的程式碼傳遞給 QA 部門。下圖顯示了從「程式碼開發」到「程式碼生命週期結束」的**軟體開發生命週期**（Software Development Life Cycle，**SDLC**）：

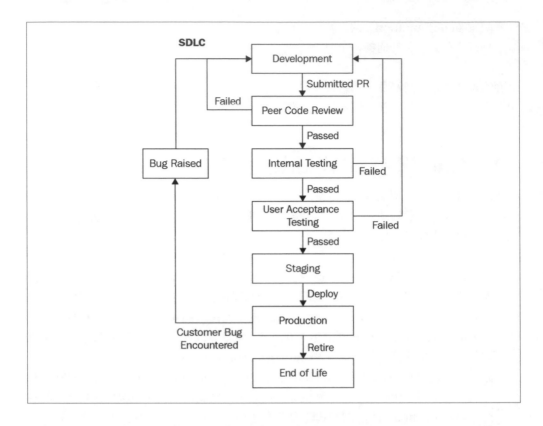

程式設計師根據規格對軟體進行開發。他們將原始程式碼提交到版本控制儲存庫並發出「拉取請求」（PR）。該請求將被審查。如果該請求失敗了，將會被退回並附上評論。如果程式碼審查通過了，則程式碼將部署到 QA（品質檢查）團隊，以執行他們自己的內部測試。任何被發現的 bug 都會通知開發人員以進行修復。如果內部測試通過了 QA，則將其部署到**使用者驗收測試**（User Acceptance Testing，**UAT**）中。

如果 UAT 失敗，那麼 DevOps 團隊將會提出錯誤，該團隊可能是開發人員或是基礎架構（infrastructure）。如果 UAT 通過了 QA，則將其部署到模擬環境（staging），該團隊負責在生產環境（production environment）中部署產品。當軟體由客戶掌握時，如果遇到任何 bug，他們就會提出 bug 報告。然後，開發人員致力於修復客戶的錯誤，接著重新啟動該流程。當產品到達生命終點後，將停止服務。

提供及回應審查回饋

值得記住的是，程式碼審查針對的是程式碼的整體品質，以符合公司的準則。因此，回饋應該具有建設性，不能作為打壓同事或使同事感到尷尬的藉口。同樣的，審閱人的回饋意見不應該針對個人，而回覆審閱人的回應則應該集中在適當的行動和解釋上。

下圖顯示了發出「拉取請求」（Pull Request，PR）、執行程式碼審查以及接受或退回 PR 的過程：

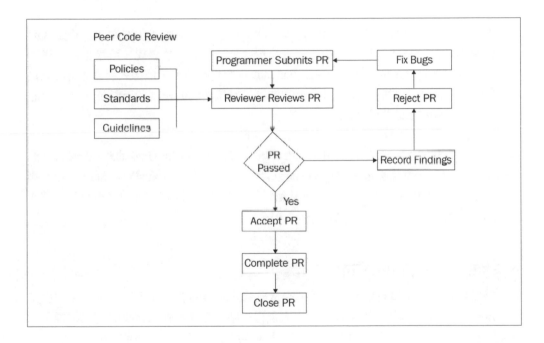

以審閱者角度提供回饋

職場霸凌可能是個問題，而程式設計的環境也不能倖免。沒有人喜歡自誇的程式設計師，他們總認為自己很「大」。因此，審閱者必須具有良好的軟實力，而且處事圓滑。請記住，有些人很容易被冒犯，並以錯誤的方式對待事情。因此，要知道你正在與誰打交道，以及他們可能如何回應，這將幫助你謹慎選擇方法和措辭。

作為同儕程式碼審閱者，你將會負責了解需求，並確保程式碼滿足該需求。因此，請尋找以下問題的答案：

- 你能夠閱讀和理解程式碼嗎？
- 你看到任何潛在的錯誤了嗎？
- 是否進行了權衡（trade-offs）？
- 如果是這樣，為什麼要進行權衡？
- 權衡取捨是否會導致需要進一步納入專案的任何技術債？

當審閱完成後，你將有三種回饋方式可以選擇：肯定式、選擇式和關鍵式。**肯定式回饋（positive feedback）**指的是你可以表揚程式設計師的出色表現。這是提振士氣的好方法，畢竟，在程式設計團隊中，士氣低落是很常見的情況。**選擇式回饋（optional feedback）**有助於程式設計師根據「公司準則」磨練他們的程式設計技能，他們也能致力於改善所開發軟體的整體狀況。

最後，我們有**關鍵式回饋（critical feedback）**。對於已發現的任何問題，都必須提供「關鍵式回饋」，而且必須先解決該問題，然後程式碼才能通過並將其傳遞給 QA 部門。在這裡的回饋你必須措辭謹慎，以避免冒犯了任何人。關鍵式評論必須具有正當理由並點出特定的問題，以支持這個回饋的論點。

以被審閱者的身分回應回饋

身為被審閱者，你必須有效地將程式碼的背景傳達給審閱者。你可以透過少量的提交（commit）來幫助他們。少量程式碼比大量程式碼更容易審查。審查的程式碼越多，就越容易遺漏細節。在等待程式碼審查時，不得對其進行任何進一步的更改。

如你所料，你將從審閱者那裡收到肯定式、選擇式和關鍵式的回饋。「肯定式回饋」可以增強你對專案的信心以及士氣。在此基礎上繼續並遵循你的良好做法。你可以選擇是否根據「選擇式回饋」採取行動，但是與你的審閱者討論永遠是一個好主意。

對於「關鍵式回饋」，你必須認真對待並採取行動，因為此回饋對於專案的成功至關重要。以禮貌和專業的方式處理「關鍵式回饋」非常重要。不要讓審閱者的評論觸怒了你，他們並不是針對個人的。這對於新人程式設計師和缺乏自信心的程式設計師來說尤其重要。

收到審閱者的回饋之後，請立即採取行動，並確保在必要時與他們討論。

小結

在本章中，我們討論了進行程式碼審查的重要性。從程式設計師的角度來看，我們說明了「讓程式碼準備好接受審查」並「回應審閱者評論」的完整過程。從程式碼審閱者的角度來看，我們也探討了「如何主導程式碼審查」以及「在審查時要檢查什麼」。可以看出，同儕程式碼審查中顯然有兩個角色，即審閱者（reviewer）和被審閱者（reviewee）。審閱者是進行程式碼審查的人員，而被審查的程式碼的作者就是被審閱者。

從審閱者的角度來看，我們還可以對回饋進行分類，在向其他程式設計師提供回饋時，軟實力是很重要的。身為程式碼的被審閱者，你已經看到了建立「肯定式回饋」和「選擇式回饋」的重要性，以及根據「關鍵式回饋」採取行動的重要性。

到目前為止，你應該已經清楚理解為什麼要定期進行程式碼審查，以及為什麼在將程式碼傳遞給 QA 部門之前要進行檢查的原因。同儕程式碼審查確實需要時間，也可能會讓審閱者和被審閱者感到不自在。但是從長遠來看，它們是為了開發易於擴展和維護的高品質產品，而且還可以讓程式碼更容易重複使用（reuse）。

在下一章中，我們將研究如何編寫整潔的類別、物件和資料結構。你將看到我們如何組織類別，確保類別僅負單一責任，並對類別進行註解，以利生成文件。然後，我們將研究內聚（cohesion）和耦合（coupling）、為變更做設計，以及 Demeter 定律。然後，在最後查看資料結構之前，我們將研究不可變的物件和資料結構、隱藏資料，以及在物件中的公開方法（exposing method）。

練習題

1. 同儕程式碼審查涉及哪兩個角色？
2. 誰決定參與同儕程式碼審查的人員？
3. 在請求同儕程式碼審查之前，你如何節省審閱者的時間和精力？
4. 在審查程式碼時，必須注意哪些事項？
5. 回饋的分類有哪三種？

延伸閱讀

- 這份 Microsoft 文件提供了各種工具，這些工具可以幫助你「分析」和「改善」程式碼的「品質」及「可維護性」：https://docs.microsoft.com/en-us/visualstudio/code-quality/?view=vs-2019
- 這個頁面上有許多有用的連結，可以進一步了解程式碼審查及其對企業的價值：https://en.wikipedia.org/wiki/Code_review
- 設計模式四人幫的著作《Design Patterns: Elements of Reusable Object-Oriented Software》：https://springframework.guru/gang-of-four-design-patterns/
- Praseed Pai 和 Shine Xavier 的著作《.NET Design Patterns》：https://www.packtpub.com/product/net-design-patterns/9781786466150
- GitHub 的「需要幫助？」頁面：https://docs.github.com/en

3

類別、物件和資料結構

在本章中，我們將探討類別的組織化（organizing）、格式化（formatting）和註解（commenting）。我們將編寫整潔的 C# 物件和資料結構，它們皆遵循 Demeter 定律。此外，我們也將討論不可變的物件（immutable objects）和資料結構，以及在 System.Collections.immutable 名稱空間中定義「不可變集合」的介面和類別。

我們將討論以下廣泛的主題：

- 組織類別
- 註解以生成文件
- 內聚（cohesion）和耦合（coupling）
- Demeter 定律
- 不可變的物件和資料結構

在閱讀本章後，你將會學到以下技能：

- 如何使用名稱空間，來有效地組織你的類別。
- 當你學會撰寫「只負責一個工作的類別」時，它就會變得更小且更有意義。
- 在編寫自己的 API 時，透過提供有助於「文件生成工具」（document generation tools）的註解，你將能準備適當的開發人員文件。
- 你編寫的程式因為「高內聚」和「低耦合」，將會易於修改和擴展。
- 最後，你將能夠應用 Demeter 定律，來編寫和使用不可變的資料結構。

接下來，讓我們開始研究如何使用名稱空間，來有效地組織類別吧。

技術要求

你可以在 GitHub 上存取本章的程式碼：https://github.com/PacktPublishing/Clean-Code-in-C-/tree/master/CH03。

組織類別

你會發現，一個整潔專案的特點是它具有組織良好的類別，而這個專案使用資料夾將「相關的類別」放置在一起以進行分組。此外，資料夾中的類別將被包含在名稱空間之中，這些名稱空間與「組件（assembly）名稱」和「資料夾結構」相同。

每個介面、類別、結構和列舉都應在正確的名稱空間中具有自己的原始檔案（source file）。原始檔案在邏輯上應被放置在適當的資料夾中，而且其名稱空間應與「組件名稱」和「資料夾結構」相同。以下的螢幕截圖展示了整潔的資料夾和文件結構：

在實際的原始檔案中，擁有多個介面、類別、結構或列舉是一個不好的做法。原因是，儘管我們有 IntelliSense 可以幫助我們，但是這可能會使定位項目（locating items）變得困難。

考慮名稱空間時，最好遵循「Pascal 大小寫」順序，依序為公司名稱、產品名稱、技術名稱，然後是以空格分隔的元件的複數名稱。請參見以下範例：

```
FakeCompany.Product.Wpf.Feature.Subnamespace {} // Product, technology
and feature specific.
```

以公司名稱開頭的原因是，它有助於避免名稱空間的類別。因此，如果 Microsoft 和 FakeCompany 都有一個名為 System 的名稱空間，則可以使用公司名稱來區分你要使用的 System。

接下來，任何可以在多個專案中「重用」的程式碼項目，最好都能放置在可以由多個專案所存取的單獨「組件」中：

```
FakeCompany.Wpf.Feature.Subnamespace {} /* Technology and feature specific.
Can be used across multiple products. */
```

在程式碼中使用測試時，例如進行測試驅動開發（TDD）的時候，最好永遠將測試類別保留在單獨的「組件」當中。而且要為「測試組件」提供「正在測試的組件」的名稱，並在「組件」名稱的末尾附加名稱空間 Tests：

```
FakeCompany.Core.Feature {} /* Technology agnostic and feature specific.
Can be used across multiple products. */
```

切勿將針對不同「組件」的測試放在同一個測試「組件」中。永遠要將它們分開。

此外，名稱空間和型別（type）不應使用相同的名稱，因為這會產生編譯器衝突。使用複數描述名稱空間時，可以放棄公司名稱、產品名稱和縮寫詞的複數形式。

總而言之，以下是組織類別時要記住的規則：

- 遵循「Pascal 大小寫」順序，依序為公司名稱、產品名稱、技術名稱，然後是以空格分隔的元件的複數名稱。

- 將可重用的程式碼項目放在單獨的「組件」中。
- 名稱空間和型別，不應使用相同的名稱。
- 公司名稱、產品名稱和縮寫詞，不要用複數形式。

接下來，讓我們繼續討論類別的職責。

一個類別應該僅具單一職責

職責指的是已經指派給類別的工作。在 SOLID 原則中，S 代表**單一職責原則**（Single Responsibility Principle，**SRP**）。當應用於類別時，SRP 表示該類別只能進行「實作功能」中的單一任務。單一任務的責任應完全封裝在類別中。因此，對一個類別來說，你不應施加多個責任。

讓我們看一個例子來了解原因：

```
public class MultipleResponsibilities()
{
    public string DecryptString(string text,
     SecurityAlgorithm algorithm)
    {
        // ...implementation...
    }

    public string EncryptString(string text,
     SecurityAlgorithm algorithm)
    {
        // ...implementation...
    }

    public string ReadTextFromFile(string filename)
    {
        // ...implementation...
    }

    public string SaveTextToFile(string text, string filename)
    {
        // ...implementation...
    }
}
```

正如前面的程式碼所示，針對 MultipleResponsibilities 類別，我們使用 DecryptString 和 EncryptString 方法實作了加解密功能。我們還可以透過 ReadTextFromFile 和 SaveTextToFile 方法實作檔案的存取。這個類別違反了 SRP 原則。

因此，我們需要把該類別分成兩個類別，一個用於加解密，另一個用於檔案存取：

```
namespace FakeCompany.Core.Security
{
    public class Cryptography
    {
        public string DecryptString(string text,
         SecurityAlgorithm algorithm)
        {
            // ...implementation...
        }

        public string EncryptString(string text,
         SecurityAlgorithm algorithm)
        {
            // ...implementation...
        }
    }
}
```

如前所示，透過把 EncryptString 和 DecryptString 方法移動到其 Cryptography 類別當中（屬於其「核心安全，core security」名稱空間），我們可以在不同的產品和技術群組之間，輕鬆地重用程式碼來對字串進行加密和解密。Cryptography 類別也符合 SRP。

在下面的程式碼中，我們可以看到 Cryptography 類別中的 SecurityAlgorithm 參數是一個列舉（enum），並已放置在它自己的原始檔案中。這有助於保持程式碼的簡潔、最小化和井井有條：

```
using System;

namespace FakeCompany.Core.Security
{
    [Flags]
```

```
public enum SecurityAlgorithm
{
    Aes,
    AesCng,
    MD5,
    SHA5
}
}
```

現在，在下面的 TextFile 類別中，我們再次遵守 SRP，並在適當的核心檔案系統（core filcsystem）名稱空間中有了一個很好的可重用類別。TextFile 類別可在不同的產品和技術群組之間重用：

```
namespace FakeCompany.Core.FileSystem
{
    public class TextFile
    {
        public string ReadTextFromFile(string filename)
        {
            // ...implementation...
        }

        public string SaveTextToFile(string text, string filename)
        {
            // ...implementation...
        }
    }
}
```

我們已經研究了類別的組織和責任。現在，讓我們看一下類別的註解，以使其他開發人員受益。

註解以生成文件

將原始碼「文件化」永遠是一個好主意，無論是內部的專案還是外部的軟體皆是如此，只要它是其他開發人員都會使用到的。內部專案經常因為流失開發人員而遭遇挫折，甚至幾乎沒有「可用的文件」來幫助新的開發人員快速上手。許多第三方 API 之所以未能成功運作，或是採用的速度比預期還慢，這是因為，採用者往往會因「開發人員文件」的狀態不佳而沮喪地放棄了這些 API。

在每個原始碼檔案的頂端引入版權宣告（copyright notices）是一個好的主意，並註解你的名稱空間、介面、類別、列舉、結構、方法和屬性。有關版權聲明的註解應放在原始檔案的最前面以及「using 敘述句」的上方，並採用「以 /* 開頭和以 */ 結束」的多行註解的形式：

```
/**********************************************************************
*************
 * Copyright 2019 PacktPub
 *
 * Permission is hereby granted, free of charge, to any person
obtaining a copy of
 * this software and associated documentation files (the "Software"),
to deal in
 * the Software without restriction, including without limitation the
rights to use,
 * copy, modify, merge, publish, distribute, sublicense, and/or sell
copies of the
 * Software, and to permit persons to whom the Software is furnished
to do so,
 * subject to the following conditions:
 *
 * The above copyright notice and this permission notice shall be
included in all
 * copies or substantial portions of the Software.
 *
 * THE SOFTWARE IS PROVIDED "AS IS", WITHOUT WARRANTY OF ANY KIND,
EXPRESS OR
 * IMPLIED, INCLUDING BUT NOT LIMITED TO THE WARRANTIES OF MERCHANTABILITY,
 * FITNESS FOR A PARTICULAR PURPOSE AND NONINFRINGEMENT. IN NO EVENT
SHALL THE
 * AUTHORS OR COPYRIGHT HOLDERS BE LIABLE FOR ANY CLAIM, DAMAGES OR OTHER
 * LIABILITY, WHETHER IN AN ACTION OF CONTRACT, TORT OR OTHERWISE,
ARISING FROM,
 * OUT OF OR IN CONNECTION WITH THE SOFTWARE OR THE USE OR OTHER DEALINGS
IN THE
 * SOFTWARE.
 **********************************************************************
***********/

using System;
```

```csharp
/// <summary>
/// The CH3.Core.Security namespace contains fundamental types used
/// for the purpose of implementing application security.
/// </summary>
namespace CH3.Core.Security
{

    /// <summary>
    /// Encrypts and decrypts provided strings based on the selected
    /// algorithm.
    /// </summary>
    public class Cryptography
    {
        /// <summary>
        /// Decrypts a string using the selected algorithm.
        /// </summary>
        /// <param name="text">The string to be decrypted.</param>
        /// <param name="algorithm">
        /// The cryptographic algorithm used to decrypt the string.
        /// </param>
        /// <returns>Decrypted string</returns>
        public string DecryptString(string text,
         SecurityAlgorithm algorithm)
        {
            // ...implementation...
            throw new NotImplementedException();
        }

        /// <summary>
        /// Encrypts a string using the selected algorithm.
        /// </summary>
        /// <param name="text">The string to encrypt.</param>
        /// <param name="algorithm">
        /// The cryptographic algorithm used to encrypt the string.
        /// </param>
        /// <returns>Encrypted string</returns>
        public string EncryptString(string text,
         SecurityAlgorithm algorithm)
        {
            // ...implementation...
            throw new NotImplementedException();
```

```
        }
      }
   }
```

前面的程式碼範例提供了一個「文件化」的名稱空間，以及帶有「文件化方法」的類別。你會看到，名稱空間和成員的文件註解會以「文件註解符號 /// 」作為開頭，並直接位於「要註解的項目」的上方。當你輸入三個正斜線時，Visual Studio 會根據下面的行自動生成 XML 標籤（tag）。

舉例來說，在前面的程式碼中，名稱空間和類別皆具有摘要（summary），而兩種方法都包含「一個摘要」、「幾個參數註解」和「一個回傳註解」。

下表包含了可在「文件註解」中使用的各種 XML 標籤：

標籤（Tag）	區塊（section）	目的（Purpose）
`<c>`	`<c>`	將「文字」格式化為程式碼
`<code>`	`<code>`	提供「原始碼」作為輸出
`<example>`	`<example>`	提供一個例子
`<exception>`	`<exception>`	描述可由「方法」拋出的例外
`<include>`	`<include>`	引用來自外部文件的 XML
`<list>`	`<list>`	增加清單（list）或表格（table）
`<para>`	`<para>`	將文字加上結構（structure）
`<param>`	`<param>`	描述「建構函式」或「方法」的參數
`<paramref>`	`<paramref>`	標記「單詞」以識別它是「參數」
`<permission>`	`<permission>`	描述成員的安全可存取性
`<remarks>`	`<remarks>`	提供其他資訊
`<returns>`	`<returns>`	描述回傳型別（return type）
`<see>`	`<see>`	新增超鏈結
`<seealso>`	`<seealso>`	新增 see also 入口
`<summary>`	`<summary>`	匯總「型別」或「成員」
`<value>`	`<value>`	描述「值」
`<typeparam>`		描述「型別參數」
`<typeparamref>`		標記「單詞」以識別它是「型別參數」

從上表中可以明顯看出，你有多樣化的選擇，可用來「文件化」你的原始碼。因此，請善加利用這些標籤來「文件化」你的程式碼。文件越好，其他開發人員就可以更快且更輕鬆地使用程式碼。

現在是時候來看看「內聚」和「耦合」了。

內聚和耦合

在設計良好的 C#「組件」當中，程式碼將正確地組合在一起：這被稱為**高內聚（high cohesion）**。**低內聚（low cohesion）**是指你將「不相關的程式碼」分組在一起。

你希望「相關的類別」盡可能地各自獨立。一個類別對另一類別的「依賴性」越高，耦合度就越高：這被稱為**緊密耦合（tight coupling）**。一個類別對另一個類別的「依賴性」越低（越獨立），內聚就越低：這被稱為低內聚（low cohesion）。

因此，在一個定義明確的類別中，你需要高內聚和低耦合（high cohesion and low coupling）。接下來，我們看一下緊密耦合的範例，然後再看低耦合的範例。

緊密耦合的例子

在下面的程式碼範例中，TightCouplingA 類別破壞了封裝並使 _name 變數可直接存取。_name 變數應該是私有的（private），而且只能由其「封閉類別（enclosing class）中的方法」的屬性進行修改。Name 屬性提供 get 和 set 方法來驗證 _name 變數，但這是毫無意義的，因為可以繞過那些檢查而且不呼叫這些屬性：

```
using System.Diagnostics;

namespace CH3.Coupling
{
    public class TightCouplingA
    {
        public string _name;

        public string Name
        {
            get
            {
```

```
                    if (!_name.Equals(string.Empty))
                        return _name;
                    else
                        return "String is empty!";
                }
                set
                {
                    if (value.Equals(string.Empty))
                        Debug.WriteLine("String is empty!");
                }
            }
        }
    }
```

另一方面，在下面的程式碼中，TightCouplingB 類別建立了 TightCouplingA 的實例
（instance）。然後，透過直接存取 _name 成員變數並將其設置為 null，接著直接存
取將其「值」列印到「除錯輸出視窗」（debug output window），進而在兩個類別之
間引入緊密耦合：

```
using System.Diagnostics;

namespace CH3.Coupling
{
    public class TightCouplingB
    {
        public TightCouplingB()
        {
            TightCouplingA tca = new TightCouplingA();
            tca._name = null;
            Debug.WriteLine("Name is " + tca._name);
        }
    }
}
```

現在，讓我們來看一個使用低耦合的簡單範例。

低耦合的例子

在此範例中，我們有兩個類別：LooseCouplingA 和 LooseCouplingB。LooseCouplingA 宣告了一個名為 _name 的私有實例變數（private instance variable），而且該變數是透過公共屬性（public property）設置的。

LooseCouplingB 建立了 LooseCouplingA 的實例，並且能「獲得」（get）及「設定」（set）Name 的值。由於無法直接設定 _name 資料成員，因此，將會執行有關「設定」和「獲得」該資料成員之值的檢查動作。

於是，我們有了一個鬆散耦合（loose coupling）的例子。讓我們看看這兩個名為 LooseCouplingA 和 LooseCouplingB 的類別，它們在實際操作中展示了這一點：

```csharp
using System.Diagnostics;

namespace CH3.Coupling
{
    public class LooseCouplingA
    {
        private string _name;
        private readonly string _stringIsEmpty = "String is empty";

        public string Name
        {
            get
            {
                if (_name.Equals(string.Empty))
                    return _stringIsEmpty;
                else
                    return _name;
            }

            set
            {
                if (value.Equals(string.Empty))
                    Debug.WriteLine("Exception: String length must be
                        greater than zero.");
            }
        }
    }
}
```

在 LooseCouplingA 類別中,我們將 _name 欄位宣告為私有的,因此可以防止直接修改資料。_name 資料可以透過 Name 屬性間接存取:

```
using System.Diagnostics;

namespace CH3.Coupling
{
    public class LooseCouplingB
    {
        public LooseCouplingB()
        {
            LooseCouplingA lca = new LooseCouplingA();
            lca = null;
            Debug.WriteLine($"Name is {lca.Name}");
        }
    }
}
```

LooseCouplingB 類別無法直接存取 LooseCouplingB 類別的 _name 變數,因此可以透過「屬性」修改資料成員。

至此我們已經研究了耦合,也知道了如何避免「緊密耦合」的程式碼並實作「鬆散耦合」的程式碼。因此,現在是時候讓我們看看低內聚和高內聚的例子。

低內聚的例子

當一個類別承擔多個職責時,它被稱為「低內聚類別」(low cohesive class)。看看下面的程式碼:

```
namespace CH3.Cohesion
{
    public class LowCohesion
    {
        public void ConnectToDatasource() { }
        public void ExtractDataFromDataSource() { }
        public void TransformDataForReport() { }
        public void AssignDataAndGenerateReport() { }
        public void PrintReport() { }
        public void CloseConnectionToDataSource() { }
    }
}
```

如我們所見，前述的類別至少具有三個職責：

- 「連接到資料來源」以及「切斷資料來源的連接」
- 提取資料並對其進行轉換，以準備插入報告（report insertion）
- 生成報告並列印出來

你將清楚地看到這如何破壞 SRP。接下來，我們將把這一個類別分成三個遵循 SRP 的類別。

高內聚的例子

在此範例中，我們將把 LowCohesion 類別分解為三個遵循 SRP 的類別，分別稱為 Connection、DataProcessor 和 ReportGenerator。讓我們看看在實作這三個類別之後，程式碼有多整潔。

在以下類別中，你可以看到，該類別中唯一的方法與「連接到資料來源」有關：

```
namespace CH3.Cohesion
{
    public class Connection
    {
        public void ConnectToDatasource() { }
        public void CloseConnectionToDataSource() { }
    }
}
```

該類別本身被命名為 Connection，因此，這是一個高內聚類別（high cohesive class）的範例。

在以下程式碼中，DataProcessor 類別包含兩個方法，這些方法透過「從資料來源提取資料並轉換該資料以將其插入報告」來處理資料：

```
namespace CH3.Cohesion
{
    public class DataProcessor
    {
        public void ExtractDataFromDataSource() { }
        public void TransformDataForReport() { }
```

```
        }
    }
```

因此，這是另一個具有高內聚類別的例子。

在以下程式碼中，ReportGenerator 類別擁有的方法，僅與「生成」和「輸出」報告有關：

```
namespace CH3.Cohesion
{
    public class ReportGenerator
    {
        public void AssignDataAndGenerateReport() { }
        public void PrintReport() { }
    }
}
```

這也是高內聚類別的範例。

從這三個類別中我們可以看到，它們僅包含與其單一職責相關的方法。因此，前面三個類別中的每一個都是高度內聚的。

現在，讓我們看看，我們如何透過使用「介面」代替「類別」，來為「變更」設計我們的程式碼，以便可以使用依賴注入（dependency injection）和控制反轉（inversion of control），將程式碼注入到建構函式和方法當中。

為變更做設計

在為「變更」做設計時（designing for change），應該將「內容」（what）更改為「如何」（how）。

「內容」指的是業務需求。任何經驗豐富的軟體開發人員都會告訴你，需求經常改變。因此，軟體必須適應這些變化。企業對軟體和基礎架構團隊對「如何」實作這些需求並不感興趣，企業只關心需求能夠按時、按預算地準確達成。

另一方面，軟體和基礎架構團隊更專注於「如何」滿足這些業務需求。無論這個專案使用了哪些技術和過程來實作這些需求，軟體和目標環境都必須適應不斷變化的需求。

但這還不是全部。你會看到，軟體版本通常會隨著錯誤修復和新功能而變化。隨著新功能的實作和重構的進行，軟體程式碼逐漸過時，甚至被淘汰。最重要的是，軟體供應商擁有其軟體路徑圖，該路徑圖（road map）構成了應用程式「生命週期管理」的一部分。最終，軟體版本將退役，不再得到供應商的支援。這可能會迫使人們從「不再受支援的目前版本」大幅度地遷移到「新的受支援版本」，甚至可能帶來必須解決的重大更改。

介面導向的程式設計

介面導向的程式設計（Interface-Oriented Programming，**IOP**）幫助我們編寫多型（polymorphic）的程式碼。OOP 中的多型被定義為：當不同類別實作「相同介面」時，它們會以各自的方式來實作。因此，透過使用介面，我們可以對軟體進行變形（morph）以滿足業務需求。

讓我們考慮一個資料庫連線的範例。要連接到不同的資料來源，可能需要一個應用程式。但是，無論使用哪一種資料庫，資料庫程式碼該如何保持不變呢？好吧，答案就在於介面的使用。

你擁有實作相同「資料庫連線介面」的不同「資料庫連線類別」，但是它們都有各自版本的實作方法：這被稱為多型性（polymorphism）。然後，資料庫接受「資料庫連線介面型別」的「資料庫連線參數」。你可以將實作「資料庫連線介面」的任何「資料庫連線型別」傳遞到資料庫中。讓我們用程式碼展示這個範例，讓事情更加清楚。

首先建立一個簡單的 .NET Framework 控制台（console）應用程式。然後更新 Program 類別，如下所示：

```
static void Main(string[] args)
{
    var program = new Program();
    program.InterfaceOrientedProgrammingExample();
}

private void InterfaceOrientedProgrammingExample()
{
    var mongoDb = new MongoDbConnection();
    var sqlServer = new SqlServerConnection();
    var db = new Database(mongoDb);
```

```
    db.OpenConnection();
    db.CloseConnection();
    db = new Database(sqlServer);
    db.OpenConnection();
    db.CloseConnection();
}
```

在此程式碼中，Main() 方法建立了 Program 類別的新實例，然後呼叫 InterfaceOri
entedProgrammingExample() 方法。在該方法中，我們實例化了兩個不同的資料庫連
線，一個用於 MongoDB，一個用於 SQL Server。然後，我們使用「MongoDB 連
線」來實例化資料庫，打開資料庫連線，然後再關閉它。接著，我們使用「相同的變
數」來實例化一個新資料庫並傳遞一個「SQL Server 連線」，然後打開該連線並關
閉該連線。如你所見，我們只有一個具有單一建構函式的「Database 類別」，但是
「Database 類別」將與實作所需介面的「任何資料庫連線」一起使用。因此，讓我們
新增 IConnection 介面：

```
public interface IConnection
{
    void Open();
    void Close();
}
```

該介面只有兩個方法：Open() 和 Close()。新增「MongoDB 類別」以實作此介面：

```
public class MongoDbConnection : IConnection
{
    public void Close()
    {
        Console.WriteLine("Closed MongoDB connection.");
    }
    public void Open()
    {
        Console.WriteLine("Opened MongoDB connection.");
    }
}
```

我們可以看到該類別實作了 IConnection 介面。每種方法都會向「控制台」輸出一則
訊息。現在，新增「SQLServerConnection 類別」：

```
public class SqlServerConnection : IConnection
```

```
{
    public void Close()
    {
        Console.WriteLine("Closed SQL Server Connection.");
    }
    public void Open()
    {
        Console.WriteLine("Opened SQL Server Connection.");
    }
}
```

「Database 類別」也是如此。它實作了 IConnection 介面，而且對於每一次的方法叫用（invocation），都會向「控制台」列印一則訊息。現在，「Database 類別」如下所示：

```
public class Database
{
    private readonly IConnection _connection;

    public Database(IConnection connection)
    {
        _connection = connection;
    }
    public void OpenConnection()
    {
        _connection.Open();
    }
    public void CloseConnection()
    {
        _connection.Close();
    }
}
```

「Database 類別」接受 IConnection 參數。這會設定 _connection 成員變數。OpenConnection() 方法打開了資料庫連線，而 CloseConnection() 方法關閉了資料庫連線。現在該是執行程式的時候了，你應該在「控制台」視窗中看到以下輸出：

```
Opened MongoDB connection.
Closed MongoDB connection.
Opened SQL Server Connection.
Closed SQL Server Connection.
```

因此，現在你可以看到對介面進行程式設計的優勢。你可以看到它們如何使我們能夠擴展程式而無需修改現有程式碼。這表示，如果我們需要支援更多的資料庫，那麼我們要做的就是編寫更多實作「IConnection 介面」的連線物件。

既然你知道了介面的工作原理，我們就可以看看如何將它們應用於「依賴注入」和「控制反轉」。「依賴注入」有助於我們編寫「鬆散耦合」且易於測試的整潔程式碼，而「控制反轉」可以根據需要來交換（interchanging）軟體的實作內容，只要這些實作內容都是針對「相同的介面」即可。

依賴注入和控制反轉

在 C# 中，我們能夠使用**依賴注入**（Dependency Injection，**DI**）和**控制反轉**（Inversion of Control，**IoC**）來滿足不斷變化的軟體需求。這兩個術語確實具有不同的涵義，但是經常被互換使用來表示同一件事。

使用 IoC，你可以編寫一個框架，該框架透過呼叫模組來完成任務。IoC 容器（container）被用來保存模組的暫存器（Register）。這些模組會在使用者請求時或配置請求時被載入。

DI 從類別中刪除內部依賴項。然後「依賴物件」（dependent object）會由外部的呼叫者所注入。IoC 容器使用 DI 將「依賴物件」注入到物件或方法當中。

在本章中，你將會找到一些有用的資源，這些資源將幫助你了解 IoC 和 DI。然後，你將能夠在程式中使用這些技術。

讓我們看看如何在沒有任何第三方框架的情況下實作我們自己的簡單 DI 和 IoC。

DI 的例子

在此範例中，我們將「滾動」（roll）我們自己的簡單 DI。我們將有一個 ILogger 介面，它會有一個帶有字串參數（string parameter）的單一方法。然後，我們將產生一個名為 TextFileLogger 的類別，該類別實作 ILogger 介面並將字串輸出到文字檔案中。最後，我們將有一個 Worker 類別，該類別將會展示「建構函式注入」（constructor injection）和「方法注入」（method injection）。讓我們看一下程式碼。

以下介面具有單一方法，將被用於實作類別，以根據該方法的實作輸出訊息：

```
namespace CH3.DependencyInjection
{
    public interface ILogger
    {
        void OutputMessage(string message);
    }
}
```

TexFileLogger 類別實作了 ILogger 介面，並將訊息輸出到文字檔案中：

```
using System;

namespace CH3.DependencyInjection
{
    public class TextFileLogger : ILogger
    {
        public void OutputMessage(string message)
        {
            System.IO.File.WriteAllText(FileName(), message);
        }

        private string FileName()
        {
            var timestamp = DateTime.Now.ToFileTimeUtc().ToString();
            var path = Environment.GetFolderPath(Environment
              .SpecialFolder.MyDocuments);
            return $"{path}_{timestamp}";
        }
    }
}
```

Worker 類別提供了「建構函式 DI」和「方法 DI」的範例。請注意，該參數是一個介面。因此，任何能實作該介面的「類別」都可以在執行時被注入：

```
namespace CH3.DependencyInjection
{
    public class Worker
    {
        private ILogger _logger;
```

```
        public Worker(ILogger logger)
        {
            _logger = logger;
            _logger.OutputMessage("This constructor has been injected
             with a logger!");
        }

        public void DoSomeWork(ILogger logger)
        {
            logger.OutputMessage("This methods has been injected
             with a logger!");
        }
    }
}
```

DependencyInject 方法執行此範例以顯示 DI 的作用：

```
    private void DependencyInject()
    {
        var logger = new TextFileLogger();
        var di = new Worker(logger);
        di.DoSomeWork(logger);
    }
```

如這些程式碼所示，我們首先生成 TextFileLogger 類別的新實例。然後將此物件注入
worker 的建構函式中。然後，我們呼叫 DoSomeWork 方法並傳入 TextFileLogger 實
例。在這個簡單的範例中，我們看到了如何透過其「建構函式」和「方法」將程式碼注
入到類別當中。

這段程式碼的優點是它消除了 worker 與 TextFileLogger 實例之間的依賴關係。
這讓我們可以輕鬆地使用「實作 ILogger 介面的任何其他型別的 logger」去替換
TextFileLogger 實例。因此，我們可以使用「事件查看器 logger」（event viewer
logger）甚至是「資料庫 logger」。使用 DI 是減少程式碼中耦合的好方法。

至此我們已經看到了 DI 的工作原理，現在讓我們看看 IoC 吧。

IoC 的例子

在此範例中,我們將向 IoC 容器註冊(register)依賴項。然後,我們將使用 DI 來注入必要的依賴項。

在下面的程式碼中,我們有一個 IoC 容器。這個容器把「要注入的依賴項」註冊到字典中,並從配置資訊中讀取值:

```csharp
using System;
using System.Collections.Generic;

namespace CH3.InversionOfControl
{
    public class Container
    {
        public delegate object Creator(Container container);

        private readonly Dictionary<string, object> configuration = new
         Dictionary<string, object>();
        private readonly Dictionary<Type, Creator> typeToCreator = new
         Dictionary<Type, Creator>();

        public Dictionary<string, object> Configuration
        {
            get { return configuration; }
        }

        public void Register<T>(Creator creator)
        {
            typeToCreator.Add(typeof(T), creator);
        }

        public T Create<T>()
        {
            return (T)typeToCreator[typeof(T)](this);
        }

        public T GetConfiguration<T>(string name)
        {
            return (T)configuration[name];
        }
    }
}
```

接著，我們建立一個容器，然後使用該容器的配置資訊、暫存器型別，並建立依賴項實例：

```
private void InversionOfControl()
{
    Container container = new Container();
    container.Configuration["message"] = "Hello World!";
    container.Register<ILogger>(delegate
    {
        return new TextFileLogger();
    });
    container.Register<Worker>(delegate
    {
        return new Worker(container.Create<ILogger>());
    });
}
```

接下來，我們將研究如何使用 Demeter 定律，來將「物件的知識」侷限在周圍的相關事物之內。這將幫助我們編寫簡潔的 C# 程式碼，進而避免使用導覽系統（navigation train）。

Demeter 定律

Demeter 定律的目的是移除導覽系統（點計數，dot counting），並透過鬆散耦合的程式碼來提供良好的封裝。

一個能夠理解導覽系統的方法是違反了 Demeter 定律的。例如，看看下面的程式碼：

```
report.Database.Connection.Open(); // Breaks the Law of Demeter.
```

每個程式碼單元都應該包含「有限的知識量」，而這些知識應僅限於「緊密相關的程式碼」。使用 Demeter 定律，你必須「說」（tell）而不是「問」（ask）。使用 Demeter 定律，你只能呼叫「屬於以下一種或多種情況」的物件的方法：

- 作為參數傳遞
- 在區域內建立
- 實例變數
- 全域

實作 Demeter 定律可能很困難，但「說」比「問」來得有好處。這樣的好處之一就是程式碼的解耦（decoupling）。

同時觀察一個違反了 Demeter 定律的「壞」例子，以及一個遵守 Demeter 定律的「好」例子，這是很有幫助的，我們將在以下小節中看到。

Demeter 定律的好例子與壞例子（鏈接，chaining）

在好例子中，我們有「報告實例變數」（report instance variable）。在這個報告變數物件實例上，開啟連線的方法被呼叫了。這並不違反定律。

以下程式碼是一個帶有開啟連線方法的 Connection 類別：

```
namespace CH3.LawOfDemeter
{
    public class Connection
    {
        public void Open()
        {
            // ... implementation ...
        }
    }
}
```

Database 類別建立一個新的 Connection 物件並開啟一個連線：

```
namespace CH3.LawOfDemeter
{
    public class Database
    {
        public Database()
        {
            Connection = new Connection();
        }

        public Connection Connection { get; set; }

        public void OpenConnection()
```

```
        {
            Connection.Open();
        }
    }
}
```

在 Report 類別中，Database 物件被實例化了，而連接到資料庫的連線則被開啟了：

```
namespace CH3.LawOfDemeter
{
    public class Report
    {
        public Report()
        {
            Database = new Database();
        }

        public Database Database { get; set; }

        public void OpenConnection()
        {
            Database.OpenConnection();
        }
    }
}
```

到目前為止，我們已經看到了符合 Demeter 定律的良好程式碼。但是以下是違反此定律的程式碼。

在 Example 類別中，Demeter 定律被打破了，因為我們引入了「方法鏈接」（method chaining），如 report.Database.Connection.Open() 所示：

```
namespace CH3.LawOfDemeter
{
    public class Example
    {
        public void BadExample_Chaining()
        {
            var report = new Report();
            report.Database.Connection.Open();
        }
```

```
public void GoodExample()
{
    var report = new Report();
    report.OpenConnection();
}
}
}
```

在這個壞例子中，`Database` 的 getter 在「報告實例變數」上被呼叫。這是可以接受的。但是隨後「對 `Connection` 的 getter 的呼叫」回傳了一個不同的物件，這違反了 Demeter 定律，而開啟連線的最終呼叫也是如此。

不可變的物件和資料結構

不可變型別（immutable type）通常被認為是值型別（value type）。對於值型別，有意義的是，在設置它們時，你不希望它們更改。但是你也可以擁有「不可變的物件型別」和「不可變的資料結構型別」。不可變型別是「初始化後」內部狀態不會改變的型別。

不可變型別，其行為不會使程式設計師感到驚訝，因此符合**最小驚訝原則**（principle of least astonishment，**POLA**）。不可變型別的「POLA 一致性」遵守了客戶端之間訂立的任何合約，而由於它是可預測的，所以程式設計師很容易就其行為進行推理。

不可變型別是可預測的，而且不會更改，因此你不會陷入任何令人錯愕的「驚喜」當中。所以你不必擔心由於某種方式對其造成的任何不良影響。這使得不可變型別非常適合在執行緒（thread）之間共享，因為它們是執行緒安全的（thread-safe），且不需防禦性的程式設計。

在建立不可變型別並使用物件驗證時，在該物件的生命週期中都會有一個有效的物件。

讓我們看一下 C# 中不可變型別的範例。

不可變型別的例子

現在，我們來看看一個不可變的物件。以下程式碼中的 `Person` 物件具有三個私有成員

變數,且只能在建構函式的建立期間設定它們。在設定之後,將無法在物件的整個生命週期中對其進行修改。每個變數只能透過「唯讀(read-only)屬性」讀取:

```csharp
namespace CH3.ImmutableObjectsAndDataStructures
{
    public class Person
    {
        private readonly int _id;
        private readonly string _firstName;
        private readonly string _lastName;

        public int Id => _id;
        public string FirstName => _firstName;
        public string LastName => _lastName;
        public string FullName => $"{_firstName} {_lastName}";
        public string FullNameReversed => $"{_lastName}, {_firstName}";

        public Person(int id, string firstName, string lastName)
        {
            _id = id;
            _firstName = firstName;
            _lastName = lastName;
        }
    }
}
```

現在我們已經看到編寫不可變物件和資料結構有多麼容易,我們將研究物件中的資料和方法。

物件應該隱藏資料並公開方法

物件的狀態(state)儲存在成員變數中,而這些成員變數是資料(data)。資料不應該被直接存取,你應該只透過「公開的方法和屬性」來提供對資料的存取。

為什麼要隱藏資料並公開方法呢?

隱藏資料(hiding data)和公開方法(exposing method)在 OOP 世界中被稱為封裝(encapsulation)。封裝向外部世界隱藏了「類別的內部工作」。這使得更改「值型

別」變得容易,而不會破壞依賴於該類別的現有實作內容。資料可被設定為「可讀/可寫」、「可寫」或「唯讀」,進而為你提供更多關於「資料存取和使用」的靈活性。你還可以驗證輸入,進而防止資料接收無效值。封裝還會讓「類別的測試」更加容易,並讓你的類別更具「可重用性」和「可擴展性」。

讓我們來看一個例子。

封裝的例子

以下程式碼範例顯示了一個封裝的類別。Car 物件是可變的,它具有「可在建構函式初始化資料值後 get 和 set 資料值」的屬性。建構函式和 set 屬性會執行參數(parameter argument)的驗證。如果該值無效,則拋出無效參數的例外,否則就將該值傳遞回來並設定資料值:

```csharp
using System;

namespace CH3.Encapsulation
{
    public class Car
    {
        private string _make;
        private string _model;
        private int _year;

        public Car(string make, string model, int year)
        {
            _make = ValidateMake(make);
            _model = ValidateModel(model);
            _year = ValidateYear(year);
        }
        private string ValidateMake(string make)
        {
            if (make.Length >= 3)
                return make;
            throw new ArgumentException("Make must be three
             characters or more.");
        }

        public string Make
```

```
        {
            get { return _make; }
            set { _make = ValidateMake(value); }
        }

        // Other methods and properties omitted for brevity.
    }
}
```

前面程式碼的好處是，如果你需要更改「get 或 set 資料值的程式碼」的驗證方式，你可以在不破壞實作內容的情況下進行驗證。

資料結構應該公開資料而且沒有方法

結構與類別的不同之處在於，它們使用「值相等」（value equality）代替「參照相等」（reference equality）。除此之外，結構和類別之間沒有太大的區別。

關於資料結構是否應該公開變數，還是應該將變數隱藏在「get 和 set 屬性」後面，這一直是有爭議的。這完全取決於你選擇的內容，但我個人始終認為最好將資料隱藏在結構中，而且僅透過「屬性」和「方法」提供存取權限。關於「擁有一個安全的整潔資料結構」，有一件事需要留意，那就是一旦建立了結構，結構就不應允許它們自身被「方法」或「get 屬性」所變異（mutated）。這背後的原因是，對「臨時資料結構」的修改將被丟棄。

現在讓我們看一個簡單的資料結構範例。

資料結構的例子

以下程式碼是一個簡單的資料結構：

```
namespace CH3.Encapsulation
{
    public struct Person
    {
        public int Id { get; set; }
        public string FirstName { get; set; }
        public string LastName { get; set; }
```

```
        public Person(int id, string firstName, string lastName)
        {
            Id = id;
            FirstName = firstName;
            LastName = lastName;
        }
    }
}
```

如你所見,資料結構與類別沒有太大的區別,因為它具有建構函式和屬性。

藉此,我們到了本章的結尾,現在將回顧我們學到的知識。

小結

在本章中,我們學習如何在資料夾和套件中組織名稱空間,以及如何有效地預防名稱空間的類別。接著,我們討論類別和職責,並說明為什麼類別應該只承擔一項責任。我們還研究了內聚和耦合,以及為什麼具有「高內聚」和「低耦合」是很重要的。

好的文件會要求在文件工具中對「公共成員」進行正確的註解,我們看到了如何使用 XML 註解來做到這一點。透過 DI 和 IoC 的基本範例,我們還討論了「為什麼要為變更做設計」的重要性。

Demeter 定律向你展示了如何不與陌生人(stranger)交談,而僅與直系(直屬,immediate friend)交談,以及如何避免鏈接。最後,我們研究了物件和資料結構,還有它們應隱藏的內容以及應公開的內容。

在下一章中,我們將簡單介紹 C# 中的「函數式程式設計」(functional programming),以及如何編寫小型的整潔方法。我們還將學習避免在我們的方法中使用兩個以上的參數,因為「具有許多參數的方法」可能會變得笨拙。另外,我們將學習避免「重複」,這經常是一個麻煩的 bug 來源:即使在一個地方修復了 bug,它仍然存在於你程式碼的其他地方。

練習題

1. 我們如何用 C# 組織類別？
2. 一個類別應該承擔多少責任？
3. 你如何為「文件生成器」註解你的程式碼？
4. 內聚是什麼意思？
5. 耦合是什麼意思？
6. 內聚應該高還是低？
7. 耦合應該緊還是鬆？
8. 有哪些可用的機制，能幫助你為變更而設計？
9. 什麼是 DI？
10. 什麼是 IoC？
11. 請列舉使用「不可變物件」的好處。
12. 物件應該隱藏和公開什麼？
13. 結構應該隱藏和公開什麼？

延伸閱讀

- 想要深入理解不同類型的內聚和耦合，請參考：https://www.geeksforgeeks.org/software-engineering-coupling-and-cohesion/
- 更多關於 IoC 的教學，請參考：https://www.tutorialsteacher.com/ioc/

4

編寫整潔的函數

整潔的函數（Clean Functions）就是小型的方法（它們具有兩個或更少的參數），而且避免了重複（duplication）。理想的方法是沒有參數的，也不會修改程式的狀態。小型方法不太容易發生例外，因此你將編寫更強健的程式碼，從長遠來看，這將會使你受益，因為你將需要修復較少的 bug。

「函數式程式設計」（functional programming）是一種程式設計範式，它把「運算」（computation）視為對「運算」的數學評估（mathematical evaluation）。本章將教你把「運算」視為「數學函數的評估」的好處，進而使「更改物件的狀態」變得無效。

大型方法（也稱為函數）可能難以讀取且容易出錯，因此編寫小型方法具有其優勢。所以我們將研究如何將大型方法分解為較小的方法。在本章中，我們將介紹 C# 中的「函數式程式設計」以及如何編寫小而簡潔的方法。

具有多個參數的「建構函式」和「方法」可能會成為真正的難題，因此，我們將不得不尋找解決方法來傳遞多個參數，同時思考如何避免使用兩個以上的參數。參數的數量若是太多，可讀性就會變差，更會造成其他程式設計師的困擾，甚至帶來視覺壓力。它們也可能是個徵兆，代表該方法嘗試執行過多操作，而你可能需要考慮重構程式碼。

在本章中，我們將介紹以下主題：

- 了解「函數式程式設計」
- 保持方法的輕巧
- 避免重複
- 避免多個參數

在閱讀本章之後，你將具備執行以下操作的能力：

- 描述什麼是「函數式程式設計」
- 提供使用 C# 進行「函數式程式設計」的實際範例
- 編寫函數式 C# 程式碼
- 避免編寫帶有超過兩個參數的方法
- 編寫不可變的資料物件和結構
- 讓你的方法保持輕巧
- 編寫遵循單一職責原則（SRP）的程式碼

讓我們開始吧！

了解函數式程式設計

讓「函數式程式設計」與眾不同的唯一原因是，函數不會修改資料或狀態。當需要在「同一組資料」上執行不同的操作時，你將會需要使用「函數式程式設計」，例如：在深度學習、機器學習和人工智慧等情境中。

.NET Framework 中的 LINQ 語法是「函數式程式設計」的一個例子。因此，如果你想知道「函數式程式設計」是什麼樣子，而你之前使用過 LINQ，那麼你應該已經學過「函數式程式設計」，知道它樣貌為何。

由於「函數式程式設計」是一門很深的主題，而且有很多關於該主題的書籍、課程和影片，所以在本章中，我們僅透過查看「純函數」（pure function）和「不可變資料」（immutable data）來簡單討論這個主題。

純函數只能對傳遞給它的資料進行操作。因此，該方法是可預測的，也可避免產生副作用。這會使程式設計師受益，因為這種方法更易於推理和測試。

一旦不可變資料物件或資料結構被初始化，包含在內的資料值將不會被修改。由於資料僅被設定而未被修改，因此，你可根據輸入來輕鬆推斷「資料是什麼」、「如何設定的」以及「會產生什麼操作的結果」。不可變資料也很容易測試，因為你知道輸入的內容和預期的輸出。這讓編寫「測試案例」（test case）變得更容易了，因為你無需考慮很多事情，例如：物件狀態。不可變物件和結構的好處是，它們是執行緒安全的

（thread-safe）。執行緒安全的物件和結構，構成了可以在執行緒之間傳遞的良好**資料傳輸物件**（data transfer object，**DTO**）。

但如果結構包含參照型別（reference type），它們仍是可變的。解決此問題的一種方法是使參照型別不可變。C# 7.2 新增了對 readonly struct 和 ImmutableStruct 的支援。因此，即使我們的結構包含參照型別，我們現在也可以使用這些新的 C# 7.2 建構（construct），來使「具有參照型別的結構」不可變。

現在，讓我們看一個純函數範例。設定物件屬性的唯一方法是在建構時透過建構函式。這是一個 Player 類別，它唯一的工作就是保留玩家的名稱及其高分。其中可看到一個更新玩家高分的方法：

```
public class Player
{
    public string PlayerName { get; }
    public long HighScore { get; }

    public Player(string playerName, long highScore)
    {
        PlayerName = playerName;
        HighScore = highScore;
    }

    Public Player UpdateHighScore(long highScore)
    {
        return new Player(PlayerName, highScore);
    }
}
```

請注意，UpdateHighScore 方法不會更新 HighScore 屬性。而是透過傳入「已經在該類別中設定的 PlayerName 變數」以及「作為方法參數的 highScore」，來實例化並回傳一個新的 Player 類別。你現在已經看到了一個非常簡單的範例，該範例說明了如何在「不更改軟體狀態」的情況下對軟體進行程式開發。

「函數式程式設計」是一門非常大的主題，需要思想上的轉變，這對於程序式（procedural）或物件導向式（object-oriented）的程式設計師來說均非易事。由於深入研究「函數式程式設計」並非本書的討論範圍，因此，我們強烈建議你自行選讀其他「函數式程式設計」的書籍和資源。

Packt 出版社有許多專門教授「函數式程式設計」的優秀書籍和影片，在本章結尾的「延伸閱讀」小節中，我們將提供一些連結，供你參考。

在繼續之前，我們將看一些 LINQ 的範例，因為 LINQ 就是 C#「函數式程式設計」的一個例子。讓我們從一個範例資料集開始，以下程式碼建置了供應商和產品的列表。讓我們先編寫 Product 結構：

```
public struct Product
{
    public string Vendor { get; }
    public string ProductName { get; }
    public Product(string vendor, string productName)
    {
        Vendor = vendor;
        ProductName = productName;
    }
}
```

現在我們有了結構（struct），我們將在 GetProducts() 方法內新增一些範例資料：

```
public static List<Product> GetProducts()
{
    return new List<Products>
    {
        new Product("Microsoft", "Microsoft Office"),
        new Product("Oracle", "Oracle Database"),
        new Product("IBM", "IBM DB2 Express"),
        new Product("IBM", "IBM DB2 Express"),
        new Product("Microsoft", "SQL Server 2017 Express"),
        new Product("Microsoft", "Visual Studio 2019 Community Edition"),
        new Product("Oracle", "Oracle JDeveloper"),
        new Product("Microsoft", "Azure"),
        new Product("Microsoft", "Azure"),
        new Product("Microsoft", "Azure Stack"),
```

```
        new Product("Google", "Google Cloud Platform"),
        new Product("Amazon", "Amazon Web Services")
    };
}
```

最後,我們可以開始在列表中使用 LINQ。在前面的範例中,我們將獲得一個按「供應商名稱」排序的獨特產品列表,並且印出結果:

```
class Program
{
    static void Main(string[] args)
    {
        var vendors = (from p in GetProducts()
                          select p.Vendor)
                          .Distinct()
                          .OrderBy(x => x);
        foreach(var vendor in vendors)
            Console.WriteLine(vendor);
        Console.ReadKey();
    }
}
```

在這裡,我們透過呼叫 GetProducts() 並僅選擇 Vendor 欄位來取得供應商列表。然後,我們透過呼叫 Distinct() 方法來篩選列表,使其僅包含一個供應商。然後,透過呼叫 OrderBy(x => x) 按「字母順序」對供應商列表進行排序,其中 x 是供應商的名稱。在取得不同供應商的訂購清單之後,我們走訪該清單並印出「供應商名稱」。最後,我們等待使用者按「任意鍵」退出程式。

「函數式程式設計」的好處之一是你的方法會比「其他類型的程式設計方法」要小得多。接下來,我們將研究為什麼「保持方法的輕巧」是好的,以及可以使用的技術(包括「函數式程式設計」)。

保持方法的輕巧

在編寫整潔且可讀的程式碼時,重要的是保持方法的輕巧。在 C# 世界中,最好將方法的長度保持在 10 行以內,完美長度則不超過 4 行。保持方法輕巧的一種好做法是,考慮是否應該捕獲錯誤(trap for error),或在呼叫堆疊(call stack)中進一步冒泡而出(bubble up)。若使用「防禦性程式設計」,你可能會變得過度防禦,導致你增加

了編寫的程式碼量。此外,「捕獲錯誤的方法」將比「不捕獲錯誤的方法」要來得更長。

讓我們考慮以下程式碼,該程式碼可能拋出 ArgumentNullException:

```
public UpdateView(MyEntities context, DataItem dataItem)
{
    InitializeComponent();
    try
    {
        DataContext = this;
        _dataItem = dataItem;
        _context = context;
        nameTextBox.Text = _dataItem.Name;
        DescriptionTextBox.Text = _dataItem.Description;
    }
    catch (Exception ex)
    {
        Debug.WriteLine(ex);
        throw;
    }
}
```

在前面的程式碼中,我們可以清楚地觀察到,有兩個位置可能會拋出 ArgumentNullException。可能拋出 ArgumentNullException 的第一行程式碼是 nameTextBox.Text = _dataItem.Name;。可能拋出相同例外的第二行程式碼是 DescriptionTextBox.Text = _dataItem.Description;。我們可以看到,例外處理程序(exception handler)在發生例外時捕獲該例外,將其寫入控制台(console),然後將其簡單地扔回到堆疊之中。

請注意,從人類閱讀的角度來看,一共有「8 行」程式碼構成了 try/catch 區塊。

透過編寫自己的參數驗證器(argument validator),你可以用一行文字就完全替換 try/catch 例外處理。為了解釋這一點,我們將提供一個範例。

讓我們從 ArgumentValidator 類別開始。這個類別的目的是使用「包含 null 參數的方法的名稱」來拋出 ArgumentNullException:

```
using System;
namespace CH04.Validators
{
    internal static class ArgumentValidator
    {
        public static void NotNull(
            string name,
            [ValidatedNotNull] object value
        )
        {
            if (value == null)
                throw new ArgumentNullException(name);
        }
    }

    [AttributeUsage(
        AttributeTargets.All,
        Inherited = false,
        AllowMultiple = true)
    ]
    internal sealed class ValidatedNotNullAttribute : Attribute
    {
    }
}
```

現在，我們有了 null 驗證類別，我們可以用新的方式來驗證「方法中的 null 值參數」了。讓我們看一個簡單的範例：

```
public ItemsUpdateView(
    Entities context,
    ItemsView itemView
)
{

    InitializeComponent();
    ArgumentValidator.NotNull("ItemsUpdateView", itemView);
    // ### implementation omitted ###
}
```

你可以清楚看到，我們已在方法頂端，把「整個 try/catch 區塊」替換為一行程式碼。當此驗證檢測到「null 參數」時，將拋出 ArgumentNullException，進而阻止程式碼繼續。這使程式碼更易於閱讀，並有助於偵錯（debugging）。

現在，我們將介紹帶有縮排的格式化函數，以便於閱讀。

縮排程式碼

即使在最佳狀態下，一個很長的方法也很難閱讀和遵循，尤其是當你必須滾動瀏覽該方法很多次才能深入到它的底部時。而若此方法的縮排格式不適當或不正確，就會是一場惡夢。

如果遇到任何格式不正確的方法程式碼（method code），身為專業的程式設計師，你有責任先整理好程式碼，然後才執行其他操作。大括號之間的任何程式碼都稱為**程式碼區塊（code block）**，程式碼區塊中的程式碼應縮排一級，而程式碼區塊內的程式碼區塊也應再縮排一級，如以下範例所示：

```
public Student Find(List<Student> list, int id)
{
Student r = null;foreach (var i in list)
{
if (i.Id == id)
    r = i;            }            return r;
}
```

前面的範例展示了錯誤的縮排以及錯誤的迴圈設計。在這裡，你可以看到「學生（Student）列表」正被搜尋，以便找到並回傳一個「擁有指定 ID 的學生」（而這個 ID 是作為「參數」傳入的）。讓某些程式設計師感到困擾並降低應用程式效能的是，即使找到了該名學生，前面程式碼中的迴圈仍在繼續。我們可以改善前面程式碼的縮排和效能，如下所示：

```
public Student Find(List<Student> list, int id)
{
    Student r = null;
    foreach (var i in list)
    {
        if (i.Id == id)
        {
            r = i;
            break;
        }
    }
    return r;
}
```

在前面的程式碼中，我們改進了格式，並確保程式碼正確縮排。我們在 for 迴圈中新增了一個 break，以便在找到配對項時終止 foreach 迴圈。

現在，程式碼不僅更具可讀性，效能也好得多。想像一下，執行這段程式碼的是一所修課人數達 73,000 人的大學（到校上課及遠距教學）。思考一下，如果與該學生配對的 ID 是列表中的第一個，那麼如果沒有 break 敘述句，程式碼將不得不執行 72,999 次不必要的計算。你可以看到 break 敘述句所造成的效能差異有多麼巨大。

我們將回傳值保留在其原始位置，因為編譯器可能會抱怨並非所有程式碼路徑都會回傳值。這也是我們增加 break 敘述句的原因。顯然地，適當的縮排可以提高程式碼的可讀性，進而有助於程式設計師理解程式碼。這使程式設計師可以進行他們認為必要的任何修改。

避免重複

程式碼可以是 DRY 或 WET。**WET** 程式碼代表每次寫入（**Write Every Time**），而 DRY 則與之相反，**DRY** 代表了不要重複自己（**Don't Repeat Yourself**）。WET 程式碼的問題在於它是 bug 的理想選擇。假設你的測試團隊或客戶發現了一個 bug 並將其回報給你，你修復了這個 bug 並把它交出去，但是，當這段程式碼再次於你的電腦程式當中出現的時候，這個 bug 又會回來咬你好幾口。

現在，我們透過刪除「重複」來 DRY 我們的 WET 程式碼。我們可以做到這一點的其中一個方法是提取程式碼並把它放入方法當中，然後再集中化（centralize）此方法，如此一來，電腦程式中的所有區域都能夠存取它。

以時間為例。假設你有一組由 Name 和 Amount 屬性組成的花費項目集合（a collection of expense items）。現在，考慮由 Name 來取得花費項目的小數點數值 Amount。

假設你必須執行 100 次。為此，你可以編寫以下程式碼：

```
var amount = ViewModel
    .ExpenseLines
    .Where(e => e.Name.Equals("Life Insurance"))
    .FirstOrDefault()
    .Amount;
```

沒有理由不能將相同的程式碼編寫 100 次。但是有一種方法可以只編寫一次,進而減少 Codebase 的大小並提升工作效率。讓我們看看如何做到這一點:

```csharp
public decimal GetValueByName(string name)
{
    return ViewModel
        .ExpenseLines
        .Where(e => e.Name.Equals(name))
        .FirstOrDefault()
        .Amount;
}
```

要從 ViewModel 的 ExpenseLines 集合中提取所需的值,只要把「所需的值的名稱」傳遞到 GetValueName(string name) 方法中,如以下程式碼所示:

```csharp
var amount = GetValueByName("Life Insurance");
```

一行程式碼非常易讀,而且「獲取值的程式碼行」被包含在單一方法中。因此,如果出於某種原因(例如 bug 修復)需要更改方法,則只需在一個地方修改程式碼即可。

「編寫好函數」的下一個邏輯步驟是「擁有越少參數越好」。在下一節中,我們將探討為什麼不應該有兩個以上的參數,以及即使需要更多參數也只能使用少數參數的方法。

避免多個參數

Niladic 方法是 C# 中理想的方法類型,這種方法沒有參數(parameter,或稱引數,argument)。Monadic(單元)方法只有一個參數;Dyadic(二元)方法有兩個參數;Triadic(三元)方法有三個參數;擁有三個以上參數的方法被稱為 Polyadic(多元)方法。你應該將參數數量保持最小化(最好少於三個)。

在 C# 程式設計的理想世界中,你應該盡力避免使用三元方法和多元方法。這樣做的原因不是因為這是不良的程式設計,而是因為這可使你的程式碼更易於閱讀和理解。具有很多參數的方法可能給程式設計師帶來視覺壓力,也可能是困擾的來源。當你增加更多參數時,IntelliSense 也可能難以閱讀和理解。

讓我們看一個更新「使用者帳戶資訊」的多元方法的錯誤範例：

```
public void UpdateUserInfo(int id, string username, string firstName,
string lastName, string addressLine1, string addressLine2, string
addressLine3, string addressLine3, string addressLine4, string city,
string postcode, string region, string country, string homePhone,
string workPhone, string mobilePhone, string personalEmail, string
workEmail, string notes)
{
    // ### implementation omitted ###
}
```

如 UpdateUserInfo 方法所示，該程式碼太可怕了。我們如何修改該方法，使其從多元方法轉換為單元方法？答案很簡單：我們傳入一個 UserInfo 物件。首先，在修改方法之前，讓我們看一下 UserInfo 類別：

```
public class UserInfo
{
    public int Id { get;set; }
    public string Username { get; set; }
    public string FirstName { get; set; }
    public string LastName { get; set; }
    public string AddressLine1 { get; set; }
    public string AddressLine2 { get; set; }
    public string AddressLine3 { get; set; }
    public string AddressLine4 { get; set; }
    public string City { get; set; }
    public string Region { get; set; }
    public string Country { get; set; }
    public string HomePhone { get; set; }
    public string WorkPhone { get; set; }
    public string MobilePhone { get; set; }
    public string PersonalEmail { get; set; }
    public string WorkEmail { get; set; }
    public string Notes { get; set; }
}
```

我們現在有了一個類別，其中包含我們需要傳遞到 UpdateUserInfo 方法中的所有資訊。現在可以將 UpdateUserInfo 方法從多元方法轉換為單元方法，如下所示：

```
public void UpdateUserInfo(UserInfo userInfo)
{
    // ###  implementation omitted ###
}
```

前面的程式碼看起來好了多少？它更小且更易於閱讀。經驗法則告訴我們應該要少於三個參數，而理想情況下甚至是沒有。如果你的類別遵循 SRP，請考慮實作「參數物件模式」（parameter object pattern），就像我們在這裡所做的那樣。

實作 SRP

你編寫的所有物件和方法最多只應該承擔一項責任，而不再承擔更多責任。物件可以具有多種方法，但是這些方法組合使用時，都應該朝著它們所屬物件的「單一目的」而努力。方法可以呼叫多個方法，每個方法執行不同的操作。但是該方法本身只能做一件事。

知道很多而且做得太多的方法被稱為「**上帝方法**」（**God method**）。同樣的，一個知道並做得太多的物件也被稱為「**上帝物件**」（**God object**）。God 物件和 God 方法都很難閱讀、維護和偵錯。這種物件和方法經常會多次重複出現相同的錯誤。擅長程式設計的人會避開 God 物件和 God 方法。讓我們看看一個可以完成許多事情的方法：

```
public void SrpBrokenMethod(string folder, string filename, string
text, emailFrom, password, emailTo, subject, message, mediaType)
{
    var file = $"{folder}{filename}";
    File.WriteAllText(file, text);
    MailMessage message = new MailMessage();
    SmtpClient smtp = new SmtpClient();
    message.From = new MailAddress(emailFrom);
    message.To.Add(new MailAddress(emailTo));
    message.Subject = subject;
    message.IsBodyHtml = true;
    message.Body = message;
    Attachment emailAttachment = new Attachment(file);
    emailAttachment.ContentDisposition.Inline = false;
    emailAttachment.ContentDisposition.DispositionType =
```

```
        DispositionTypeNames.Attachment;
    emailAttachment.ContentType.MediaType = mediaType;
    emailAttachment.ContentType.Name = Path.GetFileName(filename);
    message.Attachments.Add(emailAttachment);
    smtp.Port = 587;
    smtp.Host = "smtp.gmail.com";
    smtp.EnableSsl = true;
    smtp.UseDefaultCredentials = false;
    smtp.Credentials = new NetworkCredential(emailFrom, password);
    smtp.DeliveryMethod = SmtpDeliveryMethod.Network;
    smtp.Send(message);
}
```

SrpBrokenMethod 顯然要做不只一件事情，因此它破壞了 SRP。現在，我們將把這種方法分解為許多「只做一件事情」的較小方法。我們還將解決該方法的多元性問題，因為它具有兩個以上的參數。

在開始將方法分解為「只做一件事情」的較小方法之前，我們需要查看該方法正在執行的所有操作。該方法首先將文字寫入檔案，然後，它建立電子郵件、附加附件檔案，最後發送電子郵件。為此，我們需要以下方法：

- 將文字寫入檔案
- 建立電子郵件
- 新增電了郵件附件
- 發送電子郵件

查看目前方法，為了將文字寫入檔案，我們有「四個參數」正被使用：一個用於資料夾（folder）、一個用於檔案名稱（filename）、一個用於文字（text），以及一個用於媒體類型（media type）。資料夾和檔案名稱可以合併為一個名為 filename 的參數。如果 filename 和 folder 是在呼叫程式碼中使用的「兩個單獨的變數」，則可以將它們作為「單一內插字串」（a single interpolated string，如 $"{folder}{filename}"）來傳遞到方法之中。

至於媒體類型，可以在建構期間於結構內部私下設定（privately set inside a struct）。我們可以使用該結構來設定所需的屬性，以便可以將三個屬性作為「單一參數」傳遞給該結構。讓我們看一下實作此目的的程式碼：

```
public struct TextFileData
{
    public string FileName { get; private set; }
    public string Text { get; private set; }
    public MimeType MimeType { get; }

    public TextFileData(string filename, string text)
    {
        Text = text;
        MimeType = MimeType.TextPlain;
        FileName = $"{filename}-{GetFileTimestamp()}";
    }

    public void SaveTextFile()
    {
        File.WriteAllText(FileName, Text);
    }

    private static string GetFileTimestamp()
    {
        var year = DateTime.Now.Year;
        var month = DateTime.Now.Month;
        var day = DateTime.Now.Day;
        var hour = DateTime.Now.Hour;
        var minutes = DateTime.Now.Minute;
        var seconds = DateTime.Now.Second;
        var milliseconds = DateTime.Now.Millisecond;
        return
$"{year}{month}{day}@{hour}{minutes}{seconds}{milliseconds}";
    }
}
```

TextFileData 建構函式透過呼叫 GetFileTimestamp() 方法並將其附加到 FileName 的末尾來確保 FileName 值是唯一的。為儲存此文字檔案，我們呼叫 SaveTextFile() 方法。請注意，MimeType 是在內部設定的，而且設定為 MimeType.TextPlain。我們可以簡單地將 MimeType 寫死為 MimeType = "text/plain";，但是使用 enum 的好處是程式碼是可重用的，另外的好處是你不必為特定的 MimeType 記住文字或在網路上查詢。現在，我們將編寫 enum 並在 enum 值中增加描述（description）：

```
[Flags]
public enum MimeType
{
    [Description("text/plain")]
    TextPlain
}
```

好了，我們有了 enum，但是現在我們需要一種提取描述的方法，以便可以輕鬆地將其指派給變數。因此，我們將建立一個擴展類別（extension class），該擴展類別將使我們能夠獲取 enum 的描述。這讓我們能夠設定 MimeType，如下所示：

```
MimeType = MimeType.TextPlain;
```

如果沒有擴展方法，則 MimeType 的值為 0。但是，透過擴展方法，MimeType 的值為 "text/plain"。現在，你可以在其他專案中重複使用此擴展，並根據需求而建置。

我們將編寫的下一個類別是 Smtp 類別，其職責是透過「Smtp 協定」發送電子郵件：

```
public class Smtp
{
    private readonly SmtpClient _smtp;

    public Smtp(Credential credential)
    {
        _smtp = new SmtpClient
        {
            Port = 587,
            Host = "smtp.gmail.com",
            EnableSsl = true,
            UseDefaultCredentials = false,
            Credentials = new NetworkCredential(
             credential.EmailAddress, credential.Password),
            DeliveryMethod = SmtpDeliveryMethod.Network
        };
    }
    public void SendMessage(MailMessage mailMessage)
    {
        _smtp.Send(mailMessage);
    }
}
```

Smtp 類別具有一個建構函式，該建構函式採用 Credential（認證）型別的單一參數。該認證用於登錄電子郵件伺服器。伺服器在建構函式中配置。呼叫 SendMessage(MailMessage mailMessage) 方法時，將發送訊息。

讓我們編寫一個 DemoWorker 類別，將工作分成不同的方法：

```
public class DemoWorker
{
    TextFileData _textFileData;

    public void DoWork()
    {
        SaveTextFile();
        SendEmail();
    }

    public void SendEmail()
    {
        Smtp smtp = new Smtp(new Credential("fakegmail@gmail.com",
         "fakeP@55w0rd"));
        smtp.SendMessage(GetMailMessage());
    }

    private MailMessage GetMailMessage()
    {
        var msg = new MailMessage();
        msg.From = new MailAddress("fakegmail@gmail.com");
        msg.To.Add(new MailAddress("fakehotmail@hotmail.com"));
        msg.Subject = "Some subject";
        msg.IsBodyHtml = true;
        msg.Body = "Hello World!";
        msg.Attachments.Add(GetAttachment());
        return msg;
    }

    private Attachment GetAttachment()
    {
        var attachment = new Attachment(_textFileData.FileName);
        attachment.ContentDisposition.Inline = false;
        attachment.ContentDisposition.DispositionType =
         DispositionTypeNames.Attachment;
```

```
        attachment.ContentType.MediaType =
         MimeType.TextPlain.Description();
        attachment.ContentType.Name =
         Path.GetFileName(_textFileData.FileName);
        return attachment;
    }
    private void SaveTextFile()
    {
        _textFileData = new TextFileData(
            $"{Environment.SpecialFolder.MyDocuments}attachment",
            "Here is some demo text!"
        );
        _textFileData.SaveTextFile();
    }
}
```

DemoWorker 類別顯示了發送電子郵件的更簡潔版本。負責保存附件並透過電子郵件將其作為附件發送的主要方法名為 DoWork()。此方法僅包含兩行程式碼。第一行呼叫 SaveTextFile() 方法,而第二行呼叫 SendEmail() 方法。

SaveTextFile() 方法建立一個新的 TextFileData 結構,並傳入檔案名稱和一些文字。然後,它在 TextFileData 結構中呼叫 SaveTextFile() 方法,負責將文字儲存到指定的檔案中。

SendEmail() 方法建立一個新的 Smtp 類別。Smtp 類別具有一個 Credential 參數,而 Credential 類別具有兩個用於「電子郵件地址」和「密碼」的字串參數。電子郵件和密碼用於登錄 SMTP 伺服器。建立 SMTP 伺服器後,將呼叫 SendMessage(MailMessage mailMessage) 方法。

此方法需要傳遞 MailMessage 物件。於是,我們有一個名為 GetMailMethod() 的方法,該方法可建置 MailMessage 物件,然後將其傳遞到 SendMessage(MailMessage mailMessage) 方法中。GetMailMethod() 透過呼叫 GetAttachment() 方法將附件新增至 MailMessage。

從這些修改中可以看到,我們的程式碼現在更加緊湊且易讀。這是易於修改和維護的高品質程式碼的關鍵:必須容易閱讀和理解。這就是為什麼對於你的方法而言,小而整潔且使用盡可能少的參數非常重要。

你的方法會破壞 SRP 嗎？如果是這樣，則應考慮將方法分解為多個各具責任的方法。至此，本章已以編寫「整潔的函數」作結。現在，讓我們總結你學到的知識並測試一下。

小結

在本章中，你已經了解了「函數式程式設計」如何透過「不」修改狀態來提高程式碼的安全性。修改狀態會引起 bug，尤其是在多執行緒的應用程式當中。透過使用「有意義的名稱」和「不超過兩個參數的方法」來保持方法的輕巧，你已經看到了程式碼的簡潔和可讀性。你也了解如何刪除程式碼中的重複內容，以及這樣做的好處。與難以閱讀和難以解密的程式碼相比，易於閱讀的程式碼更容易維護和擴展！

現在，我們將繼續研究「例外處理」這個主題。在下一章中，你將學習如何適當地使用例外處理、編寫具有意義的自訂 C# 例外，以及編寫避免拋出 NullPointerException 的程式碼。

練習題

1. 你如何稱呼沒有參數的方法？
2. 你如何稱呼具有一個參數的方法？
3. 你如何稱呼具有兩個參數的方法？
4. 你如何稱呼具有三個參數的方法？
5. 你如何稱呼具有三個以上參數的方法？
6. 應該避免哪兩種方法類型？為什麼？
7. 用白話來說，「函數式程式設計」是什麼？
8. 「函數式程式設計」有哪些優點？
9. 請列舉「函數式程式設計」的一個缺點。
10. WET 程式碼是什麼？為什麼要避免使用它？
11. DRY 程式碼是什麼？為什麼要使用它？
12. 如何 DRY 你的 WET 程式碼？
13. 為什麼方法應該盡可能地小？
14. 如何實作驗證而無需實作 try/catch 區塊？

延伸閱讀

以下是一些其他資源，作為你深入研究 C#「函數式程式設計」領域的參考：

- Wisnu Anggoro 的《*Functional C#*》：`https://www.packtpub.com/product/functional-c/9781785282225`。本書的主題正是 C#「函數式程式設計」，如果你想了解更多資訊，本書是一個不錯的起點。
- Jovan Popovic(MSFT) 的《*Functional Programming in C#*》：`https://www.codeproject.com/Articles/375166/Functional-programming-in-Csharp`。這是一篇關於 C#「函數式程式設計」的深度文章，包含詳細圖表，且具有 5 星評價。

5

例外處理

在上一章中，我們介紹了函數。儘管程式設計師盡了最大努力編寫強健的程式碼，但函數在某些時候仍會產生例外。原因可能有很多種，例如：檔案或資料夾的遺失、空值（empty 或 null）、無法寫入位置，或拒絕使用者存取。因此，請牢記這一點，在本章中，你將學習使用「例外處理」的各種適當方法，來產生乾淨整潔的 C# 程式碼。首先，我們將從與「算術（arithmetic）OverflowException」有關的「已檢查例外」和「未檢查例外」開始。我們將研究它們的涵義、為什麼要使用它們，以及在程式碼中使用它們的一些範例。

然後，我們將研究如何避免 NullPointerReference 例外。接著，我們將為特定類型的例外實作特定的業務規則。在對例外以及例外業務規則有了全新的理解之後，我們將建置自己的自訂例外。最後，我們會探討為什麼不應該使用例外來控制電腦程式的流程。

在本章中，我們將介紹以下主題：

- 已檢查的（checked）和未檢查的例外（unchecked exception）
- 避免 NullPointerException
- 業務規則例外（business rules exception）
- 例外應提供有意義的資訊
- 建立自己的自訂例外（custom exception）

在本章的最後，你將具備執行以下操作的技能：

- 你將了解什麼是已檢查和未檢查的例外，以及它們為什麼存在於 C# 中。
- 你將了解什麼是 OverflowException，以及如何在編譯時捕獲它們。
- 你將了解什麼是 NullPointerException 以及如何避免它們。
- 你將編寫自己的自訂例外，這些例外可以為客戶提供有意義的資訊，而且可以幫助你和其他程式設計師輕鬆地識別和解決出現的任何問題。
- 你將理解為什麼不應該使用例外來控制程式流程。
- 你將理解如何使用「C# 敘述句」和「布林檢查」來替換業務規則例外，進而控制程式流程。

已檢查和未檢查的例外

在未檢查模式中，算術溢位（arithmetic overflow）會被「忽略」（ignored）。在這種情況下，無法指派給目標型別的高階位元將會在結果中被丟棄。

預設情況下，在執行時期運算「非常數表達式」（non-constant expression）的時候，C# 會在「未檢查的上下文」之中操作。但是，預設情況下「永遠」會檢查編譯時期的「常數表達式」（constant expression）。在檢查模式中遇到算術溢位時，將拋出 OverflowException。使用「未經檢查的例外」的原因之一是為了提升效能，而「已檢查的例外」會稍微降低方法的效能。

經驗法則是確保你在檢查的上下文中執行算術運算（arithmetic operations）。任何算術溢位例外都將被視為「編譯時期錯誤」（compile-time error），然後可以在發布程式碼之前修復它。這比「先發布程式碼，然後不得不解決客戶的執行時期錯誤」要好得多。

在未檢查模式中執行程式碼是很危險的，因為你對程式碼做出了假設。「假設」並非「事實」，而且它們可能會在執行時引發例外。執行時期的例外會導致極差的客戶滿意度，並可能產生嚴重的後續例外，進而在某種程度上對客戶造成負面影響。

從業務角度來看，在遭遇溢位例外之後仍允許應用程式繼續執行，這是非常危險的。原因是資料最終可能會落入「不可逆」的無效狀態。如果資料是關鍵的客戶資料，那麼這可能對企業造成巨大的損失，你一定不希望承擔這樣的責任。

讓我們舉例說明。下面的程式碼展示了在消費金融（customer banking）的領域中，「未經檢查的溢位」會造成多麼嚴重的後果：

```
private static void UncheckedBankAccountException()
{
    var currentBalance = int.MaxValue;
    Console.WriteLine($"Current Balance: {currentBalance}");
    currentBalance = unchecked(currentBalance + 1);
    Console.WriteLine($"Current Balance + 1 = {currentBalance}");
    Console.ReadKey();
}
```

想像一下，當客戶看到他存款餘額中的 2,147,483,647 英鎊，只因為增加了 1 英鎊就變成 −2,147,483,648 英鎊的負債時，他的表情會是多麼驚恐！

現在，讓我們使用 些程式碼範例來展示已檢查和未檢查的例外。首先，啟動一個新的**控制台應用程式（console application）**並宣告一些變數：

```
static byte y, z;
```

前面的程式碼宣告了兩個位元組（byte），我們將在算術程式碼範例中使用它們。現在，新增 CheckedAdd() 方法。在將兩個數字相加而導致數字太大，進而無法儲存為位元組時，算術溢位發生了，而此方法將拋出已檢查的 OverflowException：

```
private static void CheckedAdd()
{
    try
    {
        Console.WriteLine("### Checked Add ###");
        Console.WriteLine($"x = {y} + {z}");
        Console.WriteLine($"x = {checked((byte)(y + z))}");
    }
    catch (OverflowException oex)
    {
        Console.WriteLine($"CheckedAdd: {oex.Message}");
```

```
        }
    }
```

接著，編寫 CheckedMultiplication() 方法。同樣地，如果在「乘法」過程中檢測到算術溢位，則會拋出一個已檢查的 OverflowException，這將導致一個比位元組還大的數字：

```
private static void CheckedMultiplication()
{
    try
    {
        Console.WriteLine("### Checked Multiplication ###");
        Console.WriteLine($"x = {y} x {z}");
        Console.WriteLine($"x = {checked((byte)(y * z))}");
    }
    catch (OverflowException oex)
    {
        Console.WriteLine($"CheckedMultiplication: {oex.Message}");
    }
}
```

接下來，我們新增 UncheckedAdd() 方法。這個方法將會忽略「加法」導致的任何溢位，因此不會拋出 OverflowException。溢位的結果將被儲存為一個位元組，但該值將不正確：

```
private static void UncheckedAdd()
{
    try
    {
        Console.WriteLine("### Unchecked Add ###");
        Console.WriteLine($"x = {y} + {z}");
        Console.WriteLine($"x = {unchecked((byte)(y + z))}");
    }
    catch (OverflowException oex)
    {
        Console.WriteLine($"CheckedAdd: {oex.Message}");
    }
}
```

現在，我們新增 UncheckedMultiplication() 方法。當此「乘法」遇到溢位時，這個方法將不會拋出 OverflowException。該例外將被忽略。這將導致「錯誤的數字」被儲存為位元組：

```
private static void UncheckedMultiplication()
{
    try
    {
        Console.WritcLine("### Unchecked Multiplication ###");
        Console.WriteLine($"x = {y} x {z}");
        Console.WriteLine($"x = {unchecked((byte)(y * z))}");
    }
    catch (OverflowException oex)
    {
        Console.WriteLine($"CheckedMultiplication: {oex.Message}");
    }
}
```

最後，是時候修改 Main(string[] args) 方法了，以使我們可以初始化變數並執行這些方法。在這裡，我們將一個位元組的最大值加到 y 變數，將 2 加到 z 變數。然後，我們執行 CheckedAdd() 和 CheckedMultiplication() 方法，這兩個方法都將生成 OverflowException()。因為 y 變數包含一個位元組的最大值，所以將拋出此錯誤。

於是，透過加 2 或乘以 2，你超出了儲存變數所需的位址空間（address space）。接下來，我們將執行 UncheckedAdd() 和 UncheckedMultiplication() 方法。這兩種方法皆忽略溢位例外，將結果指派給 x 變數，並忽略所有溢位位元。最後，我們在螢幕上顯示一則訊息，然後在使用者按下「任意鍵」時退出：

```
static void Main(string[] args)
{
    y = byte.MaxValue;
    z = 2;
    CheckedAdd();
    CheckedMultiplication();
    UncheckedAdd();
    UncheckedMultiplication();
    Console.WriteLine("Press any key to exit.");
    Console.ReadLine();
}
```

執行前面的程式碼時，最終會得到以下輸出：

```
D:\Development\Clean-Code-in-C-\CH05_ExceptionHandling\bin\Debug\CH05_ExceptionHandling.exe        —  □  ×
### Checked Add ###
x = 255 + 2
CheckedAdd: Arithmetic operation resulted in an overflow.
### Checked Multiplication ###
x = 255 x 2
CheckedMultiplication: Arithmetic operation resulted in an overflow.
### Unchecked Add ###
x = 255 + 2
x = 1
### Unchecked Multiplication ###
x = 255 x 2
x = 254
Press any key to exit.
```

如你所見，當我們使用「已檢查的例外」時，遇到 OverflowException 時會拋出例外。但是，當我們使用「未經檢查的例外」時，則不會拋出例外。

從前面的螢幕截圖可以明顯看出，問題可以是由「意外值」（unexpected value）所引起的，而某些行為可能源自使用「未檢查的例外」。因此，執行算術運算時的一個簡單通則是必須永遠使用「已檢查的例外」。

現在，讓我們繼續討論程式設計師經常遇到的常見例外，即 NullPointerException。

避免 NullPointerException

NullReferenceException 是大多數程式設計師都會遇到的常見例外。嘗試存取 null 物件的屬性或方法時，將會拋出該錯誤。

為了防止電腦程式崩潰，程式設計師們經常採取的行動是使用 try{...}catch (NullReferenceException nre){...} 區塊。這是「防禦性程式設計」的一部分。但是問題在於，很多時候，錯誤只是被記錄下來並重新拋出。除此之外，還執行了許多本來可以避免的多餘運算。

處理 ArgumentNullExceptions 的一種更好做法是實作 ArgumentNullValidator。方法中的參數通常是 null 物件的來源。在使用方法的參數之前測試它們是有意義的，如果由於某種原因發現它們無效，則拋出適當的 Exception。在 ArgumentNullValidator

的例子中，你可以把這個驗證器（validator）放在方法的頂端，然後測試每一個參數。若發現任何參數為 null，將拋出 NullReferenceException。這樣可以節省計算量，而且不需要將方法的程式碼包裝在 try...catch 區塊之中。

為了清楚說明，我們將編寫 ArgumentNullValidator 並將其用於方法中，以測試該方法的參數：

```
public class Person
{
    public string Name { get; }
    public Person(string name)
    {
        Name = name;
    }
}
```

在前面的程式碼中，我們使用一個「名為 Name 的唯讀屬性」建立了 Person 類別。這將是我們用來傳遞到範例方法之中的物件，並導致 NullReferenceException。接下來，我們將替「名為 ValidatedNotNullAttribibute 的驗證器」建立屬性：

```
[AttributeUsage(AttributeTargets.All, inherited = false, AllowMultiple
= true)]
internal sealed class ValidatedNotNullAttribute : Attribute { }
```

現在我們有了 Attribute，是時候編寫驗證器了：

```
internal static class ArgumentNullValidator
{
    public static void NotNull(string name,
     [ValidatedNotNull] object value)
    {
        if (value == null)
        {
            throw new ArgumentNullException(name);
        }
    }
}
```

ArgumentNullValidator 帶有兩個參數：

- 物件的名稱
- 物件本身

檢查物件，看看它是否為 null。如果為 null，則拋出 ArgumentNullException，並傳入物件名稱。

以下方法是我們的 try/catch 範例方法。請注意，我們記錄了一則訊息並拋出例外。然而，我們並沒有使用「已宣告的例外參數」，應該將其刪除。你會在程式碼中經常看到這一點。它是不必要的，應該被刪除，讓程式碼更整潔：

```
private void TryCatchExample(Person person)
{
    try
    {
        Console.WriteLine($"Person's Name: {person.Name}");
    }
    catch (NullReferenceException nre)
    {
        Console.WriteLine("Error: The person argument cannot be null.");
        throw;
    }
}
```

接下來，我們將編寫使用 ArgumentNullValidator 的範例方法。我們將其稱為 ArgumentNullValidatorExample：

```
private void ArgumentNullValidatorExample(Person person)
{
    ArgumentNullValidator.NotNull("Person", person);
    Console.WriteLine($"Person's Name: {person.Name}");
    Console.ReadKey();
}
```

值得注意的是，我們已經從「包含大括號的九行程式碼」變為僅僅兩行。我們也不會在驗證值之前嘗試使用它。現在我們需要做的就是修改 Main 方法以執行這些方法。透過註解掉其中一種方法並執行程式，來測試每一種方法。執行此操作時，最好逐步瀏覽程式式碼以檢查發生了什麼事。

以下是執行 TryCatchExample 方法的輸出：

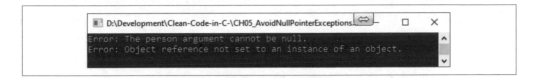

以下是執行 ArgumentNullValidatorExample 的輸出：

如果你仔細研究前面的螢幕截圖，你會發現，使用 ArgumentNullValidatorExample 時，我們僅記錄了一次錯誤（error）。使用 TryCatchExample 拋出例外時，該例外被記錄了兩次。

第一次，我們有一則有意義的訊息，但是第二次，該訊息是「神秘的」（cryptic，即有隱藏意義且需要解密的）。然而，由呼叫方法（即 Main）所記錄的例外根本不是神秘的。實際上，這非常有幫助，因為它向我們顯示了「Person 參數的值」不能為 null。

希望本節向你展示了在使用建構函式和方法之前「檢查」參數的價值。透過這樣做，你可以看到「參數驗證器」如何減少程式碼，進而使程式碼更具可讀性。

接下來，我們將實作針對特定例外的業務規則。

業務規則例外

「技術例外」（technical exception）指的是因為程式設計師的錯誤和／或環境問題（例如沒有足夠的磁碟空間）而由電腦程式拋出的例外。

但是「業務規則例外」是不同的。「業務規則例外」暗示「某種行為」是預期會發生的，並被用來控制程式流程，然而，事實上，例外應該是程式正常流程的一個例外狀況，而不是某個方法的預期輸出。

舉例來說，假設有一個人想從 ATM 中提取 100 英鎊，但是他的帳戶中只有 0 英鎊，且無法透支。ATM 接受使用者提取 100 英鎊的請求，因此發出 Withdraw(100); 的命令。Withdraw 方法檢查餘額，發現帳戶金額不足，於是拋出 InsufficientFundsException()。

你可能會認為，擁有這類例外是一個好主意，因為它們是明確的，且有助於發現問題，以便你可以在收到這類例外時採取非常具體的措施——但萬萬不能！這並不是一個好主意。

在這種情況下，當使用者提交請求時，應檢查「所請求的金額」以判斷是否可以提取。如果可以，則交易應按照使用者的要求進行。但是，如果驗證檢查確定該交易無法繼續進行，則該程式應遵循「正常的程式流程」來取消交易，並在「不拋出例外」的情況下通知發出請求的使用者。

在我們剛剛看到的這個提款情境中，程式設計師已經正確考慮了程式的正常流程和不同的結果。程式流程中適當使用了布林檢查，來允許「成功的提款交易」並防止「不被允許的提款交易」。

讓我們看看如何使用**業務規則例外**（Business Rule Exceptions，**BRE**），從「不允許透支的銀行帳戶」中提取款項。然後，我們將研究如何實作相同的方案，但使用正常程式流程而不是使用 BRE。

啟動一個新的控制台應用程式，並新增兩個名為 BankAccountUsingExceptions 和 BankAccountUsingProgramFlow 的資料夾。使用以下程式碼更新你的 void Main(string[] args) 方法：

```
private static void Main(string[] args)
{
    var usingBrExceptions = new UsingBusinessRuleExceptions();
    usingBrExceptions.Run();
    var usingPflow = new UsingProgramFlow();
    usingPflow.Run();
}
```

前面的程式碼執行了每一個狀況：UsingBusinessRuleExceptions() 展示了運用例外作為「預期輸出」來控制程式流程，而 UsingProgramFlow() 展示了在不使用「特殊條件」的情況下控制程式流程的簡潔方法。

現在，我們需要一個類別，來保存我們目前的帳戶資訊。因此，將一個名為 CurrentAccount 的類別新增到 Visual Studio 控制台專案中，如下所示：

```
internal class CurrentAccount
{
    public long CustomerId { get; }
    public decimal AgreedOverdraft { get; }
    public bool IsAllowedToGoOverdrawn { get; }
    public decimal CurrentBalance { get; }
    public decimal AvailableBalance { get; private set; }
    public int AtmDailyLimit { get; }
    public int AtmWithdrawalAmountToday { get; private set; }
}
```

這個類別的屬性只能透過建構函式在內部或外部設定。現在，新增一個建構函式，並將「客戶識別字」（customer identifier）作為唯一的參數：

```
public CurrentAccount(long customerId)
{
    CustomerId = customerId;
    AgreedOverdraft = GetAgreedOverdraftLimit();
    IsAllowedToGoOverdrawn = GetIsAllowedToGoOverdrawn();
    CurrentBalance = GetCurrentBalance();
    AvailableBalance = GetAvailableBalance();
    AtmDailyLimit = GetAtmDailyLimit();
    AtmWithdrawalAmountToday = 0;
}
```

目前的「帳戶建構函式」將初始化所有屬性。如前面的程式碼所示，某些屬性是使用方法來初始化的。讓我們依序實作每個方法：

```
private static decimal GetAgreedOverdraftLimit()
{
    return 0;
}
```

GetAgreedOverdraftLimit() 會回傳帳戶上議定的「透支限額」的值。在此範例中，它被寫死為零。但是在實際的情境中，它將從配置檔案（configuration file）或其他資料儲存中提取實際數字。這將允許「非技術使用者」更新議定的「透支額度」，而開發人員不必更改程式碼。

GetIsAllowedToGoOverdrawn() 決定帳戶是否可以透支，即使尚未達成協議（例如：某些銀行允許透支）。在這種情況下，我們只會回傳 false，即可確定該帳戶無法透支：

```
private static bool GetIsAllowedToGoOverdrawn()
{
    return false;
}
```

出於本範例的目的，我們將在 GetCurrentBalance() 方法中將使用者的帳戶餘額設定為 250 英鎊：

```
private static decimal GetCurrentBalance()
{
    return 250.00M;
}
```

作為我們範例的一部分，我們需要確保，即使這個人的帳戶中有 250 英鎊，但若是他的「可用餘額」少於這個金額，他也無法提取超出「可用餘額」的額度，因為這會導致「透支」。為此，我們將在 GetAvailableBalance() 方法中將「可用餘額」設定為 173.64 英鎊：

```
private static decimal GetAvailableBalance()
{
    return 173.64M;
}
```

在英國，ATM 機器最多可讓你提取 200 英鎊或 250 英鎊。因此，在 GetAtmDailyLimit() 方法中，我們將 ATM 的「每日限額」設定為 250 英鎊：

```
private static int GetAtmDailyLimit()
{
    return 250;
}
```

讓我們透過使用「業務規則例外」和「正常程式流程」來處理程式中的不同條件，為這兩種情況編寫程式碼。

範例 1：使用「業務規則例外」來處理條件

在你的專案中新增一個名為 UsingBusinessRuleExceptions 的新類別，然後新增以下 Run() 方法：

```
public class UsingBusinessRuleExceptions
{
    public void Run()
    {
        ExceedAtmDailyLimit();
        ExceedAvailableBalance();
    }
}
```

Run() 方法呼叫了兩個方法：

- 第一個方法是 ExceedAtmDailyLimit()。這個方法刻意地超過 ATM 所允許的每日提款金額。ExceedAtmDailyLimit() 會導致 ExceededAtmDailyLimitException。
- 接著，第二個方法 ExceedAvailableBalance() 被呼叫了，並刻意地引起 InsufficientFundsException。新增 ExceedAtmDailyLimit() 方法如下：

```
private void ExceedAtmDailyLimit()
{
    try
    {
        var customerAccount = new CurrentAccount(1);
        customerAccount.Withdraw(300);
        Console.WriteLine("Request accepted. Take cash and card.");
    }
    catch (ExceededAtmDailyLimitException eadlex)
    {
        Console.WriteLine(eadlex.Message);
    }
}
```

ExceedAtmDailyLimit() 方法建立了一個新的 CustomerAccount 方法，並傳入以數字 1 表示的客戶識別字。接著，我們嘗試提取 300 英鎊。如果該請求成功，那麼這則訊息會被列印到控制台視窗：Request accepted. Take cash and card.（請求已接受，請拿取現金和卡片）。如果該請求失敗，那麼該方法將捕獲 ExceededAtmLimitException 並將例外的訊息輸出到控制台視窗：

```
private void ExceedAvailableBalance()
{
    try
    {
        var customerAccount = new CurrentAccount(1);
        customerAccount.Withdraw(180);
        Console.WriteLine("Request accepted. Take cash and card.");
    }
    catch (InsufficientFundsException ifex)
    {
        Console.WriteLine(ifex.Message);
    }
}
```

ExceedAvailableBalance() 方法建立了一個新的 CurrentAccount，並傳入以數字 1 表示的客戶識別字。然後我們嘗試提取 180 英鎊。由於 GetAvailableMethod() 回傳了 173.64 英鎊，因此該方法將導致 InsufficientFundsException。

由此，我們已經了解如何使用「業務規則例外」來管理不同的條件。現在，讓我們看看使用「正常程式流程」來管理這些相同條件的正確做法（不使用例外）。

範例 2：使用「正常程式流程」來處理條件

新增一個名為 UsingProgramFlow 的類別，然後新增以下程式碼：

```
public class UsingProgramFlow
{
    private int _requestedAmount;
    private readonly CurrentAccount _currentAccount;

    public UsingProgramFlow()
    {
        _currentAccount = new CurrentAccount(1);
```

```
        }
    }
```

在 UsingProgramFlow 類別的建構函式中，我們將建立一個新的 CurrentAccount 類別並傳遞客戶識別字。接下來，我們將新增 Run() 方法：

```
public void Run()
{
    _requestedAmount = 300;
    Console.WriteLine($"Request: Withdraw {_requestedAmount}");
    WithdrawMoney();
    _requestedAmount = 180;
    Console.WriteLine($"Request: Withdraw {_requestedAmount}");
    WithdrawMoney();
    _requestedAmount = 20;
    Console.WriteLine($"Request: Withdraw {_requestedAmount}");
    WithdrawMoney();
}
```

Run() 方法將 _requestedAmount 變數設定了三次。每次執行此操作時，在呼叫 WithdrawMoney() 方法之前，都會在控制台視窗上顯示一則訊息，指出提款的金額。現在，新增 ExceedsDailyLimit() 方法：

```
private bool ExceedsDailyLimit()
{
    return (_requestedAmount > _currentAccount.AtmDailyLimit)
        || (_requestedAmount + _currentAccount.AtmWithdrawalAmountToday >
    _currentAccount.AtmDailyLimit);
}
```

如果 _requestedAmount 超過 ATM 的每日提款限額，那麼 ExceedDailyLimit() 方法將會回傳 true。否則，它將會回傳 false。現在，新增 ExceedsAvailableBalance() 方法：

```
private bool ExceedsAvailableBalance()
{
    return _requestedAmount > _currentAccount.AvailableBalance;
}
```

如果「請求的金額」大於「可提取的金額」，則 ExceedsAvailableBalance() 方法會回傳 true。讓我們進入最後一個方法，名為 WithdrawMoney()：

```
private void WithdrawMoney()
{
    if (ExceedsDailyLimit())
        Console.WriteLine("Cannot exceed ATM Daily Limit. Request
denied.");
    else if (ExceedsAvailableBalance())
        Console.WriteLine("Cannot exceed available balance. You have
no agreed
        overdraft facility. Request denied.");
    else
        Console.WriteLine("Request granted. Take card and cash.");
}
```

WithdrawMoney() 方法不使用 BRE 來控制程式流程。反之，此方法呼叫了「布林驗證方法」來確定程式流程。如果 _requestedAmount 超出了 ATM 的每日限額（由「對 ExceedsDailyLimit() 的呼叫」所決定），那麼該請求將被拒絕。否則，將會執行下一個檢查，以查看 _requestedAmount 是否大於 AvailableBalance。如果是的話，該請求會被拒絕；如果不是，則會執行「同意請求」的程式碼。

我希望你可以看到，使用「可用邏輯」來控制程式的流程，會比「預期會拋出例外」來得更有意義。程式碼將更簡潔，也更正確。例外應該是用來「保留」給例外情況的，而不是業務需求的一部分。

以正確的方式提出適當的例外時，使之具有意義是很重要的。隱含的錯誤訊息對任何人都沒有好處，實務上更可能為終端使用者或開發人員增加不必要的壓力。現在，我們將研究如何為「電腦程式」拋出的任何例外提供有意義的資訊。

例外應提供有意義的資訊

「聲稱『沒有錯誤（There is no error）』然後便殺死（kill，終止）程式」，像這樣的嚴重錯誤是一點幫助也沒有的。我曾站在第一線，親自處理過實際的『沒有錯誤』嚴重例外（critical exception），這個嚴重例外導致應用程式無法正常執行。但這則訊息卻告知我們沒有錯誤。好吧，如果沒有錯誤，那麼為什麼螢幕上會出現嚴重的例外警告？

為什麼我無法繼續使用該應用程式？很顯然地，要拋出嚴重例外，某處必然有嚴重例外。但是在哪裡呢？又是為什麼呢？

讓這類例外更加惱人的情況是，它們深植於你正在使用的框架或函式庫當中（也就是說，你無法控制），而且你無法存取原始碼。這類例外令程式設計師感到沮喪並說出負面的話。我曾犯過同樣的錯誤，就我所知，許多經驗豐富的同事也都這樣做過。感到沮喪的主要原因之一是這個「無益的事實」，即程式碼拋出了錯誤並通知了使用者或程式設計師，但並沒有提供「有用的資訊」來建議問題出在哪裡、應在哪裡查看它，甚至是應該採取什麼補救措施。

例外必須提供對人類友善（human-friendly）的資訊，尤其是為那些面對科技而感到困難重重的人。在開發「閱讀障礙測驗和評估軟體」（dyslexia testing and assessment software）期間，我曾與許多教師和 IT 技術人員一起工作。

可以說，在回應軟體的例外訊息時，許多只有各種能力的 IT 技術人員和教師通常都一無所知。

其中一個讓許多終端使用者感到困惑的錯誤是 **Error 76: Path not found**（找不到路徑）。這是一個古老的 Microsoft 例外，可以追溯到 Windows 95，而且至今仍然存在。這則錯誤訊息對使用「拋出此例外的軟體」的終端使用者來說，是完全沒有幫助的。對於終端使用者來說，有用的是要了解「找不到哪個檔案和位置」，以及知道「應該採取什麼步驟來糾正這種情況」。

一個可能的解決方案是實作以下步驟：

1. 檢查位置是否存在。
2. 如果該位置不存在或存取被拒絕，則視需要顯示「檔案儲存或開啟」的對話框。
3. 將「使用者選擇的位置」儲存到配置檔案（configuration file）中，以備將來使用。
4. 在後續執行相同程式碼的過程中，使用「使用者設定的位置」。

但是，如果你仍選擇顯示錯誤訊息，那麼你至少應該提供遺失的位置以及／或者檔案的名稱。

話雖如此，現在是時候看看我們如何建置自己的例外，以提供適量的資訊，這些資訊將協助終端使用者和程式設計師。但請注意：你必須小心，不要洩露機敏資訊或資料。

建立你的自訂例外

Microsoft .NET Framework 已經具有大量可以拋出的例外。但是在某些情況下，你可能需要自訂的例外，以提供更詳細的資訊，或者在其名稱（terminology）上對終端使用者更加友善。

因此，我們現在要研究一些基本要求，以建置自己的自訂例外。建置自訂例外意外地簡單，你所需要做的，就是給你的類別一個「以 Exception 結尾」並從 System.Exception 繼承的名稱。然後，你需要新增三個建構函式，如下面的程式碼範例所示：

```
public class TickerListNotFoundException : Exception
{
    public TickerListNotFoundException() : base()
    {
    }

    public TickerListNotFoundException(string message)
        : base(message)
    {
    }

    public TickerListNotFoundException(
        string message,
        Exception innerException
    )
        : base(message, innerException)
    {
    }
}
```

TickerListNotFoundException 繼承自 System.Exception 類別。它包含三個必要（mandatory）的建構函式：

- 預設的建構函式
- 接受「文字字串」作為例外訊息的建構函式

- 接受「文字字串」作為例外訊息並接受「Exception 物件」作為內部例外的建構函式

現在，我們將編寫和執行這三種方法，這些方法將使用我們每個自訂例外的建構函式。你將能夠清楚地看到「使用自訂例外建立更有意義的例外」的好處：

```
static void Main(string[] args)
{
    ThrowCustomExceptionA();
    ThrowCustomExceptionB();
    ThrowCustomExceptionC();
}
```

前面的程式碼顯示了我們更新的 Main(string[] args) 方法，以執行我們的三個方法。它們將依次測試我們每個自訂例外的建構函式：

```
private static void ThrowCustomExceptionA()
{
    try
    {
        Console.WriteLine("throw new TickerListNotFoundException();");
        throw new TickerListNotFoundException();
    }
    catch (Exception tlnfex)
    {
        Console.WriteLine(tlnfex.Message);
    }
}
```

ThrowCustomExceptionA() 方 法 使 用「 預 設 建 構 函 式 」 拋 出 新 的 TickerListNotFoundException。執行程式碼時，控制台視窗顯示的訊息會通知使用者 CH05_CustomExceptions.TickerListNotFoundException 已被拋出：

```
private static void ThrowCustomExceptionB()
{
    try
    {
        Console.WriteLine("throw new
        TickerListNotFoundException(Message);");
        throw new TickerListNotFoundException("Ticker list not found.");
    }
```

```
        catch (Exception tlnfex)
        {
            Console.WriteLine(tlnfex.Message);
        }
    }
```

透過使用「接受文字訊息的建構函式」，ThrowCustomExceptionB() 會拋出新的 TickerListNotFoundException。在這種情況下，將會通知終端使用者「沒有找到股票代號清單（ticker list）」：

```
private static void ThrowCustomExceptionC()
{
    try
    {
        Console.WriteLine("throw new TickerListNotFoundException(Message,
         InnerException);");
        throw new TickerListNotFoundException(
            "Ticker list not found for this exchange.",
            new FileNotFoundException(
                "Ticker list file not found.",
                @"F:\TickerFiles\LSE\AimTickerList.json"
            )
        );
    }
    catch (Exception tlnfex)
    {
        Console.WriteLine($"{tlnfex.Message}\n{tlnfex.InnerException}");
    }
}
```

最後，ThrowCustomExceptionC() 方法透過使用「接受文字訊息和內部例外的建構函式」來拋出 TickerListNotFoundException。在我們的範例中，我們提供了一則有意義的訊息，指出「沒有找到這個交易所的股票代號清單」。內部的 FileNotFoundException 更進一步指出沒有找到的這個特定檔案的「名稱」，而這個檔案的「名稱」恰好是**倫敦證券交易所**（London Stock Exchange，**LSE**）另類投資市場（AIM）上市公司的股票代號清單。

在這裡，我們可以看到建立自訂例外的真正優勢。但是大多數的情況下，在 .NET Framework 中使用內部例外就足夠了。自訂例外的主要好處是它們是更有意義的例外，有助於除錯（debugging）和解決問題（resolution）。

以下簡單列出「C# 例外處理」的最佳做法：

- 使用 try/catch/finally 區塊從錯誤中恢復或釋放資源。
- 處理常見條件而不拋出例外。
- 設計類別以避免例外。
- 拋出例外，而不是回傳錯誤程式碼。
- 使用預先定義的 .NET 例外類型。
- 使用 **Exception** 作為「例外類別名稱」的結尾。
- 在自訂例外類別中包括三個建構函式。
- 當程式碼遠端執行時，請確保例外資料可用。
- 使用語法正確的錯誤訊息。
- 在每個例外中都包含區域的（localized）字串訊息。
- 在自訂例外中，根據需要提供其他屬性。
- 放置 throw 敘述句，以便 Stack Trace（堆疊追蹤，又譯堆疊追溯）能有所幫助。
- 使用「例外建置器方法」（exception builder method）。
- 當方法因為例外而無法完成時，請重置其狀態。

現在，該總結我們在例外處理方面所學到的知識了。

小結

在本章中，我們學到了已檢查的例外和未檢查的例外。已檢查的例外可防止「算術溢位條件」進入產品程式碼（production code）中，因其會在執行時被捕獲。未檢查的例外在編譯時未經檢查，則通常會進入產品程式碼中。這可能會因為「意外的資料值」而導致程式碼出現一些「難以追蹤」（hard-to-track-down）的錯誤，甚至拋出例外，進而導致程式終止。

我們也探討常見的 NullPointerException 以及如何驗證使用「自訂的 Attribute 和 Validator 類別」傳入的參數，而這些類別都位於方法的頂端。它們允許你在驗證失敗時提供有意義的回饋。從長遠來看，這將會讓程式更強健。

接著，我們使用 **BRE** 來控制程式流程。我們展示了如何透過「預期的例外輸出」來控制程式流程。然後，我們講解如何使用條件檢查（而不使用例外）來更好地控制電腦程式碼。

我們也說明了提供「有意義的例外訊息」的重要性，以及如何做到這一點，即透過編寫自己的自訂例外（繼承自 Exception 類別並實作所需的三個參數）。我們也提供了範例，讓你了解如何使用自訂例外，以及它們如何有助於除錯和解決問題。

現在，讓我們做一些練習題，來應用你學到的知識。如果你想進一步探索本章主題，我們也提供了延伸閱讀供你參考。

在下一章中，我們將研究單元測試，以及如何先編寫測試再讓它們失敗。然後，我們將編寫剛好足夠（just enough）的程式碼，使測試通過，並在進入下一個單元測試之前重構程式碼。

練習題

1. 什麼是已檢查的例外？
2. 什麼是未檢查的例外？
3. 什麼是算術溢位例外？
4. 什麼是 NullPointerException ？
5. 如何驗證「空（null）參數」以改善整體程式碼？
6. BRE 代表什麼？
7. BRE 的做法是好還是壞？你為什麼這樣認為？
8. BRE 的替代品是什麼？它是好還是壞？你為什麼這樣認為？
9. 你如何提供有意義的例外訊息？
10.編寫自己的自訂例外有什麼要求？

延伸閱讀

- 這篇官方文件說明在 .NET 中如何處理和拋出例外：`https://docs.microsoft.com/en-us/dotnet/standard/exceptions/`。
- 這篇《*5 Reasons Why Business Exceptions Are a Bad Idea*》的作者原本認為 BRE 是一個好主意，但他在這篇文章中提供了 5 個理由，說明為何 BRE 是一個壞主意。這篇文章中也有本章沒有討論到的額外資訊：`https://reflectoring.io/business-exceptions/`。
- Microsoft 也提供了處理 C# 例外狀況的最佳做法，以及程式碼範例和說明：`https://docs.microsoft.com/en-us/dotnet/standard/exceptions/best-practices-for-exceptions`。

6

單元測試

我們已經研究了例外處理、如何正確地實作它,以及當問題發生時,這對客戶和程式設計師有何幫助。在本章中,我們將說明程式設計師如何實作自己的**品質保證**(quality assurance,**QA**),以提供高品質的強健程式碼,而且不太可能在生產環境(production,正式環境)中產生例外。

我們首先看看為什麼應該測試我們自己的程式碼,以及進行良好測試的原因。接著,我們將說明可供 C# 程式設計師使用的幾種測試工具。然後,我們繼續討論單元測試的三大支柱,即「失敗」(Fail)、「通過」(Pass)和「重構」(Refactor)。最後,我們會研究多餘的單元測試以及為什麼要刪除它們。

在本章中,我們將介紹以下主題:

- 了解進行良好測試的原因
- 了解測試工具
- TDD 方法論實務:「失敗」、「通過」和「重構」
- 刪除冗餘測試、註解和無效程式碼

讀完本章,你將獲得以下能力:

- 你將能夠描述良好程式碼的好處
- 你將能夠描述「不做單元測試」可能產生的負面影響
- 你將能夠安裝和使用 MSTest,來編寫和執行單元測試

- 你將能夠安裝和使用 NUnit，來編寫和執行單元測試
- 你將能夠安裝和使用 Moq，來編寫假的（模擬的）物件
- 你將能夠安裝和使用 SpecFlow，來編寫符合客戶規格（customer specification）的軟體
- 你將能夠編寫失敗的測試，接著讓它們通過，然後再執行必要的重構

技術要求

讀者可以造訪以下連結，存取本章的程式碼檔案：`https://github.com/PacktPublishing/Clean-Code-in-C-/tree/master/CH06`。

了解進行良好測試的原因

作為程式設計師，從事你認為有趣的新開發專案是很棒的，尤其是在你極有動力這樣做的時候。但是，如果你被叫去處理 bug，你可能會非常沮喪。如果處理的不是你自己的程式碼，你的感覺會更糟，因為你對程式碼背後的原理並沒有充分理解。更糟糕的是，如果這是你自己的程式碼，但卻出現了『我到底在想什麼啊？』的時刻！當你經常必須放下新開發專案去維護舊有程式碼，你就越能體會單元測試的重要性。累積了許多心得之後，你會開始發現學習「測試方法和技術」的真正好處，例如：**測試驅動開發**（Test-Driven Development，**TDD**）和**行為驅動開發**（Behavioral-Driven Development，**BDD**）。

在花費一段時間維護其他人的程式碼之後，你會看到好的、壞的和醜陋的程式碼。這樣的程式碼可被視為一種正向的教育，讓你知道好的程式設計方式應該是「什麼不該做」以及「為何不該做」。壞程式碼可能會讓你大喊『不！不行！』，而醜陋的程式碼會讓你霧裡看花、頭皮發麻。

直接與客戶打交道並為他們提供技術支援，你就會發現「良好的客戶體驗」對企業成功至關重要。相反的，你還會看到「不良的客戶體驗」將帶來非常沮喪、憤怒甚至出言不遜的客戶。而來自社群媒體和評論網站的客戶負評，將造成大量的客戶退款和客戶流失，進而導致銷售額急速下降。

身為技術負責人（tech lead），你有責任執行技術程式碼審查（technical code reviews），以確保員工遵守公司的程式碼撰寫準則和政策、為 bug 做檢傷分類

（Triage），並協助專案經理管理你負責領導的人員。作為技術負責人，你必須擅長高階的專案管理、需求的收集和分析、架構設計及整潔程式設計。同時，你還需具備良好的社交能力。

你的專案經理只對根據業務需求「按時」及「按預算」交付專案感興趣。他們真的不在乎你如何編寫軟體。他們只在乎你能「按時」並「在預算內」完成軟體。最重要的是，他們關心「發布的軟體」是否完全符合企業要求——不多也不少——且該軟體必須符合最高品質、合乎專業標準，因為程式碼的好壞將是提升或破壞品牌形象的關鍵。當專案經理選擇用苛刻的態度面對你，你知道公司讓他們承受巨大的壓力，於是壓力也落到你身上。

作為技術負責人，你將被夾在「專案經理」和「專案團隊」的中間。在日常工作中，你將舉行 Scrum 會議並處理問題，像是 coder 需要分析人員提供資源，以及測試人員正在等待開發人員修復 bug 等等。但是，最困難的工作是進行程式碼同儕審查並提供建設性的回饋，以在不冒犯他人的情況下獲得期望的結果。這就是為什麼你應該非常認真地撰寫 clean code 的原因，畢竟，如果你批評某個人的程式碼，而你自己的程式碼亦不符合要求，你將無法令人心服口服，可能引起反彈。此外，如果軟體測試失敗或出現大量的 bug，你還會被專案經理嚴厲斥責。

因此，作為技術負責人，鼓勵 TDD 是一個好主意。做到這一點的最佳方法是「以案例為導向」（leading by example）。現在我知道，即使是受過良好教育且經驗豐富的程式設計師也可能對 TDD 望而卻步。最常見的原因之一是它可能很難學習、難以實踐，而且似乎更耗時，尤其是當程式碼變得越來越複雜的時候。我曾遇過同事們表達反對意見，他們不願進行單元測試。

但是身為一位程式設計師，如果你要真正有信心（一旦你編寫了一段程式碼，你就會對它的品質充滿信心，並相信它未來不會被退還給你，讓你修復自己的 bug），那麼，TDD 將是你在「寫程式遊戲」中「破關升等」的絕佳方式。在開始程式設計之前，先進行測試，它很快就會成為習慣。這種習慣對身為程式設計師的你來說，是非常有用、有益的，尤其是當有新職缺出現的時候，許多就業機會都會優先考慮具備 TDD 或 BDD 經驗的人。

編寫程式碼時，還有另一件需要留心的事：在一個無足輕重的筆記應用程式中出現 bug 並不是世界末日，但如果你是在國防或衛生部門工作呢？請想像一個大規模的毀滅性武器，該武器已被設定朝著特定方向前進，以擊中敵方領土上的特定目標，但是出了問

題，該導彈瞄準了屬於你盟友的平民。或者，請想像另一個例子，你的親人依賴關鍵維生系統維持生命，卻因為醫療設備軟體中的 bug（這是你自己的錯）而導致死亡。再舉一個例子，當客機飛越人口稠密地區時，由於安全軟體出現問題而導致飛機墜落地面，造成飛機全毀，機上人員與地面平民嚴重傷亡……

若軟體越關鍵（越重要），就越需要認真使用單元測試技術（例如 TDD 和 BDD）。我們將在本章後面討論 BDD 和 TDD 工具。在編寫軟體時，請考慮如果你是客戶，而你編寫的程式碼出了問題，將會對你造成怎樣的影響。它會如何影響你的家人、朋友和同事？另外，如果你要為重大失敗負責，請同時思考一下道德和法律的議題。

重要的是要理解，為什麼身為程式設計師，你應該學會測試自己的程式碼。有句話說：『程式設計師永遠不要測試自己的程式碼（programmers should never test their own code）』，但是這句話只有在「程式碼已完成，並準備好在投入生產之前進行測試」的情況下才是正確的。因此，當你仍處於編寫程式碼的階段時，程式設計師永遠應該要測試自己的程式碼。不過，有些企業因為時間緊迫，通常會選擇犧牲適當的 QA，好讓企業產品能夠搶先進入市場。

對於一家企業而言，搶占先機可能很重要，但其實第一印象更為重要。即使企業搶先進入市場，但該產品卻有嚴重缺陷，並在全球惡名遠播，那麼這可能會對企業產生長期的負面影響。因此，作為程式設計師，你必須認真思考，並盡最大努力確保「如果軟體存在缺陷，則錯不在你」。當企業出現問題時，有人就要倒大楣了（人頭就要落地了！）在所謂的 Teflon Management 中，經理人會把「設定荒謬 deadline」的責任，全部歸咎給「必須趕上 deadline 而為此做出犧牲」的程式設計師。（**編輯注：**Teflon，鐵氟龍塗層，即耳熟能詳的不沾鍋塗層，暗喻「置身事外、推卸責任、事不關己」的管理人或管理方式，讀者可以參考 https://dictionary.cambridge.org/dictionary/english/teflon 中形容詞的英文定義，或是這篇關於 Teflon Man 的文章：https://pragmaticleadership.wordpress.com/2015/05/02/the-teflon-man/。）

因此，你可以看到，作為程式設計師，「經常測試你的程式碼」是一件非常重要的事，尤其是在將其發布給測試團隊之前。這就是為什麼我要積極鼓勵你，以你目前實作的規格為基礎，將「編寫測試」融入你的思維和習慣之中。你的測試會在一開始時失敗，然後你會編寫足夠的程式碼，好讓測試通過，然後再根據需要來重構程式碼。

TDD 或 BDD 很難入門。但是一旦掌握了它，TDD 和 BDD 就會習慣成自然。從長遠來看，你可能會發現，你的程式碼將會變得更清晰，且易於閱讀和維護。你還會發現，

對自己「修改程式碼而不破壞程式碼」的功力更具信心。很顯然地,從某種程度上來說,你擁有的「生產方法」和「測試方法」的程式碼會變得更多。但是實際上,你最終可能會編寫更少的程式碼,因為你不會增加你認為可能需要的額外程式碼!

想像一下,在你的電腦上有一個軟體規格,你必須將之轉換至工作軟體上。許多程式設計師都有一個壞習慣(而我過去也曾犯過同樣的錯),那就是不做任何「實際的設計工作」便直接開始 coding。以我自身的經驗來說,這實際上會延長開發程式碼所需的時間,而且通常會導致出現更多的 bug,甚至難以維護和擴展程式碼。事實上,儘管對於某些程式設計師來說這似乎是違反直覺的,但是「正確的規劃和設計」確實可以加快撰寫程式碼的速度,尤其是在考慮維護和擴展的時候。

這就是測試團隊的職責所在。在進一步介紹之前,讓我們描述「使用案例」、「測試設計」、「測試案例」和「測試套件」,以及它們之間的關係。

一個「使用案例」(use case)說明了單一操作(例如新增客戶記錄)的流程。一個「測試設計」(test design)將包含一個或多個測試案例,它們針對單一使用案例可能發生的不同場景進行測試。「測試案例」(test case)可以手動執行,也可以是由測試套件執行的自動化測試。「測試套件」(test suite)是用於發現和執行測試並向終端使用者報告測試結果的軟體。使用案例的編寫將由「業務分析師」負責。至於測試設計、測試案例和測試套件,這些將由「專門的測試團隊」負責。開發人員不必擔心把「使用案例」、「測試案例的測試設計」以及「它們在測試套件中的執行」放在一起。開發人員必須專注於編寫和使用其「單元測試」來編寫程式碼,經過「失敗」、「通過」的過程,然後再根據需要進行「重構」。

軟體測試人員與程式設計師合作。這種合作通常從專案開始就啟動,一直持續到最後。開發團隊和測試團隊將透過共享每個產品待辦事項(product backlog item)的測試案例進行協作。此過程通常包括編寫測試案例。為了使測試通過,他們必須滿足測試標準。這些測試案例通常是結合「手動測試」和一些「測試套件自動化」來執行的。

在開發階段,測試人員編寫其 QA 測試,而開發人員編寫其單元測試。當開發人員將程式碼提交給測試團隊時,測試團隊將進行一系列的測試。這些測試的結果將回饋給開發人員和專案利害關係人(project stakeholder)。如果遇到問題,這被稱為技術債(technical debt)。開發團隊將必須及時解決測試團隊所提出的問題。當測試團隊確認軟體已完成所需的品質等級時,則將程式碼傳遞到基礎架構(infrastructure)上,以投入生產。

假設我們正在啟動一個全新的專案（也被稱為「未開發專案」，Greenfield Project），我們將選擇適當的專案類型，然後勾選包含測試專案的選項。這將會建立一個包含「主專案」和「測試專案」的解決方案。

我們建立的專案類型以及要實作的專案當中的任何功能，都將取決於使用案例。在系統分析過程中，使用案例用於識別、確認和組織軟體需求。根據使用案例，可以將測試案例對應到驗收標準。作為程式設計師，你可以使用這些使用案例及其測試案例，來為每個測試案例建立自己的單元測試。然後，你的測試將作為測試套件的一部分來執行。在 Visual Studio 2019 中，你可以從 **View | Test Explorer** 選單中存取 **Test Explorer**。當你建置專案後，將會發現測試就在其中，並可以在 **Test Explorer** 中檢視。然後，你就可以在 **Test Explorer** 中執行和／或偵錯該測試。

值得注意的是，在這個階段，「設計測試」並「提出適當數量的測試案例」是由測試人員所負責，而非開發人員。一旦軟體移交給開發人員，他們還將負責 QA。不過，對程式碼進行單元測試仍然是開發人員的責任，而這正是「測試案例」可以真正協助和激勵你「在程式碼中編寫單元測試」的地方。

建立解決方案之後，你要做的第一件事就是打開所提供的測試類別。在該測試類別中，你會編寫必須要完成的虛擬程式碼（pseudocode）。然後，你將一步步地追蹤此虛擬程式碼，並新增測試方法，以測試為了實作完整軟體專案的目標而必須完成的每個步驟。你編寫的每個測試方法都將會「失敗」；接下來，你只需編寫足夠的程式碼即可「通過」測試；然後，一旦測試通過，就可以「重構」程式碼，接著再進行下一個測試。因此，你可以看到單元測試並非遙不可及的科學。但是編寫一個好的單元測試需要什麼呢？

任何「正在測試的程式碼」都應提供特定的函數。一個函數會接受輸入並產生輸出。

在正常執行的電腦程式中，一種方法（或函數）將具有「可接受的」輸入和輸出範圍，以及具有「不可接受的」輸入和輸出範圍。因此，理想的單元測試將會測試「最低可接受值」（lowest acceptable value）和「最高可接受值」（highest acceptable value），並且提供超出高值和低值可接受範圍的測試案例。

單元測試必須是原子性的（atomic），這表示它們只能測試一件事。由於方法可以在同一個類別中甚至在多個「組件」（assembly）中的多個類別之間連結在一起，因此，

為「被測試類別」提供偽造（fake）或模擬（mock）物件通常是很有用的，以保持其原子性。而輸出必須明確指出它是「通過」還是「失敗」。好的單元測試絕對不能是無定論的（inconclusive，不明的）。

測試的結果應該是可重複的（repeatable），因為在給定條件下，它不是永遠通過就是永遠失敗。也就是說，一次又一次地執行相同的測試，每次執行都不應該有不同的結果。如果會有不同的結果，那麼它就是不可重複的。單元測試不必依賴於在它們之前執行的其他測試，而且應該與其他方法和類別隔離開來。你的目標應該是「以毫秒為單位」執行的單元測試。任何需要一秒鐘或更長時間才能執行的測試都花費了太長的時間。如果程式碼花費的時間超過一秒鐘，那麼你應該考慮重構或實作「模擬物件」以進行測試。此外，由於我們程式設計師很忙，所以單元測試應該易於設定，而且不需要大量的程式碼撰寫或配置。下圖顯示了單元測試的生命週期：

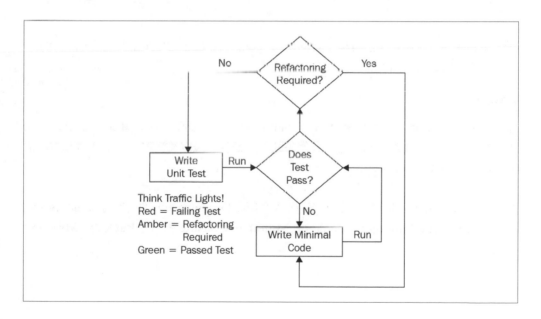

在本章中，我們將編寫單元測試和模擬物件。但是在這樣做之前，我們需要查看一些可供 C# 程式設計師使用的工具。

了解測試工具

我們將在 Visual Studio 中使用的測試工具是 **MSTest**、**NUnit**、**Moq** 和 **SpecFlow**。每個測試工具都會建立一個控制台應用程式和相關的測試專案。NUnit 和 MSTest 是單元測試的框架。NUnit 比 MSTest 古老得多，因此與 MSTest 相比，NUnit 具有更成熟和功能齊全的 API。我個人喜歡 NUnit 更勝 MSTest。

Moq 不同於 MSTest 和 NUnit，因為它不是測試框架，而是模擬框架。模擬框架（mocking framework）會以模擬（虛假）實作來取代專案中的實際類別，以作為測試的目的。你可以將 Moq 與 MSTest 或 NUnit 一起使用。最後，SpecFlow 是一個 BDD 框架。你可以先以使用者和技術人員都可以理解的業務語言在功能檔案中編寫功能，然後為該功能生成一個步驟檔案（step file），此步驟檔案會包含實作該功能所需的步驟。

在本章結束時，你將會了解每種工具的功用，並能夠在自己的專案中使用它們。因此，讓我們從 MSTest 開始討論。

MSTest

在本節中，我們將安裝和配置 MSTest Framework。我們將使用測試方法編寫一個「測試類別」並對其進行初始化。我們將執行「組件」設定及清理、類別清理和方法清理，然後執行斷言（assertion）。

要從 Visual Studio 中的命令列安裝 MSTest Framework，你會需要從 **Tools | NuGet Package Manager | Package Manager Console** 打 開 **Package Manager Console**：

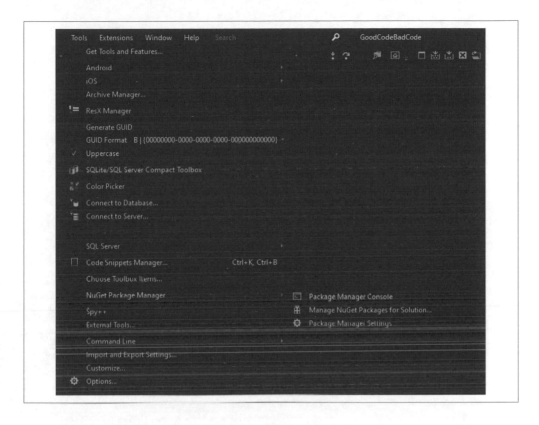

然後，執行以下三個命令來安裝 MSTest Framework：

```
install-package mstest.testframework
install-package mstest.testadapter
install-package microsoft.net.tests.sdk
```

或者，你可以新增一個新的專案，然後從 **Solution Explorer** 的 **Context | Add** 選單中選擇 **Unit Test Project (.NET Framework)**。請參見下方的螢幕截圖。命名測試專案時，可接受的標準格式為 `<ProjectName>.Tests` 的形式。這有助於將它們與「測試」相互連結，並將它們與「正在測試的專案」區分開來：

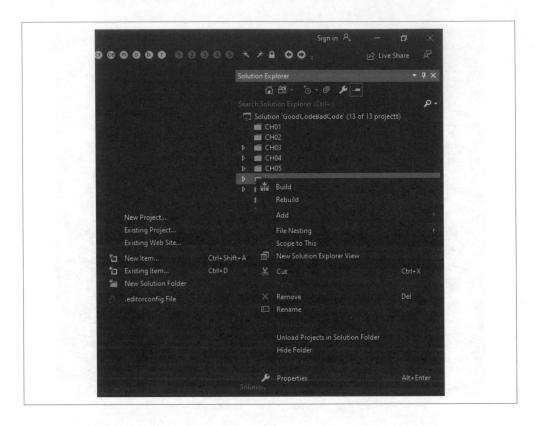

以下程式碼是將「MSTest 專案」新增到解決方案時，系統自動生成的單元測試程式碼。如你所見，該類別將匯入 Microsoft.VisualStudio.TestTools.UnitTesting 名稱空間。[TestClass] 屬性向「MS 測試框架」標示該類別是測試類別。[TestMethod] 屬性將該方法標示為測試方法。具有 [TestMethod] 屬性的所有類別都將出現在測試播放器中。

[TestClass] 和 [TestMethod] 屬性是必需的：

```
using Microsoft.VisualStudio.TestTools.UnitTesting;

namespace CH05_MSTestUnitTesting.Tests
{
    [TestClass]
    public class UnitTest1
    {
        [TestMethod]
        public void TestMethod1()
```

```
        {
        }
    }
}
```

可以選擇組合其他方法和屬性，來產生一個完整的測試執行工作流程。這些
包 括 [AssemblyInitialize]、[AssemblyCleanup]、[ClassInitialize]、
[ClassCleanup]、[TestInitialize] 和 [TestCleanup]。顧名思義，我們使用「初始
化（initialize）屬性」，在執行測試之前，於「組件、類別和方法等級」實作任何初始
化。同樣地，在執行測試以實作任何必要的清理操作之後，「清理（cleanup）屬性」
將在「方法、類別和組件等級」執行。我們將逐一查看每個物件，並將它們新增到你的
專案之中，因為在執行最終程式碼時將看到其執行順序。

WriteSeparatorLine() 方法是一個輔助方法（helper method），用於分離測試方法
的輸出。這將會幫助我們更輕鬆地遵循測試類別的內容：

```
private static void WriteSeparatorLine()
{
    Debug.WriteLine("-------------------------------------------");
}
```

另外亦可選擇在執行測試之前，將 [AssemblyInitialize] 屬性指派給執行程式碼：

```
[AssemblyInitialize]
public static void AssemblyInit(TestContext context)
{
    WriteSeparatorLine();
    Debug.WriteLine("Optional: AssemblyInitialize");
    Debug.WriteLine("Executes once before the test run.");
}
```

然後，可以在測試執行之前，選擇將 [ClassInitialize] 屬性一次性地指派給執行程
式碼（execute code）：

```
[ClassInitialize]
public static void TestFixtureSetup(TestContext context)
{
    WriteSeparatorLine();
    Console.WriteLine("Optional: ClassInitialize");
    Console.WriteLine("Executes once for the test class.");
}
```

然後,透過將 [TestInitialize] 屬性指派給設定方法(setup method),在每次單元測試之前執行設定程式碼:

```
[TestInitialize]
public void Setup()
{
    WriteSeparatorLine();
    Debug.WriteLine("Optional: TestInitialize");
    Debug.WriteLine("Runs before each test.");
}
```

完成測試的執行之後,可以選擇指派 [AssemblyCleanup] 屬性來實作任何必要的清理操作:

```
[AssemblyCleanup]
public static void AssemblyCleanup()
{
    WriteSeparatorLine();
    Debug.WriteLine("Optional: AssemblyCleanup");
    Debug.WriteLine("Executes once after the test run.");
}
```

標記為 [ClassCleanup] 的可選方法在執行了「該類別中的所有測試」之後會執行一次。你不能保證此方法何時執行,因為它可能不會在執行所有測試之後立即執行:

```
[ClassCleanup]
public static void TestFixtureTearDown()
{
    WriteSeparatorLine();
    Debug.WriteLine("Optional: ClassCleanup");
    Debug.WriteLine("Runs once after all tests in the class have been
      executed.");
    Debug.WriteLine("Not guaranteed that it executes instantly after all
      tests the class have executed.");
}
```

要在執行每個測試之後實作清理的操作,請應用測試清理方法的 [TestCleanup] 屬性:

```
[TestCleanup]
public void TearDown()
{
```

```
    WriteSeparatorLine();
    Debug.WriteLine("Optional: TestCleanup");
    Debug.WriteLine("Runs after each test.");
    Assert.Fail();
}
```

現在我們的程式碼已經就位，請建置它。然後，從 **Test** 選單中選擇 **Test Explorer**。你應該會在 **Test Explorer** 中看到以下測試。你可以從以下螢幕截圖中看到該測試尚未執行：

因此，讓我們執行唯一的測試。不好了！我們的測試失敗，如以下螢幕截圖所示：

如以下程式碼片段所示，更新 TestMethod1() 程式碼，然後再次執行測試：

```
[TestMethod]
public void TestMethod1()
{
    WriteSeparatorLine();
    Debug.WriteLine("Required: TestMethod");
    Debug.WriteLine("A test method to be run by the test runner.");
    Debug.WriteLine("This method will appear in the test list.");
    Assert.IsTrue(true);
}
```

你會在 **Test Explorer** 看到該測試已通過，如以下螢幕截圖所示：

如前面的螢幕截圖所示，你可以看到「尚未執行的測試」是藍色的、「失敗的測試」是紅色的、「通過的測試」是綠色的。在 **Tools | Options | Debugging | General** 中，請選擇 **Redirect all Output Window text to the Immediate Window**。接著，再選擇 **Run | Debug All Tests**。

當你執行測試並將輸出列印到 **Immediate Window** 時，屬性的執行順序會變得很明顯。以下螢幕截圖顯示了我們測試方法的輸出：

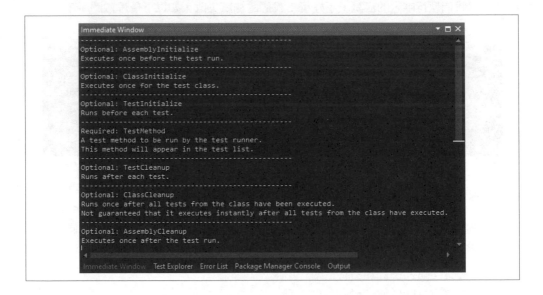

如你所見，我們使用了兩種 Assert 方法：`Assert.Fail()` 和 `Assert.IsTrue(true)`。Assert 類別非常有用，因此，有必要了解該類別中用於單元測試的方法。這些可用方法條列並說明如下：

方法	說明
`Assert.AreEqual()`	測試「指定的值」是否相等；如果兩個值不相等，則拋出例外。
`Assert.AreNotEqual()`	測試「指定的值」是否不相等；如果兩個值相等，則拋出例外。
`Assert.ArtNotSame()`	測試「指定的物件」是否參照了不同的物件，而如果兩個輸入都參照了相同的物件，則拋出例外。
`Assert.AreSame()`	測試「指定的物件」是否參照了相同的物件，而如果兩個輸入都不參照相同的物件，則拋出例外。
`Assert.Equals()`	此物件必然會與 `Assert.Fail` 一起拋出。因此，我們可以改用 `Assert.AreEqual`。
`Assert.Fail()`	拋出 `AssertFailedException` 例外。
`Assert.Inconclusive()`	拋出 `AssertInconclusiveException` 例外。
`Assert.IsFalse()`	測試「指定條件」是否為 `false`；如果條件為 `true`，則拋出例外。
`Assert.IsInstanceOfType()`	測試「指定的物件」是否為「預期型別的實例」，如果「預期的型別」不在物件的繼承層次結構中，則拋出例外。
`Assert.IsNotInstanceOfType()`	測試「指定的物件」是否為「錯誤型別的實例」，如果「指定的型別」在物件的繼承層次結構中，則拋出例外。
`Assert.IsNotNull()`	測試「指定的物件」是否為「非 null」；如果是 null，則拋出例外。
`Assert.IsNull()`	測試「指定的物件」是否為「null」，如果不是 null，則拋出例外。
`Assert.IsTrue()`	測試「指定條件」是否為 true；如果條件為 false，則拋出例外。
`Assert.ReferenceEquals()`	確定「指定的物件實例」是否為同一實例。
`Assert.ReplaceNullChars()`	將空字元（`'\0'`）替換為 `"\\0"`。
`Assert.That()`	獲取 Assert 功能的單例實例（singleton instance）。
`Assert.ThrowsException()`	測試「委託操作（delegate action）指定的程式碼」是否在給定「T 類型的例外」（而不是衍生型別）的情況下拋出；如果程式碼不拋出例外，或者拋出「T 類型以外的例外」，則拋出 `AssertFailedException`。簡單來說，這會接受一個「委託」，並斷言它拋出了帶有預期訊息的「預期例外」。

方法	說明
Assert.ThrowsExceptionAsync()	測試「委託操作指定的程式碼」是否在給定「T 類型的例外」（而不是衍生型別）的情況下拋出；如果程式碼不拋出例外，或者拋出「T 類型以外的例外」，則拋出 AssertFailedException。

既然我們已經了解 MSTest，現在該看一下 NUnit 了。

NUnit

如果尚未為 Visual Studio 安裝 NUnit，你可以藉由 **Extensions | Manage Extensions** 下載並安裝它。然後，建立一個新的 **NUnit Test Project (.NET Core)**。以下程式碼包含 NUnit 建立的預設類別，名為 Tests：

```
public    class Tests
{
    [SetUp]
    public void Setup()
    {
    }

    [Test]
    public void Test1()
    {
        Assert.Pass();
    }
}
```

從 Test1 方法中可以看到，測試方法也使用了 Assert 類別，就像 MSTest 用它們來測試程式碼中的斷言。NUnit Assert 類別為我們提供了以下方法（請注意，下表中「標記為 **[NUnit]** 的方法」都是針對 NUnit 的；其他方法也都出現在 MSTest 中）：

方法	說明
Assert.AreEqual()	驗證兩個項目是否相等。如果它們不相等，則拋出例外。
Assert.AreNotEqual()	驗證兩個項目不相等。如果它們相等，則拋出例外。
Assert.AreNotSame()	驗證兩個物件沒有參照同一物件。若它們有，則拋出例外。
Assert.AreSame()	驗證兩個物件參照了同一物件。若它們沒有，則拋出例外。

方法	說明
Assert.ByVal()	**[NUnit]** 將「約束」（constraint）應用於實際值，如果滿足約束則「成功」，並在「失敗」時拋出斷言例外。在「私有的 Setter」導致 Visual Basic 編譯錯誤的極少數情況下，會被用來當作 That 的同義詞。
Assert.Catch()	**[NUnit]** 驗證「委託」在被呼叫時會拋出例外並將其回傳。
Assert.Contains()	**[NUnit]** 驗證「值」是否被包含在集合之中。
Assert.DoesNotThrow()	**[NUnit]** 驗證「方法」是否不會拋出例外。
Assert.Equal()	**[NUnit]** 請不要使用。請改用 Assert.AreEqual()。
Assert.Fail()	拋出 AssertionException。
Assert.False()	**[NUnit]** 驗證條件是否為 false。如果條件為 true，則拋出例外。
Assert.Greater()	**[NUnit]** 驗證「第一個值」是否大於「第二個值」。如果不是，則拋出例外。
Assert.GreaterOrEqual()	**[NUnit]** 驗證「第一個值」是否大於或等於「第二個值」。如果不是，則拋出例外。
Assert.Ignore()	**[NUnit]** 將「IgnoreException」與「傳入的訊息和參數」一起拋出。這將導致測試被記錄為「已忽略」（ignored）。
Assert.Inconclusive()	將「InconclusiveException」與「傳入的訊息和參數」一起拋出。這將導致測試被記錄為「不確定」（inconclusive）。
Assert.IsAssignableFrom()	**[NUnit]** 驗證是否可以為「物件」指派「給定型別的值」。
Assert.IsEmpty()	**[NUnit]** 驗證諸如字串或集合之類的「值」是否為空（empty）。
Assert.IsFalse()	驗證條件是否為 false。如果為 true，則拋出例外。
Assert.IsInstanceOf()	**[NUnit]** 驗證物件是「給定型別的實例」。
Assert.NAN()	**[NUnit]** 驗證該值不是數字。如果是，則拋出例外。
Assert.IsNotAssignableFrom()	**[NUnit]** 驗證是否「不能」從給定型別指派物件。
Assert.IsNotEmpty()	**[NUnit]** 驗證字串或集合不為空（not empty）。
Asserts.IsNotInstanceOf()	**[NUnit]** 驗證物件不是「給定型別的實例」。
Assert.InNotNull()	驗證物件不為 null。如果是，則拋出例外。
Assert.IsNull()	驗證物件為 null。如果不是，則拋出例外。
Assert.IsTrue()	驗證條件為 true。如果為 false，則拋出例外。
Assert.Less()	**[NUnit]** 驗證「第一個值」是否小於「第二個值」。如果不是，則拋出例外。

方法	說明
Assert.LessOrEqual()	**[NUnit]** 驗證「第一個值」是否小於或等於「第二個值」。如果不是，則拋出例外。
Assert.Multiple()	**[NUnit]** 包裝（wraps）「包含一系列斷言的程式碼」，即使它們失敗，也應全部執行。儲存失敗的結果，並記錄在程式碼區塊末尾。
Assert.Negative()	**[NUnit]** 驗證數字是否為「負」。如果不是，則拋出例外。
Assert.NotNull()	**[NUnit]** 驗證物件不為 null。如果是 null，則拋出例外。
Assert.NotZero()	**[NUnit]** 驗證數字不為零。如果是零，則拋出例外。
Assert.Null()	**[NUnit]** 驗證物件為 null。如果不是，則拋出例外。
Assert.Pass()	**[NUnit]** 拋出帶有「傳入的訊息和參數」的 SuccessException。這允許縮短測試，並將「成功的結果」回傳給 NUnit。
Assert.Positive()	**[NUnit]** 驗證數字是否為「正」。
Assert.ReferenceEquals()	**[NUnit]** 請不要使用。拋出 InvalidOperationException。
Assert.That()	驗證條件為 true。如果不是，則拋出例外。
Assert.Throws()	驗證「委託」在「被呼叫時」拋出特定例外。
Assert.True()	**[NUnit]** 驗證條件為 true。如果不是，則呼叫一個例外。
Assert.Warn()	**[NUnit]** 使用「提供的訊息和參數」發出警告。
Assert.Zero()	**[NUnit]** 驗證數字是否為「零」。

NUnit 生命週期從 TestFixtureSetup 開始，這個 TestFixtureSetup 在「第一次測試 SetUp」之前會執行一次；然後，在每次測試之前會執行 SetUp；而在每次測試執行完成之後，會執行 TearDown；最後，在最後一次測試 TearDown 之後，TestFixtureTearDown 會執行一次。現在，我們將更新 Tests 類別，以便我們可以除錯並查看正在執行的 NUnit 生命週期：

```
using System;
using System.Diagnostics;
using NUnit.Framework;

namespace CH06_NUnitUnitTesting.Tests
{
    [TestFixture]
    public class Tests : IDisposable
```

```
    {
        public TestClass()
        {
            WriteSeparatorLine();
            Debug.WriteLine("Constructor");
        }

        public void Dispose()
        {
            WriteSeparatorLine();
            Debug.WriteLine("Dispose");
        }
    }
}
```

我們已經將 [TestFixture] 新增到該類別中，並實作了 IDisposable 介面。
[TextFixture] 屬性對於「非參數化和非通用的設備」來說是可選的。只要將至少一
種方法標記為 [Test]、[TestCase] 或 [TestCaseSource] 屬性，則此類別將被視為
[TextFixture]。

WriteSeparatorLine() 方法可被用來當作除錯輸出的分隔符號（separator）。此方法
將會在 Tests 類別中「所有方法的頂端」被呼叫：

```
private static void WriteSeparatorLine()
{
    Debug.WriteLine("---------------------------------------------");
}
```

標有 [OneTimeSetUp] 屬性的方法將只會執行一次，然後執行該類別中的任何測試。所
有不同測試所需的任何初始化都將在此處執行：

```
[OneTimeSetUp]
public void OneTimeSetup()
{
    WriteSeparatorLine();
    Debug.WriteLine("OneTimeSetUp");
    Debug.WriteLine("This method is run once before any tests in this
     class are run.");
}
```

在執行完所有測試之後、在處置該類別之前，標記為 [OneTimeTearDown] 的方法會被執行一次：

```
[OneTimeTearDown]
public void OneTimeTearDown()
{
    WriteSeparatorLine();
    Debug.WriteLine("OneTimeTearDown");
    Debug.WriteLine("This method is run once after all tests in this
    class have been run.");
    Debug.WriteLine("This method runs even when an exception occurs.");
}
```

標記為 [Setup] 屬性的方法在每種測試方法之前會執行一次：

```
[SetUp]
public void Setup()
{
    WriteSeparatorLine();
    Debug.WriteLine("Setup");
    Debug.WriteLine("This method is run before each test method is run.");
}
```

在每個測試方法完成之後，使用 [TearDown] 屬性標記的方法將會被執行一次：

```
[TearDown]
public void Teardown()
{
    WriteSeparatorLine();
    Debug.WriteLine("Teardown");
    Debug.WriteLine("This method is run after each test method
     has been run.");
    Debug.WriteLine("This method runs even when an exception occurs.");
}
```

Test2() 方法是由 [Test] 屬性表示的一種測試方法，且會是 [Order(1)] 屬性所確定的「第二個」要執行的測試方法。該方法拋出 InconclusiveException：

```
[Test]
[Order(1)]
public void Test2()
{
```

```
    WriteSeparatorLine();
    Debug.WriteLine("Test:Test2");
    Debug.WriteLine("Order: 1");
    Assert.Inconclusive("Test 2 is inconclusive.");
}
```

Test1() 方法是由 [Test] 屬性表示的一種測試方法，且會是由 [Order(0)] 屬性所確定的「第一個」要執行的測試方法。該方法會通過 SuccessException：

```
[Test]
[Order(0)]
public void Test1()
{
    WriteSeparatorLine();
    Debug.WriteLine("Test:Test1");
    Debug.WriteLine("Order: 0");
    Assert.Pass("Test 1 passed with flying colours.");
}
```

Test3() 方法是由 [Test] 屬性表示的一種測試方法，且會是由 [Order(2)] 屬性所確定的「第三個」要執行的測試方法。該方法拋出 AssertionException：

```
[Test]
[Order(2)]
public void Test3()
{
    WriteSeparatorLine();
    Debug.WriteLine("Test:Test3");
    Debug.WriteLine("Order: 2");
    Assert.Fail("Test 1 failed dismally.");
}
```

當你對所有測試進行偵錯時，你的即時視窗看起來就像以下截圖：

現在，你已經學會了 MSTest 和 NUnit，並實作了每個框架的測試生命週期。現在是時候看看 Moq 了。

從「NUnit 方法表格」和「MSTest 方法表格」中可以看到，NUnit 可以進行更細粒度的（fine-grained）單元測試，並以更高的效能執行，這就是為什麼它比 MSTest 更廣泛使用的原因。

Moq

單元測試只能測試方法。請參見下圖。如果「待測試的方法」呼叫了目前類別或不同類別中的其他方法,則不僅要測試該方法,還要測試其他方法:

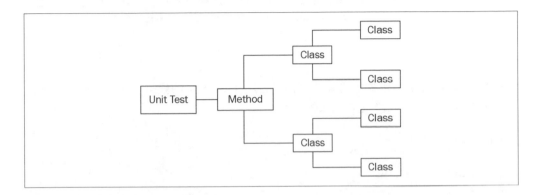

解決這個問題的一種做法是使用「模擬物件」(mock object,假物件,fake object)。「模擬物件」只會測試你要測試的方法,而且你可以讓「模擬物件」以所需的任何方式來工作。如果要編寫自己的「模擬物件」,你很快就會意識到其中涉及許多艱苦的工作。這在有時間壓力的專案中可能是不被接受的,而且程式碼越複雜,「模擬物件」就越複雜。

因為它實在太糟了,你將不可避免地放棄它,或者你會尋找適合你需求的模擬框架。Rhino Mocks 和 Moq 是 .NET Framework 的兩個模擬框架。就本章而言,我們僅關注 Moq;與 Rhino Mocks 相比,Moq 更易於學習和使用。有關 Rhino Mocks 的更多資訊,請參考:https://hibernatingrhinos.com/oss/rhino-mocks。

使用 Moq 進行測試時,我們首先新增「模擬物件」,然後配置「模擬物件」以執行某些操作。然後,我們斷言該配置正在執行,而且該模擬已被叫用(invoke)。這些步驟讓我們能夠確定此模擬已被正確設定。Moq 只會產生「測試替身」(test double),它並不會測試程式碼。你仍然需要一個測試框架(如 NUnit)來測試你的程式碼。

現在我們來看一個同時使用 Moq 和 NUnit 的範例。

建立一個新的控制台應用程式,並將其命名為 CH06_Moq。新增以下介面和類別:Ifoo、Bar、Baz 和 UnitTests。然後,透過 Nuget 套件管理器,安裝 Moq、NUnit 和 NUnit3TestAdapter。使用以下程式碼來更新 Bar 類別:

```
namespace CH06_Moq
{
    public class Bar
    {
        public virtual Baz Baz { get; set; }
        public virtual bool Submit() { return false; }
    }
}
```

Bar 類別具有「Baz 型別的虛擬屬性」和「名為 Submit() 的虛擬方法」，該方法回傳布林值 false。現在，如下更新 Baz 類別：

```
namespace CH06_Moq
{
    public class Baz
    {
        public virtual string Name { get; set; }
    }
}
```

Baz 類別具有一個名為 Name 的字串型別的單一虛擬屬性。修改 IFoo 檔案以包含以下原始碼：

```
namespace CH06_Moq
{
    public interface IFoo
    {
        Bar Bar { get; set; }
        string Name { get; set; }
        int Value { get; set; }
        bool DoSomething(string value);
        bool DoSomething(int number, string value);
        string DoSomethingStringy(string value);
        bool TryParse(string value, out string outputValue);
        bool Submit(ref Bar bar);
        int GetCount();
        bool Add(int value);
    }
}
```

IFoo 介面具有許多屬性和方法。如你所見，該介面具有對 Bar 類別的參照，而且我們知道 Bar 類別包含對 Baz 類別的參照。現在，我們將開始更新 UnitTests 類別，以使用 **NUnit** 和 **Moq** 測試我們新建立的介面和類別。修改 UnitTests 類別檔案，使其看起來像下面的程式碼：

```
using Moq;
using NUnit.Framework;
using System;

namespace CH06_Moq
{
    [TestFixture]
    public class UnitTests
    {
    }
}
```

現在，新增 AssertThrows 方法，該方法斷言是否拋出了指定的例外：

```
public bool AssertThrows<TException>(
    Action action,
    Func<TException, bool> exceptionCondition = null
) where TException : Exception
    {
        try
        {
            action();
        }
        catch (TException ex)
        {
            if (exceptionCondition != null)
            {
                return exceptionCondition(ex);
            }
            return true;
        }
        catch
        {
            return false;
        }
        return false;
    }
```

AssertThrows 方法是一種通用方法：如果你的方法拋出指定的例外，將回傳 true；否則，將回傳 false。在本章中進一步測試例外時，將使用此方法。現在，新增 DoSomethingReturnsTrue() 方法：

```
[Test]
public void DoSomethingReturnsTrue()
{
    var mock = new Mock<IFoo>();
    mock.Setup(foo => foo.DoSomething("ping")).Returns(true);
    Assert.IsTrue(mock.Object.DoSomething("ping"));
}
```

DoSomethingReturnsTrue() 方法建立 IFoo 介面的新模擬實作。然後，它將 DoSomething() 方法設定為接受「包含單詞 "ping"」的字串，然後回傳 true。最後，該方法會斷言：當使用「文字 "ping"」呼叫 DoSomething() 方法時，該方法將會回傳 true 值。現在，我們將實作類似的測試方法，如果該值為 "tracert"，則回傳 false：

```
[Test]
public void DoSomethingReturnsFalse()
{
    var mock = new Mock<IFoo>();
    mock.Setup(foo => foo.DoSomething("tracert")).Returns(false);
    Assert.IsFalse(mock.Object.DoSomething("tracert"));
}
```

DoSomethingReturnsFalse() 方法遵循與 DoSomethingReturnsTrue() 方法相同的過程。我們建立 IFoo 介面的模擬物件，將其設定為「如果參數值為 "tracert"，則回傳 false」，然後斷言：對於參數值 "tracert"，會回傳 false。接下來，我們將測試我們的參數：

```
[Test]
public void OutArguments()
{
    var mock = new Mock<IFoo>();
    var outString = "ack";
    mock.Setup(foo => foo.TryParse("ping", out outString)).Returns(true);
    Assert.AreEqual("ack", outString);
    Assert.IsTrue(mock.Object.TryParse("ping", out outString));
}
```

OutArguments() 方法建立了 IFoo 介面的實作。然後，一個「將被用來當作 out 參數
的字串」會被宣告並被指派值 "ack"。接下來，將「IFoo 模擬物件的 TryParse() 方
法」設定為對「輸入值 "ping"」回傳 true，並輸出「字串值 "ack"」。然後，我們
斷言「outString」等於「值 "ack"」。最後的檢查會斷言：對於 "ping" 的輸入值，
TryParse() 會回傳 true：

```
[Test]
public void RefArguments()
{
    var instance = new Bar();
    var mock = new Mock<IFoo>();
    mock.Setup(foo -> foo.Submit(ref instance)).Returns(true);
    Assert.AreEqual(true, mock.Object.Submit(ref instance));
}
```

RefArguments() 方法建立了 Bar 類別的實例。然後，我們建立了 IFoo 介面的模
擬實作。如果「傳入的參照型別」為 Bar 型別，則 Submit() 方法將設定為「回
傳 true」。接著，我們斷言「傳入的參數」之於 Bar 型別為 true。在我們的
AccessInvocationArguments() 測試方法中，我們建立了 IFoo 介面的新實作：

```
[Test]
public void AccessInvocationArguments()
{
    var mock = new Mock<IFoo>();
    mock.Setup(foo => foo.DoSomethingStringy(It.IsAny<string>()))
        .Returns((string s) => s.ToLower());
    Assert.AreEqual("i like oranges!", mock.Object.DoSomethingStringy("I
LIKE ORANGES!"));
}
```

然後，我們設定 DoSomethingStringy() 方法，將輸入轉換為小寫並回傳。最後，我們
斷言「回傳的字串」是傳入的已轉換為小寫字母的字串：

```
[Test]
public void ThrowingWhenInvokedWithSpecificParameters()
{
    var mock = new Mock<IFoo>();
    mock.Setup(foo => foo.DoSomething("reset"))
        .Throws<InvalidOperationException>();
    mock.Setup(foo => foo.DoSomething(""))
        .Throws(new ArgumentException("command"));
```

```
    Assert.IsTrue(
        AssertThrows<InvalidOperationException>(
            () => mock.Object.DoSomething("reset")
        )
    );
    Assert.IsTrue(
        AssertThrows<ArgumentException>(
            () => mock.Object.DoSomething("")
        )
    );
    Assert.Throws(
        Is.TypeOf<ArgumentException>()
          .And.Message.EqualTo("command"),
        () => mock.Object.DoSomething("")
    );
}
```

在名為 `ThrowingWhenInvokedWithSpecificParameters()` 的最終測試方法中，我們建立了 `IFoo` 介面的模擬實作。然後，我們將 `DoSomething()` 方法配置為「在傳入的值為 `"reset"` 時，拋出 `InvalidOperationException`」。

傳入空字串時，將會拋出具有 `"command"` 的 `ArgumentException` 例外。然後，我們斷言：當輸入值為 `"reset"` 時，將拋出 `InvalidOperationException`。當輸入值為空字串時，我們斷言：`ArgumentException` 被拋出了，並斷言 `ArgumentException` 的訊息為 `"command"`。

現在，你已經了解如何使用名為 Moq 的模擬框架，來建立模擬物件以使用 NUnit 測試程式碼。我們現在要討論最後一個工具是 SpecFlow。SpecFlow 是一個 BDD 工具。

SpecFlow

在寫程式之前，先編寫「以使用者為中心的行為測試」是 BDD 的主要功能。BDD 是從 TDD 演變而來的軟體開發方法。你可以利用「功能列表」（a list of features）來開始 BDD。「功能」指的是使用「正式的業務語言」編寫的規格，而專案的所有利害關係人都可以理解這種語言。一旦某項「功能」被同意並且生成，將由開發人員決定是否為該「功能陳述」（feature statement）開發「步驟定義」（step definition）。一旦建立了「步驟定義」，下一步就是建立外部專案，以實作該功能並為其新增參照。然後擴展「步驟定義」，以實作該功能的應用程式的程式碼。

這種方法的好處之一是身為程式設計師的你可以保證交付「企業所要求的東西」，而不是給他們「你認為他們想要的東西」。這樣可以為企業節省大量的金錢和時間。過去的歷史顯示，許多專案之所以失敗，是因為業務團隊和程式設計團隊之間並沒有「明確說明」需要交付的東西。在開發新功能時，BDD 有助於減輕這種潛在危害。

在本節中，我們將使用 SpecFlow，利用 BDD 軟體開發方法開發一個非常簡單的計算器範例。

我們將從編寫一個「功能檔案」（feature file）開始。這個「功能檔案」將作為「符合我們驗收標準（acceptance criteria）」的規格（specification）。然後，我們將從「功能檔案」中生成「步驟定義」，該「步驟定義」將會生成「所需的方法」。一旦我們的「步驟定義」生成了「所需的方法」，我們將為它們編寫程式碼，以使我們的功能變得完善。

建立一個新的類別函式庫，並新增以下套件：NUnit、NUnit3TestAdapter、SpecFlow、SpecRun.SpecFlow 和 SpecFlow.NUnit。新增一個名為 Calculator 的新 SpecFlow Feature 檔案：

```
Feature: Calculator
    In order to avoid silly mistakes
    As a math idiot
    I want to be told the sum of two numbers

@mytag
Scenario: Add two numbers
    Given I have entered 50 into the calculator
    And I have entered 70 into the calculator
    When I press add
    Then the result should be 120 on the screen
```

前面的文字是在建立之後，自動增加到 Calculator.feature 文件之中的。因此，我們將以此為起點，使用 SpecFlow 來學習 BDD。在撰寫本書時，值得注意的是 **Tricentis** 已經收購了 SpecFlow 和 SpecMap。Tricentis 表示 SpecFlow、SpecFlow+ 和 SpecMap 都將維持免費，因此，如果你還沒有行動，那麼現在是學習和使用 SpecFlow 和 SpecMap 的好時機。

現在，我們有了「功能檔案」，我們需要建立將「我們的功能請求（feature request）」綁定到「我們的程式碼」的「步驟定義」。在程式碼編輯器中點擊滑鼠右鍵，將跳出一個上下文選單。請選擇 **Generate step definitions**（生成步驟定義）。你應該會看到以下對話框：

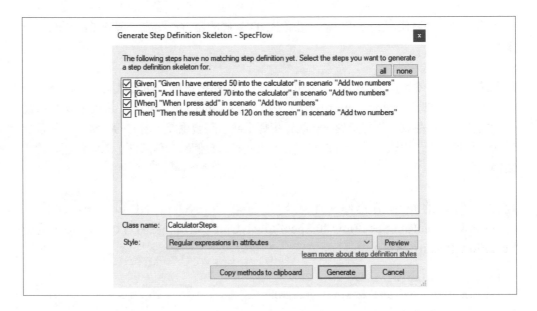

輸入 CalculatorSteps 作為類別名稱。點擊 **Generate** 按鈕以生成「步驟定義」並儲存檔案。打開 CalculatorSteps.cs 檔案，你應該會看到以下程式碼：

```
using TechTalk.SpecFlow;

namespace CH06_SpecFlow
{
    [Binding]
    public class CalculatorSteps
    {
        [Given(@"I have entered (.*) into the calculator")]
        public void GivenIHaveEnteredIntoTheCalculator(int p0)
        {
            ScenarioContext.Current.Pending();
        }
        [When(@"I press add")]
        public void WhenIPressAdd()
        {
```

```
        ScenarioContext.Current.Pending();
    }
    [Then(@"the result should be (.*) on the screen")]
    public void ThenTheResultShouldBeOnTheScreen(int p0)
    {
        ScenarioContext.Current.Pending();
    }
  }
}
```

以下螢幕截圖顯示了「步驟檔案」與「功能檔案」的內容比較：

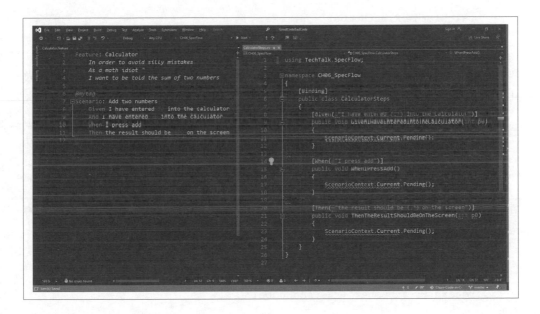

實作此功能的程式碼必須在單獨的檔案中。建立一個新的類別函式庫，並將其命名為
CH06_SpecFlow.Implementation。然後，新增一個名為 Calculator.cs 的檔案。在
SpecFlow 專案中新增對「新建立的函式庫」的參照，並在 CalculatorSteps.cs 檔案
頂端增加這一行：

```
private Calculator _calculator = new Calculator();
```

現在，我們可以擴展「步驟定義」，以便它們實作應用程式的程式碼。在
CalculatorSteps.cs 檔案中，將所有 p0 參數替換為一個數字。這使得參數要求更加

明確。在 Calculate 類別的頂端,新增兩個名為 FirstNumber 和 SecondNumber 的公用屬性,如以下程式碼所示:

```
public int FirstNumber { get; set; }
public int SecondNumber { get; set; }
```

在 CalculatorSteps 類別中,更新 GivenIHaveEnteredIntoTheCalculator() 方法,如下所示:

```
[Given(@"I have entered (.*) into the calculator")]
public void GivenIHaveEnteredIntoTheCalculator(int number)
{
    calculator.FirstNumber = number;
}
```

現在,新增第二種方法,即 GivenIHaveAlsoEnteredIntoTheCalculator()(如果尚不存在的話),然後將 number 參數指派給計算器的第二個數字:

```
public void GivenIHaveAlsoEnteredIntoTheCalculator(int number)
{
    calculator.SecondNumber = number;
}
```

在任何步驟之前新增 private int result; 到 CalculatorSteps 類別的頂端。將 Add() 方法新增到 Calculator 類別:

```
public int Add()
{
    return FirstNumber + SecondNumber;
}
```

現在,更新 CalculatorSteps 類別中的 WhenIPressAdd() 方法,並使用「呼叫 Add() 方法的結果」更新 result 變數:

```
[When(@"I press add")]
public void WhenIPressAdd()
{
    _result = _calculator.Add();
}
```

接下來，按如下所示修改 `ThenTheResultShouldBeOnTheScreen()` 方法：

```
[Then(@"the result should be (.*) on the screen")]
public void ThenTheResultShouldBeOnTheScreen(int expectedResult)
{
    Assert.AreEqual(expectedResult, _result);
}
```

建置你的專案並執行測試。你應該會看到測試通過了。我們僅編寫了可讓功能通過的程式碼，而你的程式碼現在已通過測試。

你可以在 `https://docs.specflow.org/en/latest/` 上找到更多關於 SpecFlow 的資訊。我們介紹了一些可用於開發和測試程式碼的工具。現在讓我們看看一個非常簡單的範例，說明我們如何使用 TDD 寫程式。我們將從編寫失敗的程式碼開始；然後，我們將編寫足夠的程式碼，以供測試進行編譯；最後，我們將重構程式碼。

TDD 方法論實務：失敗、通過和重構

在本節中，你將學習編寫失敗的測試；接著，你將學習編寫足夠的程式碼，來讓測試通過；然後，如有必要的話，你將執行所需的所有重構。

在深入研究 TDD 的實際範例之前，讓我們探討為什麼需要 TDD。在上一節中，你學會了如何建立「功能檔案」，並從中生成「步驟檔案」來編寫滿足業務需求的程式碼。確保你的程式碼滿足業務需求的另一種方法是使用 TDD。使用 TDD，你將從失敗的測試開始；然後，你只編寫足以使測試通過的程式碼，並在需要時執行新程式碼的重構。重複這個過程，直到所有功能均已撰寫開發完成。

但是「為什麼」我們需要 TDD 呢？

商業軟體規格（business software specifications）是由商業分析師與專案利害關係人共同製定的，藉此設計新軟體，或對現有軟體進行擴展和修改。有一些軟體很關鍵，承擔不起任何錯誤。這些軟體包含：處理私人和商業投資的「金融系統」；「醫療設備」，其中包括需要功能性軟體才能運作的維生系統及掃描檢測設備；用於交通管理和導航系統的「運輸訊號軟體」；「太空飛行系統」；以及「武器系統」。

好的，但是 TDD 適合什麼地方呢？

是的，你已經得到編寫一個軟體的規格了。你需要做的第一件事就是建立你的專案。然後，為要實作的功能編寫虛擬程式碼（pseudocode）。然後，你開始為每一段虛擬程式碼編寫測試。接著測試失敗了。然後，你開始編寫能讓測試通過的必需程式碼，接著根據需要，再對程式碼進行重構。你在這裡所做的是編寫「經過良好測試」和「強健」的程式碼。你可以保證，你的程式碼將按預期地獨自執行。如果你的程式碼是大型系統的一個元件，那麼測試團隊將負責測試程式碼的整合，而不是你。作為開發人員，你對自己的程式碼充滿了信心，可以將其發布給測試團隊。如果測試團隊發現以前被忽略的使用案例，他們將與你分享這個訊息。然後，你將編寫進一步的測試，並使它們通過測試，然後再將「更新的程式碼」發布給他們。這種工作方式可確保程式碼具有最高標準，而且可以藉由給定輸入的預期輸出，來相信程式碼能按預期工作。最後，TDD 讓「軟體的進度」可供測量，這對管理人員來說是好消息。

現在，讓我們簡單示範一下 TDD。在這個範例中，我們將使用 TDD 開發一個簡單的「登入記錄」（logging）應用程式，該應用程式可以處理內部例外，並將例外記錄到「帶有時間戳記（timestamp）的文字檔案」中。我們將編寫程式並使其通過測試。當我們寫完程式並通過所有測試之後，我們將重構程式碼，使其可重用且易於閱讀，當然了，我們將確保測試仍然能夠通過。

1. 建立一個新的控制台應用程式，並將其命名為 CH06_FailPassRefactor。使用以下虛擬程式碼來新增一個名為 UnitTests 的類別：

```csharp
using NUnit.Framework;

namespace CH06_FailPassRefactor
{
    [TestFixture]
    public class UnitTests
    {
        // The PseudoCode.
        // [1] Call a method to log an exception.
        // [2] Build up the text to log including
        // all inner exceptions.
        // [3] Write the text to a file with a timestamp.
    }
}
```

2. 我們將編寫「第一個單元測試」以滿足條件 [1]。在我們的單元測試中，我們將測試建立 Logger 變數、呼叫 Log() 方法並通過測試。讓我們編寫程式碼如下：

```
// [1] Call a method to log an exception.
[Test]
public void LogException()
{
    var logger = new Logger();
    var logFileName = logger.Log(new ArgumentException("Argument
cannot be null"));
    Assert.Pass();
}
```

由於無法建置專案,所以這個測試將不會執行。這是因為 Logger 類別並不存在的
緣故。因此,將一個名為 Logger 的內部類別新增到專案之中,然後再執行測試。
建置仍然會「失敗」,此外,由於我們現在缺少 Log() 方法,測試將無法執行。
所以,讓我們把 Log() 方法新增到我們的 Logger 類別之中。然後,我們將嘗試再
次執行測試。這次,測試應該會成功。

3. 在此階段,我們將執行任何必要的重構。但是由於我們才剛剛開始,因此無需進行
   重構。我們可以繼續進行下一個測試。

   我們用於生成「登入訊息」並「將其儲存到磁碟」的程式碼將包含私有成員
   (private member)。使用 NUnit,你無需測試私有成員。這個學派的想法是,
   如果你必須測試私有成員,那麼你的程式碼肯定有問題。因此,我們將繼續進行下
   一個單元測試,它將確定「登入記錄檔案」(log file)是否存在。在編寫單元測
   試之前,我們將編寫一個方法,該方法會回傳一個例外,其中具有一個內部例外,
   而該內部例外中又有另一個內部例外。我們將「回傳的例外」傳遞到單元測試的
   Log() 方法之中:

```
private Exception GetException()
{
    return new Exception(
        "Exception: Main exception.",
        new Exception(
            "Exception: Inner Exception.",
            new Exception("Exception: Inner Exception Inner
Exception")
        )
    );
}
```

4. 現在，我們有了 GetException() 方法，可以在其中編寫單元測試，以檢查「登入記錄檔案」是否存在：

```
[Test]
public void CheckFileExists()
{
    var logger = new Logger();
    var logFile = logger.Log(GetException());
    FileAssert.Exists(logFile);
}
```

5. 如果我們建置程式碼並執行 CheckFileExists() 測試，它將會失敗，因此我們需要編寫程式碼以使其成功。在 Logger 類別中，新增 private StringBuilder _stringBuilder; 到 Logger 類別的頂端。然後，修改 Log() 方法，並將以下方法新增到 Logger 類別之中：

```
private StringBuilder _stringBuilder;

public string Log(Exception ex)
{
    _stringBuilder = new StringBuilder();
    return SaveLog();
}

private string SaveLog()
{
    var fileName = $"LogFile{DateTime.UtcNow.GetHashCode()}.txt";
    var dir =
Environment.GetFolderPath(Environment.SpecialFolder.MyDocuments);
    var file = $"{dir}\\{fileName}";
    return file;
}
```

6. 我們呼叫了 Log() 方法，並生成了一個「登入記錄檔案」。現在，我們只需要將「文字」記錄到檔案之中即可。根據我們的虛擬程式碼，我們需要記錄「主要例外」和「所有內部例外」。讓我們編寫一個測試，檢查「登入記錄檔案」是否包含以下訊息 "Exception: Inner Exception Inner Exception"：

```
[Test]
public void ContainsMessage()
{
```

```
    var logger = new Logger();
    var logFile = logger.Log(GetException());
    var msg = File.ReadAllText(logFile);
    Assert.IsTrue(msg.Contains("Exception: Inner Exception Inner
Exception"));
}
```

7. 現在,我們知道測試會失敗,因為字串建置器(string builder)為「空」,因此我們將把該方法新增到 Logger 類別中,該類別將「接收例外」、「記錄訊息」,並「檢查該例外是否具有內部例外」。如果有,它將使用參數 isInnerException 呼叫自己:

```
private void BuildExceptionMessage(Exception ex, bool
isInnerException)
{
    if (isInnerException)
        _stringBuilder.Append("Inner Exception:
").AppendLine(ex.Message);
    else
        _stringBuilder.Append("Exception:
").AppendLine(ex.Message);
    if (ex.InnerException != null)
        BuildExceptionMessage(ex.InnerException, true);
}
```

8. 最後,更新 Logger 類別的 Log() 方法,來呼叫我們的 BuildExceptionMessage() 方法:

```
public string Log(Exception ex)
{
    _stringBuilder = new StringBuilder();
    _stringBuilder.AppendLine("----------------------
    ----------------");
    BuildExceptionMessage(ex, false);
    _stringBuilder.AppendLine("----------------------
    ----------------");
    return SaveLog();
}
```

現在我們所有的測試都通過了，而且我們有一個功能完備的程式可以執行預期的工作，但是這裡有一些重構的機會。名為 BuildExceptionMessage() 的方法是可重用的候選方法，因為它對於除錯（debugging）非常有用，尤其是當你具有包含內部例外的例外時，因此我們將該方法移至其自身的方法之中。請注意，Log() 方法也正在建置「要記錄的文本」的開頭和結尾部分。

我們能夠而且必然會將其移至 BuildExceptionMessage() 方法當中：

1. 建立一個新類別，並將其命名為 Text。新增一個私有的 StringBuilder 成員變數，並在建構函式中將它實例化。然後，透過新增以下程式碼來更新類別：

```
public string ExceptionMessage => _stringBuilder.ToString();

public void BuildExceptionMessage(Exception ex, bool
isInnerException)
{
    if (isInnerException)
    {
        _stringBuilder.Append("Inner Exception:
").AppendLine(ex.Message);
    }
    else
    {
        _stringBuilder.AppendLine("-----------------------------
-----------------------------");
        _stringBuilder.Append("Exception:
").AppendLine(ex.Message);
    }
    if (ex.InnerException != null)
        BuildExceptionMessage(ex.InnerException, true);
    else
        _stringBuilder.AppendLine("-----------------------------
-----------------------------");
}
```

2. 現在，我們有了一個實用的 Text 類別，該類別從「具有內部例外的例外」回傳「有用的例外訊息」，但是我們也可以在 SaveLog() 方法中重構程式碼。我們可以將程式碼提取到自己的方法之中（這段程式碼會生成唯一的一個雜湊檔案名稱，a unique hashed filename）。因此，讓我們對 Text 類別新增以下方法：

```
public string GetHashedTextFileName(string name, SpecialFolder
folder)
{
    var fileName = $"{name}-{DateTime.UtcNow.GetHashCode()}.txt";
    var dir = Environment.GetFolderPath(folder);
    return $"{dir}\\{fileName}";
}
```

3. `GetHashedTextFileName()` 方法接受使用者指定的檔案名稱和一個特殊的資料夾。接著,在檔案名稱的末尾新增「連字符號」和「目前 UTC 日期的雜湊碼」。然後,新增 .txt 副檔名,並將該文字指派給 fileName 變數。再將呼叫者所請求的「特殊資料夾的絕對路徑」指派給 dir 變數,然後將路徑和檔案名稱回傳給使用者。這個方法將能確保回傳「唯一的檔案名稱」。

4. 使用以下程式碼替換 Logger 類別的主要內容:

```
private Text _text;

public string Log(Exception ex)
{
    BuildMessage(ex);
    return SaveLog();
}

private void BuildMessage(Exception ex)
{
    _text = new Text();
    _text.BuildExceptionMessage(ex, false);
}

private string SaveLog()
{
    var filename = _text.GetHashedTextFileName("Log",
        Environment.SpecialFolder.MyDocuments);
    File.WriteAllText(filename, _text.ExceptionMessage);
    return filename;
}
```

該類別仍在做相同的事情，但由於「訊息和檔案名稱的生成」已移至單獨的類別，因此它更為精簡。如果你執行程式碼，則其行為方式皆會相同；如果你執行測試，則所有測試都將通過。

在本節中，我們編寫了失敗的單元測試，然後對其進行了修改以使它們通過測試。然後，我們重構了程式碼，使其更為整潔，並產生了可以在同一專案或其他專案中重用的程式碼。現在讓我們簡單介紹一下冗餘測試（redundant test）。

刪除冗餘測試、註解和無效程式碼

如本書所述，我們對編寫 clean code 感興趣。隨著程式和測試的增加，以及我們開始重構，某些程式碼將會變得冗餘。任何冗餘且不會被呼叫的程式碼，被稱為「**無效程式碼**」（**dead code**）。「無效程式碼」應永遠在被識別之後立即刪除。「無效程式碼」將不會在編譯後的程式碼中執行，但它仍然是需要維護的 Codebase 的一部分。具有「無效程式碼」的程式碼檔案將比所需的更長。「無效程式碼」除了會使你的檔案變大之外，也會讓原始碼變得更難以閱讀，因為它可能會破壞程式碼的自然流動，並為程式設計師帶來混亂和延誤。不僅如此，對於專案新手來說，程式設計師最不該做的就是浪費寶貴的時間，只為了嘗試理解永遠不會使用的「無效程式碼」。因此，最好擺脫它。

至於註解，如果做得正確，它們將非常有幫助，且 API 註解對於生成 API 文件是非常有益的。但是有些註解只會為程式碼檔案增加雜音，而且令人驚訝的是，確實有很多程式設計師對此感到不滿。有一派程式設計師會對所有內容進行註解，而另外一派則不會加註任何註解，因為他們認為閱讀程式碼就像在閱讀書本一樣。因此，有些人採取平衡的做法，僅在認為人們需要理解程式碼時，才對程式碼加註註解。

『這經常會產生一個隨機錯誤。不知道為什麼會這樣。不過，歡迎你修復它！』看到像這樣的註解時，你的心中警鈴大作！首先，編寫註解的程式設計師應該在該程式「卡住時」不要繼續進行下去，直到錯誤被辨識出來並被適當修復。如果你知道誰是編寫此註解的程式設計師，請將程式碼回傳給他們，請他們修復和刪除註解。我已經不止一次看到這樣的程式碼，且網路上也有一些「對這類註解表達強烈不滿」的評論。我想這是與懶惰的程式設計師打交道的一種方法。如果他們並非懶惰，只是沒有經驗，那麼這是診斷和解決問題的一個很好的學習機會。

如果程式碼已簽入並獲得批准，而你遇到了已被註解掉的程式碼區塊，請刪除它們。該程式碼仍會存在於版本控制的歷史記錄當中，如果需要，你可以從那裡取回它。

程式碼讀起來應該像一本書，因此，你不應該讓程式碼變得晦澀難懂，只為了讓你看起來很厲害，並給同事留下深刻的印象。我敢保證，如果你在幾週之後回顧自己的程式碼，你會搔頭抓耳，迫切地想知道自己的程式碼在做什麼（以及為什麼）。我已經看到許多年輕人犯了這個錯誤。

冗餘測試也應該要刪除，你只需要執行必要的測試。冗餘程式碼的測試沒有價值，只會浪費大量時間。另外，如果你的公司擁有還可以在雲端中執行測試的 CI/CD 管道（pipeline），那麼冗餘測試和「無效程式碼」將為建置、測試和部署管道增加企業成本。這表示，當你上傳、建置、測試和部署的程式碼行數越少，公司所需的營運成本就越低。請記住，在雲端中執行流程會耗費金錢，而企業的目標是花費盡可能少的成本，賺很多很多的錢。

現在，我們已經完成了本章，讓我們總結一下所學到的知識。

小結

首先，我們說明為什麼「編寫單元測試，以開發高品質的程式碼」是很重要的一件事。我們提出軟體 bug 可能會引發的推理性問題，其中包括生命的喪失和昂貴的訴訟。然後，我們探討單元測試，以及什麼是好的單元測試。我們確定好的單元測試必須是「原子性的」、「確定性的」、「可重複的」和「快速的」。

接下來，我們研究開發人員可以使用哪些工具來協助 TDD 和 BDD。藉由範例，我們展示了如何實作 TDD 的方法，討論了 MSTest 和 NUnit。然後，我們研究如何使用名為 Moq 的模擬框架以及 NUnit 來測試模擬物件。我們還介紹了 SpecFlow，這是一種 BDD 工具，讓我們能夠以技術人員和非技術人員都可以理解的業務語言來編寫功能，以確保企業所需的就是企業實際得到的東西。

然後，我們使用「失敗、通過和重構」的方法論，處理了一個非常簡單的 TDD 範例，來使 NUnit 運作。最終，我們理解為什麼我們應該刪除「不必要的註解」、「冗餘測試」和「無效程式碼」。

本章的最後還有更多關於測試軟體程式的資源。在下一章中，我們將研究端點到端點測試（end-to-end test）。但是在此之前，你不妨先回答以下問題，看看你記住了多少單元測試的知識。

練習題

1. 什麼是好的單元測試？
2. 好的單元測試不應該是什麼？
3. TDD 代表什麼？
4. BDD 代表什麼？
5. 單元測試是什麼？
6. 模擬物件（mock object?）是什麼？
7. 假物件（fake object）是什麼？
8. 請舉出一些單元測試框架。
9. 請舉出一些模擬框架。
10. 請舉出一個 BDD 框架。
11. 應該從原始碼檔案中刪除什麼？

延伸閱讀

- 這篇文章簡單介紹了何謂單元測試，並為各種不同類型的單元測試提供了進一步說明（更多連結），包括整合測試（integration testing）、驗收測試（acceptance testing）和測試人員的職務說明：`https://softwaretestingfundamentals.com/unit-testing/`。
- Rhino Mocks 的首頁：`https://hibernatingrhinos.com/oss/rhino-mocks`。

7

端點到端點系統測試

端點到端點（End-to-end，**E2E**）系統測試是針對整個系統的自動化測試。作為程式設計師，程式碼片段的單元測試只是整個系統藍圖中的一小部分。因此，在本章中，我們將研究以下主題：

- 進行 E2E 測試
- 寫程式（Coding）和測試（Testing）的工廠（Factory）
- 寫程式和測試的依賴注入（Dependency Injection）
- 測試模組化（Modularization）

讀完本章，你將獲得以下能力：

- 能夠定義 E2E 測試
- 能夠進行 E2E 測試
- 能夠解釋什麼是工廠以及如何使用它們
- 能夠了解什麼是依賴注入以及如何使用它
- 能夠了解什麼是模組化以及如何使用它

E2E 測試

至此，你已經完成了你的專案，也通過了所有的單元測試。但是，你的專案只是較大系統中的一部分。這個更大的系統將需要進行測試，以確保你的程式碼以及與其連接的其他程式碼都能如預期運作。隔離測試的程式碼在整合到大型系統時，可能會造成系統

中斷，而現有系統也可能會因為增加新的程式碼而造成系統中斷，因此執行 E2E 測試（即「**整合測試**」，**integration testing**）是非常重要的。

「整合測試」負責從頭到尾測試整個程式的流程。「整合測試」通常從「需求收集階段」（requirements gathering stage）開始。你會從收集和記錄系統的各種需求開始；接下來，你會設計所有元件並為每個子系統設計測試，然後對整個系統進行 E2E 測試；接著，根據需求編寫程式碼並實作自己的單元測試。一旦你的程式碼完成並通過了所有測試，即可將程式碼整合到測試環境的整個系統之中，並執行 E2E 測試。通常，E2E 測試是手動執行的，儘管在可能的情況下，它們也可以自動執行。下圖顯示了一個系統，該系統包括兩個具有模組的子系統（subsystem）和一個資料庫（database）。在 E2E 測試中，這些模組將會經由「手動」、「自動化」或「兩者並行」的方式進行測試：

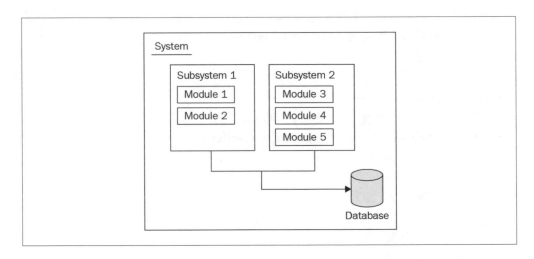

每個系統的輸入和輸出是測試的主要重點。你必須問自己：「每個系統是否傳入和傳出了正確的資訊？」

此外，建置 E2E 測試時需要考慮三件事：

- 將會有哪些「使用者函數」（user function），而每個函數將執行什麼步驟？
- 每個函數及其每個步驟會有什麼「條件」（condition）？
- 我們將要針對哪些「不同的情境」（different scenarios，即「測試進行的假設條件」）來建置測試案例？

每個子系統將會提供一個或多個功能（feature），而每個功能將會具有按照「特定順序」執行的許多操作。這些動作將接收輸入並提供輸出。你還必須確定功能和函數之間的關係，在此之後，你需要確定函數是「可重用的」或是「獨立的」。

假設我們有一個線上測驗的產品（online testing product），老師和學生將登入（login）到系統之中。如果是老師登入，他們將被帶到「管理者控制台」（admin console）；如果是學生登入，他們將被帶到「測驗選單」（test menu）中，以參與一項或多項測驗。在這種情況下，我們實際上有三個子系統：

- 登入系統
- 管理系統
- 測驗系統

上述系統中有兩個執行流程。我們有管理流程和測驗流程。我們必須為每個流程建立條件和測試案例。這個非常簡單的「評量（assessment）系統登入」將是我們的 E2E 範例。在現實世界中，E2E 的使用將比本章討論的還要更多。本章的主要目的是讓你思考 E2E 測試及其最佳實作，因此事情越簡單越好，以免「複雜性」妨礙我們嘗試完成的工作（亦即手動測試這三個彼此之間必須頻繁互動的模組）。

本節的目的是建置組成整個系統的三個控制台應用程式：登入模組、管理模組和測驗模組。在建置它們之後，我們將手動進行測試。下圖顯示了系統之間的互動。我們將從登入模組開始：

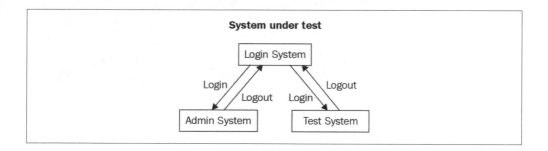

登入模組（子系統）

我們系統的第一部分要求老師和學生都以「使用者名稱」和「密碼」登入到系統之中。任務列表如下：

1. 輸入「使用者名稱」。
2. 輸入「密碼」。
3. 按下 Cancel（這將會重置「使用者名稱」和「密碼」）。
4. 按下 OK。
5. 如果「使用者名稱」無效，則在「登入頁面」上顯示錯誤訊息。
6. 如果使用者有效，則執行以下操作：
   - 如果使用者是老師，則載入管理控制台（admin console）。
   - 如果使用者是學生，則載入測驗控制台（test console）。

讓我們從建立控制台應用程式開始。我們將其命名為 CH07_Logon。在 Program.cs 類別中，將現有程式碼替換為以下內容：

```
using System;
using System.Collections.Generic;
using System.Diagnostics;
using System.Linq;

namespace CH07_Logon
{
    internal static class Program
    {
        private static void Main(string[] args)
        {
            DoLogin("Welcome to the test platform");
        }
    }
}
```

DoLogin() 方法將會採用「傳入的字串」，並使用「傳入的字串」作為標題。由於我們尚未登入，因此標題將被設置為 "Welcome to the test platform"（歡迎來到測驗平台）。我們需要新增 DoLogin() 方法，如下所示：

```
private static void DoLogin(string message)
{
    Console.WriteLine("--------------------------");
    Console.WriteLine(message);
    Console.WriteLine("--------------------------");
    Console.Write("Enter your username: ");
    var usr = Console.ReadLine();
```

```
Console.Write("Enter your password: ");
var pwd = ReadPassword();
ValidateUser(usr, pwd);
}
```

這段程式碼會接受一則訊息（message）。這則訊息會被用來當作控制台視窗中的標題，然後提示使用者輸入其「使用者名稱」和「密碼」。ReadPassword() 方法會讀取所有輸入，並用「星號」替換字母，以隱藏使用者的輸入。然後，透過呼叫 ValidateUser() 方法來驗證「使用者名稱」和「密碼」。

我們接下來要做的就是新增 ReadPassword() 方法，如下所示：

```
public static string ReadPassword()
{
    return ReadPassword('*');
}
```

這種方法真的很簡單，它呼叫相同名稱的多載方法（overloaded method），並傳入密碼遮罩（mask）字元。讓我們實作多載的 ReadPassword() 方法：

```
public static string ReadPassword(char mask)
{
    const int enter = 13, backspace = 8, controlBackspace = 127;
    int[] filtered = { 0, 27, 9, 10, 32 };
    var pass = new Stack<char>();
    char chr = (char)0;
    while ((chr = Console.ReadKey(true).KeyChar) != enter)
    {
        if (chr == backspace)
        {
            if (pass.Count > 0)
            {
                Console.Write("\b \b");
                pass.Pop();
            }
        }
        else if (chr == controlBackspace)
        {
            while (pass.Count > 0)
            {
```

```
            Console.Write("\b \b");
            pass.Pop();
        }
    }
    else if (filtered.Count(x => chr == x) <= 0)
    {
        pass.Push((char)chr);
        Console.Write(mask);
    }
    }
    Console.WriteLine();
    return new string(pass.Reverse().ToArray());
}
```

多載的 `ReadPassword()` 方法接受密碼遮罩。此方法將每個字元增加到堆疊之中。除非所按的鍵是 Enter 鍵，否則將檢查所按的鍵以查看使用者是否執行 Delete 鍵。如果使用者執行 Delete 鍵，則最後輸入的字元將從堆疊（stack）之中刪除。如果輸入的字元不在篩選列表中，則將其壓入堆疊之上。然後將密碼遮罩寫在螢幕。按下 Enter 鍵後，會將空白行寫入控制台視窗，且堆疊的內容將反轉，以字串形式回傳。

我們需要為該子系統編寫的最後一個方法是 `ValidateUser()` 方法：

```
private static void ValidateUser(string usr, string pwd)
{
    if (usr.Equals("admin") && pwd.Equals("letmein"))
    {
        var process = new Process();
        process.StartInfo.FileName =
@"..\..\..\CH07_Admin\bin\Debug\CH07_Admin.exe";
        process.StartInfo.Arguments = "admin";
        process.Start();
    }
    else if (usr.Equals("student") && pwd.Equals("letmein"))
    {
        var process = new Process();
        process.StartInfo.FileName =
@"..\..\..\CH07_Test\bin\Debug\CH07_Test.exe";
        process.StartInfo.Arguments = "test";
        process.Start();
    }
```

```
    else
    {
        Console.Clear();
        DoLogin("Invalid username or password");
    }
}
```

`ValidateUser()` 方法會檢查「使用者名稱」和「密碼」。如果他們被驗證為管理員，則會載入管理頁面；如果他們被驗證為學生，則會載入學生頁面。否則，將清除控制台，通知使用者認證錯誤，並提示他們重新輸入認證（即「使用者名稱」和「密碼」）。

成功執行登入操作之後，將會載入相關子系統，然後終止登入子系統。現在我們已經完成了登入模組，接下來將編寫我們的管理模組。

管理模組（子系統）

管理子系統是執行所有系統管理的地方。其中包括以下內容：

- 匯入學生
- 匯出學生
- 新增學生
- 刪除學生
- 編輯學生資料
- 指派測驗給學生
- 修改管理員密碼
- 備份資料
- 恢復資料
- 清除所有資料
- 檢視報告
- 匯出報告
- 儲存報告
- 列印報告
- 登出

在這個範例練習中，我們將不會實作這些功能（這些將留給你當作有趣的練習）。我們感興趣的是，成功登入之後將會載入管理模組。如果沒有登入就載入了管理模組，將會顯示一則錯誤訊息。然後，當使用者按下任意鍵時，他們將被帶到登入模組。當使用者以「管理員身分」成功登入且使用「admin 參數」呼叫 admin 可執行檔（executable）時，即表示成功登入。

在 Visual Studio 中建立一個控制台應用程式，並將其命名為 CH07_Admin。更新 Main() 方法，如下所示：

```
private static void Main(string[] args)
{
    if ((args.Count() > 0) && (args[0].Equals("admin")))
    {
        DisplayMainScreen();
    }
    else
    {
        DisplayMainScreenError();
    }
}
```

Main() 方法檢查「參數計數」是否大於 0，以及陣列中的「第一個參數」是否為 admin。如果是的話，則透過呼叫 DisplayMainScreen() 方法顯示主畫面；否則，將呼叫 DisplayMainScreenError() 方法，警告使用者必須登入才能存取系統。現在該編寫 DisplayMainScreen() 方法了：

```
private static void DisplayMainScreen()
{
    Console.WriteLine("-----------------------------------");
    Console.WriteLine("Test Platform Administrator Console");
    Console.WriteLine("-----------------------------------");
    Console.WriteLine("Press any key to exit");
    Console.ReadKey();
    Process.Start(@"..\..\..\CH07_Logon\bin\Debug\CH07_Logon.exe");
}
```

如你所見，DisplayMainScreen() 方法非常簡單。它顯示標題，還有一則「按任意鍵退出」（"Press any key to exit"）的訊息，然後等待按鍵的動作（keypress）。在按鍵之後，該程式將會進入登入模組並退出。DisplayMainScreenError() 方法如下所示：

```
private static void DisplayMainScreenError()
{
    Console.WriteLine("------------------------------------");
    Console.WriteLine("Test Platform Administrator Console");
    Console.WriteLine("------------------------------------");
    Console.WriteLine("You must login to use the admin module.");
    Console.WriteLine("Press any key to exit");
    Console.ReadKey();
    Process.Start(@"..\..\..\CH07_Logon\bin\Debug\CH07_Logon.exe");
}
```

藉由這個方法，你可以看到該模組是在「沒有登入」的情況下啟動的。這是不允許的。因此，當使用者按下任意鍵時，該使用者將被重新導向至登入模組，在那裡，他們可以登入並使用管理模組。我們的最後一個模組是測驗模組，接下來，讓我們開始編寫它。

測驗模組（子系統）

測驗系統包含一個選單。該選單顯示學生必須執行的測驗列表，並提供退出測驗系統的選項。該系統的功能包括：

- 顯示必須完成的測驗選單。
- 從選單中選擇一個專案，然後開始寫測驗。
- 測驗完成後，儲存結果並回到選單。
- 測驗完成後，將其從選單之中刪除。
- 當使用者退出測驗模組時，他們將回到登入模組。

與前面的模組一樣，我將讓你試著新增上述功能。我們在此感興趣的主要事情是，確保只有使用者登入時才會執行測驗模組。而當退出此模組時，就會載入登入模組。

測驗模組或多或少是對管理模組的改寫，因此我們將不再贅述，讓我們跳到應該學習的部分。請更新 Main() 方法，如下所示：

```
private static void Main(string[] args)
{
    if ((args.Count() > 0) && (args[0].Equals("test")))
    {
        DisplayMainScreen();
    }
```

```
        else
        {
            DisplayMainScreenError();
        }
    }
```

現在，新增 `DisplayMainScreen()` 方法：

```
private static void DisplayMainScreen()
{
    Console.WriteLine("------------------------------------");
    Console.WriteLine("Test Platform Student Console");
    Console.WriteLine("------------------------------------");
    Console.WriteLine("Press any key to exit");
    Console.ReadKey();
    Process.Start(@"..\..\..\CH07_Logon\bin\Debug\CH07_Logon.exe");
}
```

最後，編寫 `DisplayMainScreenError()` 方法：

```
private static void DisplayMainScreenError()
{
    Console.WriteLine("------------------------------------");
    Console.WriteLine("Test Platform Student Console");
    Console.WriteLine("------------------------------------");
    Console.WriteLine("You must login to use the student module.");
    Console.WriteLine("Press any key to exit");
    Console.ReadKey();
    Process.Start(@"..\..\..\CH07_Logon\bin\Debug\CH07_Logon.exe");
}
```

現在我們已經編寫了所有的三個模組，我們將在下一節中對其進行測試。

使用 E2E 測試我們的三模組系統

在本節中，我們將對我們的「三模組系統」進行手動 E2E 測試。我們將測試登入模組，以確保它僅存取對管理模組或測驗模組的有效登入。當「有效的管理員」登入到系統時，他們應該要看到管理模組，而且應該卸載（unload）登入模組；當「有效的學生」登入系統時，他們應該要看到測驗模組，而且應該卸載登入模組。

如果我們嘗試在不登入的情況下載入管理模組，我們會被警告：我們必須先登入。在按下任意鍵之後，就會卸載管理模組並載入登入模組。同樣地，如果我們嘗試在不登入的情況下使用測試模組，我們也會被警告：除非先登入，否則無法使用測試模組。在按下任意鍵之後，就會載入登入模組並卸載測驗模組。

現在，讓我們完成手動測試程序：

1. 確保所有專案皆已建置，然後執行登入模組。你應該會看到以下畫面：

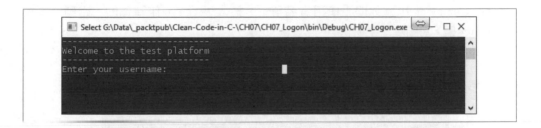

2. 輸入不正確的「使用者名稱」和／或「密碼」，然後按 Enter，你將看到以下畫面：

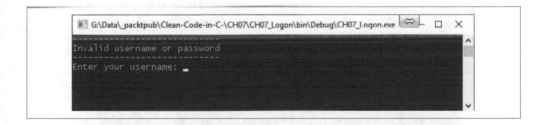

3. 現在，輸入 admin 作為「使用者名稱」、輸入 letmein 作為「密碼」，然後按 Enter。你應該看到管理模組的畫面顯示成功登入：

4. 按任意鍵退出，你應該再次看到登入模組：

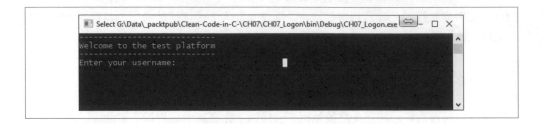

5. 輸入 student 作為你的「使用者名稱」、輸入 letmein 作為你的「密碼」。按 Enter 鍵，將顯示學生模組：

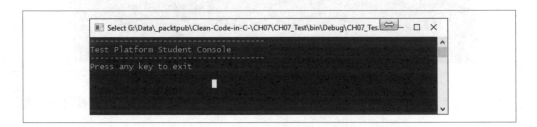

6. 現在，在不登入的狀態下載入管理模組，你應該看到以下內容：

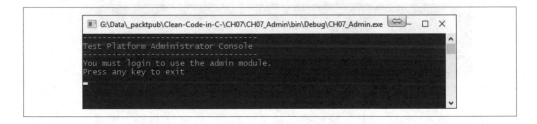

7. 按任意鍵將會帶你回到登入模組。現在，在不登入的狀態下載入測驗模組，你應該看到以下內容：

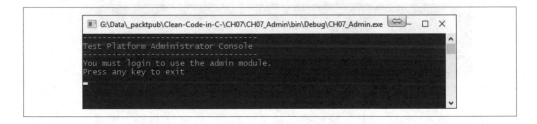

現在，我們已經成功地對「三模組系統」進行了手動 E2E 測試。到目前為止，這是在系統中執行 E2E 測試的最佳做法。你的單元測試會讓這個階段變得非常簡單。當你進入此階段時，你的 bug 應該都被捕獲並且處理好了。不過，一如往常，總是有遇到問題的可能性，這就是為什麼最好要手動執行整個系統。如此一來，這些互動將被視覺化，你也會看到系統的行為符合預期。

較大的系統會使用「工廠」和「依賴注入」，我們將在本章陸續討論，讓我們先從工廠開始。

工廠

工廠是使用「工廠方法模式」（**factory method pattern**）實作的。此模式的目的是允許在「不指定」物件類別的情況下建立物件。這是透過叫用「工廠方法」來完成的。「工廠方法」的主要目標是建立類別的實例。

你會在以下情況中使用「工廠方法模式」：

- 針對「需要被實例化的物件」，當類別無法預料其「型別」時
- 當了類別必須指定「要被實例化的物件型別」時
- 當類別控制其物件的「實例化」時

以下為示意圖：

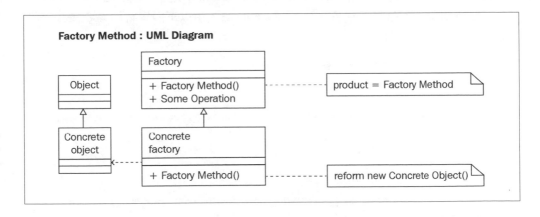

從上圖中可以看到，你擁有以下各項：

- Factory：它為回傳型別的 FactoryMethod() 提供一個介面
- ConcreteFactory：它覆寫（override）或實作 FactoryMethod()，來回傳具體型別（concrete type）
- ConcreteObject：它會繼承或實作基礎類別或介面

現在是示範的好時機。假設你有三個不同的客戶，每個客戶都需要使用不同的關聯資料庫作為後端資料來源。客戶使用的資料庫是 OracleDatabase、SQL Server 和 MySQL。

作為 E2E 測試的一部分，你將需要針對每個「資料來源」進行測試。但如果你只寫一次程式，卻想讓它在任何資料庫中都能正常運作呢？這就是「Factory 方法模式」的價值所在。

在安裝過程中，或是透過應用程式的初始配置，你都可以讓使用者指定他們希望使用的資料庫，作為他們的「資料來源」。該資訊能以「加密的資料庫連接字串」（encrypted database connection string）的形式，儲存在配置檔案（configuration file）之中。當你的應用程式啟動時，它將讀取「資料庫連接字串」並將其解密。然後，「資料庫連接字串」將傳遞到「工廠方法」中。最後，合適的資料庫連接物件將會被選取、實例化並且回傳，以供你的應用程式使用。

現在你已經有了一些背景知識，讓我們在 Visual Studio 中建立一個 .NET Framework Console 應用程式，並將其命名為 CH07_Factories。用以下內容替換 App.cong 檔案中的程式碼：

```xml
<?xml version="1.0" encoding="utf-8" ?>
<configuration>
    <startup>
        <supportedRuntime version="v4.0" sku=".NETFramework,Version=v4.8" />
    </startup>
    <connectionStrings>
        <clear />
        <add name="SqlServer"
            connectionString="Data Source=SqlInstanceName;Initial
Catalog=DbName;Integrated Security=True"
            providerName="System.Data.SqlClient"
```

```
        />
        <add name="Oracle"
            connectionString="Data Source=OracleInstance;User
    Id=usr;Password=pwd;Integrated Security=no;"
            providerName="System.Data.OracleClient"
        />
        <add name="MySQL"
    connectionString="Server=MySqlInstance;Database=MySqlDb;Uid=usr;Pwd=pwd;"
            providerName="System.Data.MySqlClient"
        />
    </connectionStrings>
    </configuration>
```

如你所見，前面的程式碼已將 connectionStrings 元素新增到配置檔案中。在該元素內，我們清除所有「現有的連接字串」，然後新增將用於該應用程式的三個「資料庫連接字串」。為了簡化本節的內容，我們提供了未加密的連接字串，但是在正式環境（production environment）中，請確保你的連接字串已加密！

在此專案中，我們將不在 Program 類別中使用 Main() 方法。我們將以 Factory 類別開始，如下所示：

```
namespace CH07_Factories
{
    public abstract class Factory
    {
        public abstract IDatabaseConnection FactoryMethod();
    }
}
```

前面的程式碼是我們的抽象工廠，帶有一個抽象的 FactoryFactory()，能夠回傳一個 IDatabaseConnection 型別。由於它並不存在，所以我們接下來將新增它：

```
namespace CH07_Factories
{
    public interface IDatabaseConnection
    {
        string ConnectionString { get; }
        void OpenConnection();
        void CloseConnection();
    }
}
```

在此介面中，我們有一個唯讀的連接字串、一個用於「打開」資料庫連接的 OpenConnection() 方法，以及一個用於「關閉」資料庫連接的 CloseConnection() 方法。到目前為止，我們已經有了抽象工廠和 IDatababaseConnection 介面。接下來，我們將建立我們的「具體資料庫連接類別」。讓我們從「SQL Server 資料庫連接類別」開始：

```
public class SqlServerDbConnection : IDatabaseConnection
{
    public string ConnectionString { get; }
    public SqlServerDbConnection(string connectionString)
    {
        ConnectionString = connectionString;
    }
    public void CloseConnection()
    {
        Console.WriteLine("SQL Server Database Connection Closed.");
    }
    public void OpenConnection()
    {
        Console.WriteLine("SQL Server Database Connection Opened.");
    }
}
```

如你所見，SqlServerDbConnection 類別完全實作了 IDatabaseConnection 介面。建構函式將 connectionString 作為單一參數。然後將「唯讀的 ConnectionString 屬性」指派給 connectionString。OpenConnection() 方法僅將資訊輸出到控制台。

但是，在實際的實作中，「連接字串」將用於連接到字串中指定的有效資料來源。資料庫連接一旦打開，就必須關閉。資料庫連接的「關閉」將透過 CloseConnection() 方法執行。接下來，我們對「Oracle 資料庫連接」和「MySQL 資料庫連接」重複上述過程：

```
public class OracleDbConnection : IDatabaseConnection
{
    public string ConnectionString { get; }
    public OracleDbConnection(string connectionString)
    {
        ConnectionString = connectionString;
    }
    public void CloseConnection()
```

```
    {
        Console.WriteLine("Oracle Database Connection Closed.");
    }
    public void OpenConnection()
    {
        Console.WriteLine("Oracle Database Connection Closed.");
    }
}
```

現在,我們有了 OracleDbConnection 類別。因此,我們需要實作的最後一個類別是 MySqlDbConnection 類別:

```
public class MySqlDbConnection : IDatabaseConnection
{
    public string ConnectionString { get; }
    public MySqlDbConnection(string connectionString)
    {
        ConnectionString = connectionString;
    }
    public void CloseConnection()
    {
        Console.WriteLine("MySQL Database Connection Closed.");
    }
    public void OpenConnection()
    {
        Console.WriteLine("MySQL Database Connection Closed.");
    }
}
```

由此,我們新增了具體類別(concrete class)。剩下要做的唯一事情就是建立繼承「抽象 Factory 類別」的 ConcreteFactory 類別。你將需要參考 System.Configuration.ConfigurationManager 的 NuGet 封包(packet):

```
using System.Configuration;

namespace CH07_Factories
{
    public class ConcreteFactory : Factory
    {
        private static ConnectionStringSettings _connectionStringSettings;
```

```
        public ConcreteFactory(string connectionStringName)
        {
            GetDbConnectionSettings(connectionStringName);
        }

        private static ConnectionStringSettings
GetDbConnectionSettings(string connectionStringName)
        {
            return
ConfigurationManager.ConnectionStrings[connectionStringName];
        }
    }
}
```

如前面的程式碼所示，該類別使用 System.Configuration 名稱空間。
ConnectionStringSettings 值被儲存在「_connectionStringSettings 成員變數」
中。這是在「採用了 connectionStringName 的建構函式」中所設置的。該名稱會被傳
遞到 GetDbConnectionSettings() 方法中。這個快速做法會讓你在建構函式中看到一
個明顯的錯誤。

該方法被呼叫，但並沒有設置成員變數。不過，當我們開始執行（我們尚未編寫的）
測試時，我們將彌補這個錯誤並加以修復。GetDbConnectionSettings() 方法使用了
ConfigurationManager，從 ConnectionStrings[] 陣列中讀取所需的連接字串。

現在，是時候透過新增 FactoryMethod() 來完成 ConcreteClass 了：

```
  public override IDatabaseConnection FactoryMethod()
  {
      var providerName = _connectionStringSettings.ProviderName;
      var connectionString = _connectionStringSettings.ConnectionString;
      switch (providerName)
      {
          case "System.Data.SqlClient":
              return new SqlServerDbConnection(connectionString);
          case "System.Data.OracleClient":
              return new OracleDbConnection(connectionString);
          case "System.Data.MySqlClient":
              return new MySqlDbConnection(connectionString);
          default:
              return null;
```

```
    }
}
```

我們的 FactoryMethod() 回傳了「IDatabaseConnection 型別」的具體類別。在
類別的開頭，成員變數將被讀取，並將這些值儲存在本地端的 providerName 和
connectionString 之中。然後使用一個開關（switch），來確定要「建立」和「傳
回」的資料庫連接的型別。

現在，我們可以測試工廠，看看它是否可以與「客戶使用的不同型別的資料庫」一起使
用。該測試可以手動完成，但是出於本練習的目的，我們將編寫自動化測試。

建立一個新的 NUnit 測試專案，新增對 CH07_Factories 專案的參照，然後新增
System.Configuration.ConfigurationManager NuGet 套件。將類別重新命名為
UnitTests.cs。現在，新增第一個測試，如下所示：

```
[Test]
public void IsSqlServerDbConnection()
{
    var factory = new ConcreteFactory("SqlServer");
    var connection = factory.FactoryMethod();
    Assert.IsInstanceOf<SqlServerDbConnection>(connection);
}
```

此測試用於「SQL Server 資料庫連接」。它建立一個新的 ConcreteFactory() 實例，
並傳入了 "SqlServer" 的 connectionStringName 值。然後，工廠會實例化，並藉由
FactoryMethod() 回傳正確的資料庫連接物件。最後，連接物件可被斷言（assert），
以測試它確實是 SqlServerDbConnection 型別的實例。我們需要為「其他資料庫連
接」編寫兩次以上的前述測試，所以現在讓我們新增「Oracle 資料庫連接」測試：

```
[Test]
public void IsOracleDbConnection()
{
    var factory = new ConcreteFactory("Oracle");
    var connection = factory.FactoryMethod();
    Assert.IsInstanceOf<OracleDbConnection>(connection);
}
```

此測試傳入了 "Oracle" 的 connectionStringName 值。進行斷言，以測試回傳的連接物
件是否為 OracleDbConnection 型別。最後，我們進行了「MySQL 資料庫連接」測試：

```
[Test]
public void IsMySqlDbConnection()
{
    var factory = new ConcreteFactory("MySQL");
    var connection = factory.FactoryMethod();
    Assert.IsInstanceOf<MySqlDbConnection>(connection);
}
```

此測試傳入了 "MySQL" 的 connectionStringName 值。進行斷言，以測試回傳的連接物件是否為 MySqlDbConnection 型別。如果我們現在執行測試，由於沒有設定「_ connectionStringSettings 變數」，它們將全部失敗。讓我們修復它。修改你的 ConcreteFactory 建構函式，如下所示：

```
public ConcreteFactory(string connectionStringName)
{
    _connectionStringSettings =
GetDbConnectionSettings(connectionStringName);
}
```

如果你現在執行所有測試，它們應該可以運作。如果你的連接字串沒有被 NUnit 接收，那麼它將在一個「與你期望的不同」的 App.config 檔案中尋找。在「讀取連接字串的程式碼行」之前新增以下這行程式碼：

```
var filepath =
ConfigurationManager.OpenExeConfiguration(ConfigurationUserLevel.None).File
Path;
```

這將會通知你 NUnit 在哪裡尋找連接字串設定。如果該檔案不存在，你可以手動建立它，並從「主 App.config 檔案」中複製其內容。不過，這樣做的問題是該檔案很可能在「下次建置時」被刪除。因此，若要使更改永久生效，你可以在測試專案中新增「建置後（post-build）事件」的命令列。

為此，請以滑鼠右鍵點擊你的測試專案，然後選擇 **Properties**。然後在 **Properties** 頁籤上選擇 **Build Events**。在「建置後事件」命令列中，新增以下命令：

xcopy "$(ProjectDir)App.config" "$(ProjectDir)bin\Debug\netcoreapp3.1\" /Y /I /R

下方的螢幕截圖顯示了 **Project Properties** 對話框的 **Build Events** 頁面，並具有
Post-build event command line（建置後事件命令列）：

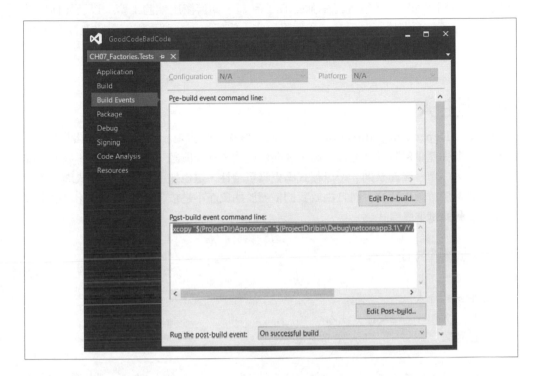

這將會在「測試專案輸出資料夾」中建立遺失的檔案。你系統上的檔案可能名為
`testhost.x86.dll.config`，我的系統上即是如此顯示。現在，你的建置應該可以正常
工作了。

如果你更改了 `FactoryMethod()` 中某個案例的回傳型別，你會看到測試失敗了，如以
下螢幕截圖所示：

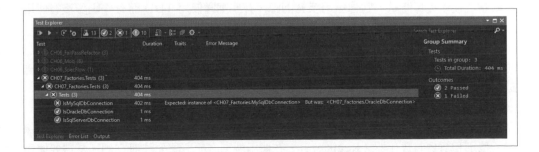

將程式碼更改回正確的型別，以便你的程式碼現在可以通過測試。

我們已經看到了如何對系統進行手動的 E2E 測試、如何使用軟體工廠，以及如何自動測試工廠是否按預期執行。現在，我們將研究「依賴注入」以及如何對它進行 E2E 測試。

依賴注入

依賴注入（Dependency Injection，**DI**）把「程式碼的行為」跟「它的依賴關係」分開來，幫助你產生鬆散耦合的程式碼，進而使程式碼易於閱讀，也易於測試、擴展和維護。因為遵循單一職責原則，所以程式碼更具可讀性，這也造就了更小的程式碼。較小的程式碼易於維護和測試，而且由於我們依賴於抽象而不是依賴於實作，因此可以根據需要，更輕鬆地擴展程式碼。

以下是可以實作的 DI 類型：

- 建構函式注入
- 屬性 / Setter（設置器）注入
- 方法注入

Poor man's DI（窮人的 DI）是沒有容器（container）的。然而，推薦的最佳實作是使用「DI 容器」。簡單來說，「DI 容器」是一個註冊框架（registration framework），可以實例化依賴關係，並在需要時將其注入。

現在，我們將為我們的 DI 範例編寫自己的依賴容器、介面、服務和客戶端。然後，我們將為依賴專案編寫測試。請記住，即使應該要先編寫測試，但在我遇到的大多數商業情境中，它們都是在編寫軟體之後才編寫的！因此，在我們的範例中，我們將在編寫軟體之後才編寫測試。當你僱用多個團隊，有些團隊使用 TDD 而有些團隊沒有使用 TDD，或者你使用的是「沒有測試的第三方程式碼」的時候，這是經常會發生的。

前面我們提過，E2E 的自動化很困難，最好是手動完成，但是你可以將系統的測試自動化，也可以執行手動測試。如果你有多個資料來源，這格外有用。

你需要準備的第一個東西是「依賴容器」（dependency container）。「依賴容器」保留了型別和實例的暫存器（Register）。在使用型別之前，請先註冊它們。當需要使用

物件實例時，可以將其解析為變數，然後將其注入（inject，或傳遞）到建構函式、方法或屬性之中。

建立一個新的類別函式庫，並將其命名為 CH07_DependencyInjection。新增一個名為 DependencyContainer 的新類別，並新增以下程式碼：

```
public static readonly IDictionary<Type, Type> Types = new Dictionary<Type,
Type>();
public static readonly IDictionary<Type, object> Instances = new
Dictionary<Type, object>();

public static void Register<TContract, TImplementation>()
{
    Types[typeof(TContract)] = typeof(TImplementation);
}

public static void Register<TContract, TImplementation>(TImplementation
instance)
{
    Instances[typeof(TContract)] = instance;
}
```

在這段程式碼中，我們有兩個字典（dictionary）來容納型別和實例。我們也有兩種方法：一種用於註冊我們的型別，一種用於註冊我們的實例。現在我們有了用於「註冊」和「儲存」型別和實例的程式碼，我們需要一種在執行時「解析」（resolve）它們的方法。請將以下程式碼新增到 DependencyContainer 類別中：

```
public static T Resolve<T>()
{
    return (T)Resolve(typeof(T));
}
```

這個方法以型別傳入。它呼叫該方法來解析型別，並回傳該型別的實例。現在，讓我們新增該方法：

```
public static object Resolve(Type contract)
{
    if (Instances.ContainsKey(contract))
    {
        return Instances[contract];
```

```
        }
    else
    {
        Type implementation = Types[contract];
        ConstructorInfo constructor = implementation.GetConstructors()[0];
        ParameterInfo[] constructorParameters =
constructor.GetParameters();
        if (constructorParameters.Length == 0)
        {
            return Activator.CreateInstance(implementation);
        }
        List<object> parameters = new
List<object>(constructorParameters.Length);
        foreach (ParameterInfo parameterInfo in constructorParameters)
        {
            parameters.Add(Resolve(parameterInfo.ParameterType));
        }
        return constructor.Invoke(parameters.ToArray());
    }
}
```

Resolve()方法檢查「Instances 字典」是否包含一個實例，這個實例的金鑰（key）符合合約（contract）。如果是的話，將回傳該實例；否則，將建立並回傳一個新實例。

現在，我們需要一個介面，這個介面將實作「我們要注入的服務」。我們將其命名為 IService。它只有一個方法可以回傳字串，該方法是 WhoAreYou()：

```
public interface IService
{
    string WhoAreYou();
}
```

「我們要注入的服務」將實作上述介面。我們的「第一個類別」將被命名為 ServiceOne，該方法將回傳字串 "CH07_DependencyInjection.ServiceOne()"：

```
public class ServiceOne : IService
{
    public string WhoAreYou()
    {
```

```
        return "CH07_DependencyInjection.ServiceOne()";
    }
}
```

「第二個服務」是相同的，只是它被稱為 ServiceTwo，該方法回傳字串 "CH07_
DependencyInjection.ServiceTwo()"：

```
public class ServiceTwo : IService
{
    public string WhoAreYou()
    {
        return "CH07_DependencyInjection.ServiceTwo()";
    }
}
```

「依賴容器」、「介面」和「服務」類別現在已就緒。最後，我們將新增作為示範物件
的客戶端，該客戶端將透過 DI 使用我們的服務。我們的類別將展示建構函式注入、屬
性注入和方法注入。將以下程式碼新增到類別的頂端：

```
private IService _service;

public Client() { }
```

_service 成員變數將用於儲存「我們注入的服務」。我們有一個預設的建構函式，以
便我們可以測試屬性和方法注入。新增一個建構函式，來接受並設置 IService 成員：

```
public Client (IService service)
{
    _service = service;
}
```

接下來，我們將新增屬性，以測試屬性注入和建構函式注入：

```
public IService Service
{
    get { return _service; }
    set
    {
        _service = value;
    }
}
```

然後，我們將新增一個在注入的物件上呼叫 WhoAreYou() 的方法。Service 屬性允許「設置」和「檢索」_service 成員變數。最後，我們將新增我們的 GetServiceName() 方法：

```
public string GetServiceName(IService service)
{
    return service.WhoAreYou();
}
```

在 IService 類別的注入實例上呼叫 GetServiceName() 方法。此方法回傳了「傳入的服務」的標準名稱。現在，我們將編寫單元測試以測試其功能。新增一個測試專案並參照依賴專案。呼叫測試專案 CH07_DependencyInjection.Tests 並將 UnitTest1 重新命名為 UnitTests。

我們將編寫測試，來檢查實例的「註冊」和「解析」是否正常，並透過建構函式注入、Setter 注入和方法注入來注入正確的類別。我們的測試將測試 ServiceOne 和 ServiceTwo 的注入。讓我們首先編寫 Setup() 方法，如下所示：

```
[TestInitialize]
public void Setup()
{
    DependencyContainer.Register<ServiceOne, ServiceOne>();
    DependencyContainer.Register<ServiceTwo, ServiceTwo>();
}
```

在我們的 Setup() 方法中，我們註冊了 IService 類別的兩個實作，分別是 ServiceOne() 和 ServiceTwo()。現在，我們將編寫兩個測試方法，來測試「依賴容器」：

```
[TestMethod]
public void DependencyContainerTestServiceOne()
{
    var serviceOne = DependencyContainer.Resolve<ServiceOne>();
    Assert.IsInstanceOfType(serviceOne, typeof(ServiceOne));
}

[TestMethod]
public void DependencyContainerTestServiceTwo()
{
    var serviceTwo = DependencyContainer.Resolve<ServiceTwo>();
```

```
        Assert.IsInstanceOfType(serviceTwo, typeof(ServiceTwo));
    }
```

這兩個方法都呼叫了 Resolve() 方法,這個方法檢查型別的實例。如果存在實例,則將其回傳;否則,將實例化一個並且回傳。現在該為 serviceOne 和 serviceTwo 編寫建構函式注入測試了:

```
[TestMethod]
public void ConstructorInjectionTestServiceOne()
{
    var serviceOne = DependencyContainer.Resolve<ServiceOne>();
    var client = new Client(serviceOne);
    Assert.IsInstanceOfType(client.Service, typeof(ServiceOne));
}


[TestMethod]
public void ConstructorInjectionTestServiceTwo()
{
    var serviceTwo = DependencyContainer.Resolve<ServiceTwo>();
    var client = new Client(serviceTwo);
    Assert.IsInstanceOfType(client.Service, typeof(ServiceTwo));
}
```

在這兩種建構函式測試方法中,我們都從容器註冊表(registry)中解析相關服務。然後我們將服務傳遞給建構函式。最後,使用 get Service 屬性,我們斷言了「透過建構函式傳入的服務」是預期服務的實例。讓我們編寫測試,以展示「屬性 Setter 注入」(property setter injection)是按預期運作的:

```
[TestMethod]
public void PropertyInjectTestServiceOne()
{
    var serviceOne = DependencyContainer.Resolve<ServiceOne>();
    var client = new Client();
    client.Service = serviceOne;
    Assert.IsInstanceOfType(client.Service, typeof(ServiceOne));
}


[TestMethod]
public void PropertyInjectTestServiceTwo()
{
    var serviceTwo = DependencyContainer.Resolve<ServiceTwo>();
```

```
    var client = new Client();
    client.Service = serviceTwo;
    Assert.IsInstanceOfType(client.Service, typeof(ServiceOne));
}
```

為了測試 Setter 注入是否解析了我們所追求的類別，請使用預設建構函式建立一個客戶端，然後將「解析後的實例」指派給 Service 屬性。接下來，我們會斷言該服務是否為預期型別的實例。最後，對於我們的測試，我們只需要測試我們的方法注入：

```
[TestMethod]
public void MethodInjectionTestServiceOne()
{
    var serviceOne = DependencyContainer.Resolve<ServiceOne>();
    var client = new Client();
    Assert.AreEqual(client.GetServiceName(serviceOne),
"CH07_DependencyInjection.ServiceOne()");
}

[TestMethod]
public void MethodInjectionTestServiceTwo()
{
    var serviceTwo = DependencyContainer.Resolve<ServiceTwo>();
    var client = new Client();
    Assert.AreEqual(client.GetServiceName(serviceTwo),
"CH07_DependencyInjection.ServiceTwo()");
}
```

在這裡，我們再次解析實例。使用預設建構函式建立一個新客戶端，並在已解析的實例中斷言傳遞，而呼叫 GetServiceName() 方法將會回傳被傳入實例的正確識別（correct identity）。

模組化

一個系統由一個或多個模組所組成。當系統包含兩個或更多模組時，你需要測試它們之間的互動，以確保它們可以如預期地運作。讓我們考慮下圖所示的 API 系統：

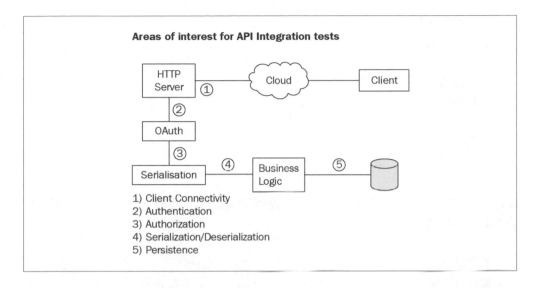

從上圖中可以看到，我們有一個客戶端，可以透過 API 存取雲端中的資料儲存區。客戶端將請求發送到 HTTP 伺服器。該請求已通過身分驗證。通過驗證之後，即可授權該請求存取 API。客戶端發送的資料被反序列化（deserialized），然後傳遞到業務層（business layer）。然後，業務層對資料儲存區執行讀取、插入、更新或刪除等操作。最後，資料透過業務層從資料庫傳遞回客戶端，然後是序列化層（serialization layer），接著傳遞回客戶端。

如你所見，我們有許多進行互動的模組。我們有以下內容：

- 與序列化（**序列化，Serialization** 和**反序列化，Descrialization**）互動的安全性（**身分驗證，Authentication** 和**授權，Authorization**）
- 與「包含所有業務邏輯的業務層」互動的序列化
- 與資料儲存區互動的「**業務邏輯（Business Logic）層**」

如果我們觀察以上三個方面，會發現可以編寫許多測試來自動化 E2E 測試過程。許多測試本質上都是單元測試，已整合到我們的整合測試套件之中。接下來，讓我們看看其中的一部分。我們能夠測試以下內容：

- 正確登入
- 錯誤登入
- 被授權的存取

- 未授權的存取
- 資料序列化
- 資料反序列化
- 業務邏輯
- 資料庫讀取
- 資料庫更新
- 資料庫插入
- 資料庫刪除

從這些測試中可以看到，它們是整合測試之上的單元測試。那麼，我們可以編寫哪些整合測試呢？我們可以編寫以下測試：

- 發送讀取請求
- 發送插入請求
- 發送編輯請求
- 發送刪除請求

可以使用正確的「使用者名稱」和「密碼」以及格式正確的「資料請求」（data request）編寫這四個測試，還可以針對無效的「使用者名稱」或「密碼」以及格式錯誤的「資料請求」編寫這四個測試。

因此，你可以這樣執行「整合測試」：使用「單元測試」來測試每個模組之中的程式碼，然後使用「每次只測試兩個模組之間的互動」的測試。你還可以編寫執行完整 E2E 操作的測試。

不過，儘管能夠使用程式碼來測試所有這些功能，你必須做的一件事是手動執行系統，以驗證一切是否按預期進行。

在所有這些測試成功完成之後，你可以放心將程式碼發布到正式環境中。

我們已經討論了 E2E 測試（即整合測試），讓我們總結我們學到的知識。

小結

在本章中，我們研究了 E2E 測試。我們可以編寫自動化測試，但我們也從終端使用者的角度理解了「手動測試」整個應用程式的重要性。

當我們討論工廠的時候，我們也看到了它們在「資料庫連接性」方面的一個應用範例。我們使用的範例情境是：我們的應用程式將讓使用者使用「他們選擇的資料庫」。我們載入一個連接字串，然後基於該連接字串，實例化相關的「資料庫連接物件」並回傳以供使用。我們看到了如何針對「每個不同資料庫的每個使用案例」來測試工廠。工廠可以在許多不同的情境中使用，現在你知道它們是什麼、如何使用它們，最重要的是，你知道如何測試它們。

DI 讓「單一類別」可以與「介面的多個不同實作」一起使用。當我們編寫自己的「依賴容器」時，我們看到了這一點。「我們建立的介面」由兩個類別實作、被新增到依賴暫存器之中，並在被「依賴容器」呼叫時解析。我們實作了單元測試，來測試建構函式注入、屬性注入和方法注入的不同實作。

然後，我們研究了模組。一個簡單的應用程式可能包含一個模組，但是應用程式的複雜度越高，組成該應用程式的模組就越多。隨著模組數量的增加，出現問題的機會也會增加。因此，測試模組之間的互動就非常重要。我們可以使用單元測試來測試模組本身，也可以使用更複雜的測試來測試模組之間的互動，這些測試將從頭到尾執行一個完整的情境。

在下一章中，我們將探討處理執行緒（thread）和同步（concurrency）時的最佳做法。不過，先讓我們測試一下你對本章內容的了解。

練習題

1. E2E 測試是什麼？
2. E2E 測試的另一個名稱是什麼？
3. 在 E2E 測試中應採用什麼方法？
4. 工廠是什麼？為什麼要使用它們？
5. DI 是什麼？
6. 為什麼要使用「依賴容器」？

延伸閱讀

- Manning 出版社的《*Dependency Injection in .NET*》針對 .NET DI 及各種 DI 框架有非常詳盡的描述。（**編輯注**：博碩文化出版本書繁體中文版，《依賴注入：原理、實作與設計模式》。）

8

執行緒與同步

處理程序（process）本質上是一個在作業系統（operating system）上執行的程式。處理程序是由多個執行緒所組成。一個執行緒（a thread of execution）是由處理程序所發出的一組命令（a set of commands）。一次執行多個執行緒的能力被稱為「**多執行緒**」（**multi-threading**）。在本章中，我們將研究「多執行緒」和「**同步**」（**concurrency**）。

多個執行緒被分配了一定的執行時間，每個執行緒由「執行緒調度程序」（thread scheduler）輪流執行。「執行緒調度程序」使用「**時間切片**」（**time slicing**）的技術來調度執行緒，然後將每個執行緒傳遞給 CPU，以在規劃的時間上執行。

「同步」是指同時執行多個執行緒的能力。這可以在具有多核心處理器的電腦上完成。電腦擁有的處理器核心越多，可以同時執行越多的執行緒。

在本章中討論「同步」和執行緒時，我們將遇到阻斷（blocking）、死結（deadlock）和競爭條件（race condition）等問題。你將看到我們如何使用 clean coding 的技術來克服這些問題。

本章涵蓋以下主題：

- 了解執行緒生命週期
- 新增執行緒參數
- 使用執行緒池（thread pool）

- 使用互斥物件（mutual exclusion object）及同步執行緒（synchronous thread）
- 使用 semaphore（號誌）處理平行執行緒（parallel threads）
- 限制執行緒池中的處理器和執行緒數量
- 預防死結
- 預防競爭條件
- 了解靜態建構函式和方法
- 可變性、不可變和執行緒安全性
- 同步方法的依賴性
- 使用 Interlocked 類別進行簡單的狀態更改
- 一般性建議

讀完本章並掌握了執行緒和「同步」的技術之後，你將獲得以下技能：

- 了解並說明執行緒生命週期
- 理解和使用「前台執行緒」和「後台執行緒」
- 使用執行緒池「節流」（throttle，調節）執行緒，並設定要同時使用的處理器數量
- 了解靜態建構函式和方法對「多執行緒」和「同步」的影響
- 考量可變性和不可變，以及它們對執行緒安全性的影響
- 了解導致競爭條件的原因以及知道如何避免它們
- 了解導致死結的原因以及知道如何避免它們
- 使用 Interlocked 類別執行簡單的狀態更改

要執行本章的程式碼，你將需要一個 .NET Framework 控制台應用程式。除非另有說明，否則所有程式碼都將放置在 Program 類別中。

了解執行緒生命週期

C# 中的執行緒具有關聯的生命週期。執行緒的生命週期如下：

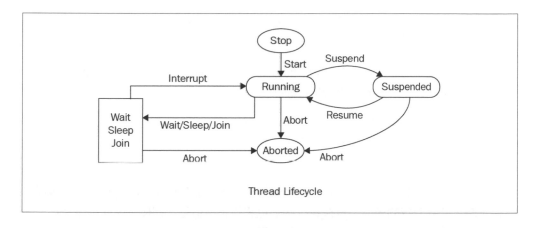

Thread Lifecycle

當執行緒啟動時，它會進入執行（**Running**）狀態。執行時，執行緒可以進入等待
（**Wait**）、睡眠（**Sleep**）、加入（**Join**）、停止（**Stop**）或暫停（**Suspended**）狀
態。執行緒也可以中止（**Abort**），中止的執行緒會進入停止狀態。你可以分別呼叫
Suspend() 和 Resume() 方法來暫停和恢復執行緒。

當呼叫 Monitor.Wait(object obj) 方法時，執行緒將進入等待狀態。然後，在呼
叫 Monitor.Pulse(object obj) 方法時，執行緒將繼續。執行緒透過呼叫 Thread.
Sleep(int millisecondsTimeout) 方法進入睡眠模式。經過一段時間後，執行緒將回
到執行狀態。

Thread.Join() 方法使執行緒進入等待狀態。加入的執行緒將保持等待狀態，直到所有
「從屬的（dependent）執行緒」完成執行，就會進入執行狀態。但是，如果任何「從
屬的執行緒」被中止，則該執行緒也將被中止並進入停止狀態。

 已完成或已中止的執行緒將無法重新啟動。

執行緒可以在前台或後台執行。讓我們看一下「前台執行緒」（foreground threads）
和「後台執行緒」（background threads）：

- **前台執行緒**：預設情況下，執行緒在前台執行。當至少有一個「前台執行緒」正
  在執行時，處理程序將繼續執行。即使 Main() 完成了，但「前台執行緒」仍在執
  行，應用程式處理程序也將保持活動狀態，直到「前台執行緒」終止。建立「前台
  執行緒」非常簡單，如以下程式碼所示：

```
var foregroundThread = new Thread(SomeMethodName);
foregroundThread.Start();
```

- **後台執行緒**：建立「後台執行緒」的方式與建立「前台執行緒」的方式相同，只是你還必須明確地設定要在後台執行的執行緒，如下所示：

```
var backgroundThread = new Thread(SomeMethodName);
backgroundThread.IsBackground = true;
backgroundThread.Start();
```

「後台執行緒」用於執行後台任務，並且保持使用者介面對使用者的回應。當主處理程序終止時，正在執行的所有「後台執行緒」也將終止。但是，即使主處理程序終止了，正在執行的所有「前台執行緒」仍將執行完畢。

在下一節中，我們將研究執行緒參數。

新增執行緒參數

在執行緒中執行的方法通常具有參數。因此，在執行緒中執行方法時，了解如何將方法參數傳遞到執行緒中是很有用的。

假設我們有以下方法，該方法將兩個整數相加並回傳結果：

```
private static int Add(int a, int b)
{
  return a + b;
}
```

如你所見，該方法很簡單。有兩個參數，分別稱為 a 和 b。這兩個參數將需要被傳遞到執行緒中，以便 Add() 方法正確地執行。我們將新增一個範例方法來完成該任務：

```
private static void ThreadParametersExample()
{
    int result = 0;
    Thread thread = new Thread(() => { result = Add(1, 2); });
    thread.Start();
    thread.Join();
    Message($"The addition of 1 plus 2 is {result}.");
}
```

在此方法中，我們宣告一個初始值為 0 的整數。我們建立一個新執行緒，該執行緒使用參數值 1 和 2 來呼叫 Add() 方法，然後將結果指派給該整數變數。接著，執行緒啟動，我們等待它透過呼叫 Join() 方法完成執行。最後，我們將結果輸出到控制台視窗。

讓我們新增 Message() 方法，如下所示：

```
internal static void Message(string message)
{
    Console.WriteLine(message);
}
```

Message() 方法只需要一個字串並將其輸出到控制台視窗。我們現在要做的就是更新 Main() 方法，如下所示：

```
static void Main(string[] args)
{
    ThreadParametersExample();
    Message("=== Press any Key to exit ---");
    Console.ReadKey();
}
```

在 Main() 方法中，我們呼叫範例方法，然後等待使用者按任意鍵再退出。你應該看到以下輸出：

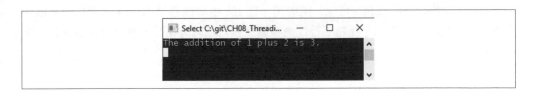

如你所見，1 和 2 是傳遞給加法的方法參數，3 是執行緒回傳的值。我們將討論的下一個主題是使用執行緒池。

使用執行緒池

執行緒池（thread pool）透過在應用程式初始化期間建立「執行緒集合」來提高效能。當需要執行緒時，將為其指派一個任務。該任務將被執行。一旦執行，執行緒將回到執行緒池以進行重用。

由於在 .NET 中建立執行緒的成本很高，因此我們可以透過使用執行緒池來提高效能。每個處理程序根據可用的系統資源（例如記憶體和 CPU），會有固定數量的執行緒。但是，我們可以增加或減少執行緒池中使用的執行緒數量。通常最好讓執行緒池「自行處理」所要使用的執行緒數量，而不要「手動設置」這些值。

建立執行緒池的不同方法如下：

- 使用 **Task Parallel Library**（任務平行函式庫，**TPL**）（在 .NET Framework 4.0 及更高的版本上）
- 使用 `ThreadPool.QueueUserWorkItem()`
- 使用異步委託（asynchronous delegates）
- 使用 `BackgroundWorker`

 根據經驗，執行緒池僅應用於伺服器端的應用程式。對於客戶端應用程式，則可根據需要來使用「前台執行緒」和「後台執行緒」。

在本書中，我們僅會介紹 TPL 和 `QueueUserWorkItem()` 方法。你可以在 http://www.albahari.com/threading/ 上查看如何使用其他兩種方法。接下來，我們將討論 TPL。

Task Parallel Library（任務平行函式庫）

C# 中的異步操作是由任務（task）所表示，而 C# 中的任務是由 TPL 中的 `Task` 類別所表示。正如其名稱所示，任務平行性讓多個任務可以同時執行，我們將在以下各小節中介紹。我們將看到的第一個 `Parallel` 類別方法是 `Invoke()` 方法。

Parallel.Invoke()

在第一個範例中，我們將使用 `Parallel.Invoke()` 呼叫三個單獨的方法。新增以下三種方法：

```
private static void MethodOne()
{
    Message($"MethodOne Executed: Thread
Id({Thread.CurrentThread.ManagedThreadId})");
}
```

```
private static void MethodTwo()
{
    Message($"MethodTwo Executed: Thread
Id({Thread.CurrentThread.ManagedThreadId})");
}

private static void MethodThree()
{
    Message($"MethodThree Executed: Thread
Id({Thread.CurrentThread.ManagedThreadId})");
}
```

如你所見，這三個方法幾乎相同，除了它們的「名稱」以及透過我們先前編寫的 Message() 方法所輸出到控制台視窗的「訊息」。現在，我們將新增 UsingTaskParallelLibrary() 方法來同時執行這三個方法：

```
private static void UsingTaskParallelLibrary()
{
    Message($"UsingTaskParallelLibrary Started: Thread Id =
({Thread.CurrentThread.ManagedThreadId})");
    Parallel.Invoke(MethodOne, MethodTwo, MethodThree);
    Message("UsingTaskParallelLibrary Completed.");
}
```

在此方法中，我們將一則訊息寫入控制台視窗，以表示該方法的開始。然後，我們同時呼叫 MethodOne、MethodTwo 和 MethodThree 方法。然後，我們在控制台視窗中寫入一則訊息，表示該方法已結束，然後等待任意鍵被按下以退出該方法。執行該程式碼，你應該看到以下輸出：

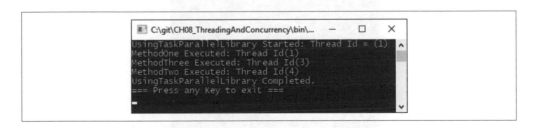

在前面的螢幕截圖中，你可以看到執行緒一（thread 1）已被重用。現在讓我們進入 Parallel.For() 迴圈。

Parallel.For()

在接下來的 TPL 範例中，我們來看看一個簡單的 Parallel.For() 迴圈。將以下方法新增到新的 .NET Framework 控制台應用程式的 Program 類別中：

```
private static void Method()
{
    Message($"Method Executed: Thread
Id({Thread.CurrentThread.ManagedThreadId})");
}
```

此方法所做的全部工作是將「字串」輸出到控制台視窗。現在，我們將建立執行 Parallel.For() 迴圈的方法：

```
private static void UsingTaskParallelLibraryFor()
{
    Message($"UsingTaskParallelLibraryFor Started: Thread Id =
({Thread.CurrentThread.ManagedThreadId})");
    Parallel.For(0, 1000, X => Method());
    Message("UsingTaskParallelLibraryFor Completed.");
}
```

在此方法中，我們在 0 到 1000 之間循環，並且呼叫 Method()。你將看到如何透過不同的方法呼叫來重用執行緒，如以下螢幕截圖所示：

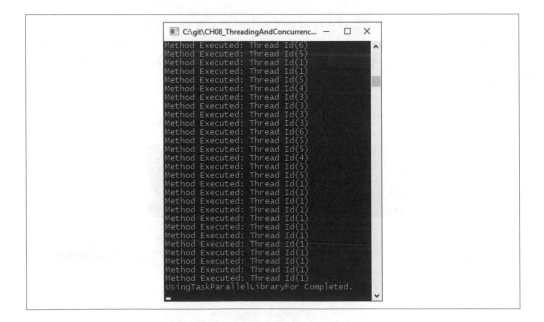

現在，我們來看一下使用 ThreadPool.QueueUserWorkItem() 方法。

ThreadPool.QueueUserWorkItem()

ThreadPool.QueueUserWorkItem() 方法接受 WaitCallback 方法並將其排入佇列
（queue）中等待執行。WaitCallback 是一個委託（delegate），其代表由執行緒池中
的執行緒所執行的 callback 方法。當執行緒變為可用時，將執行該方法。讓我們新增
一個簡單的範例。我們將從新增 WaitCallbackMethod 開始：

```
private static void WaitCallbackMethod(Object _)
{
    Message("Hello from WaitCallBackMethod!");
}
```

此方法接受一個物件的型別。但由於不會使用該參數，因此我們使用了丟棄變數
（discard variable，_）。一則訊息被輸出到控制台視窗。現在，我們需要的是呼叫該
方法的程式碼：

```
private static void ThreadPoolQueueUserWorkItem()
{
    ThreadPool.QueueUserWorkItem(WaitCallbackMethod);
    Message("Main thread does some work, then sleeps.");
    Thread.Sleep(1000);
    Message("Main thread exits.");
}
```

如你所見，我們透過呼叫 QueueUserWorkItem() 方法，使用 ThreadPool 類別，
在執行緒池中將 WaitCallbackMethod() 排入佇列中。然後，我們在主執行緒上進
行一些工作。然後主執行緒進入睡眠狀態。執行緒從執行緒池中變為可用，並執行
WaitCallBackMethod()。然後該執行緒回到執行緒池中以進行重用。整體執行回到了
主執行緒，然後該主執行緒完成並且終止。

在下一節中，我們將討論執行緒鎖定物件（thread-locking object），即 **Mutual
Exclusion Objects**（互斥物件，**mutex**）。

使用 mutex 及同步執行緒

在 C# 中，mutex（互斥物件）是一個執行緒鎖定物件，它可以跨多個處理程序工作。只有可以「請求」或「釋放」資源的處理程序才能修改 mutex。當 mutex 被鎖定時，該處理程序將不得不在佇列中等待；而當 mutex 解除鎖定後，即可對其進行存取。多個執行緒可以使用同一個 mutex，但只能以同步（synchronous）方式使用。

使用 mutex 的好處是，mutex 是在輸入關鍵程式碼之前所獲得的簡單 lock（鎖）。當此關鍵程式碼退出時，該 lock 將被釋放。因為在任何時候，關鍵程式碼中都只有一個執行緒，所以資料將保持一致狀態，因為不會出現競爭條件（race condition）。

使用 mutex 有幾個缺點：

- 當現有執行緒已取得 lock，並進入睡眠狀態或被搶占（pre-empted）而使執行緒無法前進時（阻止其完成任務），就會發生「執行緒飢餓」狀態（thread starvation）。
- 當 mutex 被鎖定時，只有取得該 lock 的執行緒才能對其進行解鎖。沒有其他執行緒可以鎖定或解鎖它。
- 一次只允許一個執行緒進入關鍵程式碼。由於 mutex 的正常實作可能導致「繁忙的等待」（busy waiting）狀態，因此可能會浪費 CPU 時間。

現在，我們將編寫一個程式來展示 mutex 的使用方式。啟動一個新的 .NET Framework 控制台應用程式。把以下這行新增到類別的頂端：

```
private static readonly Mutex _mutex = new Mutex();
```

在這裡，我們宣告了一個名為 _mutex 的原始值（primitive），該原始值將用於處理程序之間的同步。現在，新增一種方法來展示使用 mutex 的執行緒同步（thread synchronization）：

```
private static void ThreadSynchronisationUsingMutex()
{
    try
    {
        _mutex.WaitOne();
        Message($"Domain Entered By: {Thread.CurrentThread.Name}");
        Thread.Sleep(500);
        Message($"Domain Left By: {Thread.CurrentThread.Name}");
```

```
    }
    finally
    {
        _mutex.ReleaseMutex();
    }
}
```

在此方法中，目前的執行緒被阻斷了（blocked），直到目前的等待狀態接收到信號為止。然後，當發出信號時，讓下一個執行緒進入就會是安全的。完成之後，其他執行緒將不受阻礙地嘗試取得 mutex 的所有權。接下來，新增 MutexExample() 方法：

```
private static void MutexExample()
{
    for (var i = 1; i <= 10; i++)
    {
        var thread = new Thread(ThreadSynchronisationUsingMutex)
        {
            Name = $"Mutex Example Thread: [i]"
        };
        thread.Start();
    }
}
```

在此方法中，我們建立 10 個執行緒並啟動它們。每個執行緒執行 ThreadSynchronisationUsingMutex() 方法。現在，終於來到更新 Main() 方法的階段：

```
static void Main(string[] args)
{
    SemaphoreExample();
    Console.ReadKey();
}
```

Main() 方法執行我們的 mutex 範例。輸出看起來會像以下截圖：

再次執行該範例，你可能會得到不同的執行緒數字。如果它們是相同的數字，則順序可能會不同。

現在我們已經了解了 mutex，讓我們來看看 semaphore（號誌）。

使用 semaphore 處理平行執行緒

在多執行緒應用程式中，在數字為 1 或 2 的執行緒之間共享一個非負數，名為 **semaphore**（號誌）。根據同步（synchronization）的定義，1 表示「等待」（wait），2 表示「信號」（signal）。我們可以將 semaphore 與多個緩衝區聯繫起來，每個緩衝區可以由不同的處理程序同時處理。

因此，從本質上來說，semaphore 是「整數」和「二進制原始型別」的信號機制，可以透過「等待」和「信號」操作對其進行修改。如果沒有可用資源，則需要資源的處理程序應執行「等待」操作，直到 semaphore 值「大於 0」。semaphore 可以具有多個程式執行緒，而且可以由任何物件更改、取得資源或釋放資源。

使用 semaphore 的優點在於，有多個執行緒可以存取關鍵程式碼。semaphore 在核心（kernel）中執行，而且與機器無關（無相依性）。如果使用 semaphore，則可以保護關鍵程式碼免受多個處理程序的侵害。與 mutex 不同，semaphore 從不浪費處理時間和資源。

就像 mutex 一樣，semaphore 也有缺點。優先級反轉（priority inversion）是最大的缺點之一，當「高優先級」執行緒需要某個 semaphore 時，必須強制等待擁有該 semaphore 的「低優先級」執行緒釋出。

如果「中優先級」執行緒在釋放它們之前阻止了「低優先級」執行緒完成操作，那麼這可能會更加複雜。這被稱為「**無界優先級反轉**」（**unbounded priority inversion**），因為我們無法再預測「高優先級」執行緒的延遲。使用 semaphore，作業系統必須持續追蹤所有「等待」和「信號」的呼叫。

semaphore 是按慣例使用的，而不是強制使用的。你需要以正確的順序執行「等待」和「信號」的操作。否則，你可能會陷入程式碼「死結」（deadlock）的窘境。由於使用 semaphore 的複雜性，有時可能無法獲得互斥（mutual exclusion）。大型系統中

「模組化」的喪失也是另一個缺點，而且 semaphore 易於產生程式設計錯誤，進而導致死結和互斥衝突。

現在，我們編寫一個程式來展示 semaphore 的用法：

```
private static readonly Semaphore _semaphore = new Semaphore(2, 4);
```

我們新增了一個新的 semaphore 變數。第一個參數指的是可以同時授予 semaphore 請求的「初始」數量。第二個參數指的是可以同時授予 semaphore 請求的「最大」數量。新增 StartSemaphore() 方法如下：

```
private static void StartSemaphore(object id)
{
    Console.WriteLine($"Object {id} wants semaphore access.");
 try
 {
 _semaphore.WaitOne();
 Console.WriteLine($"Object {id} gained semaphore access.");
 Thread.Sleep(1000);
 Console.WriteLine($"Object {id} has exited semaphore.");
 }
 finally
 {
 _semaphore.Release();
 }
}
```

目前的執行緒被阻斷了（blocked），直到目前的「等待處理程序」（wait handle）接收到信號為止。然後執行緒可以完成工作。最後，semaphore 被釋出，而計數會回到之前的值。現在，新增 SemaphoreExample() 方法如下：

```
private static void SemaphoreExample()
{
    for (int i = 1; i <= 10; i++)
    {
        Thread t = new Thread(StartSemaphore);
        t.Start(i);
    }
}
```

本範例產生 10 個執行緒，這些執行緒會執行 StartSemaphore() 方法。讓我們更新
Main() 方法以執行程式碼：

```
static void Main(string[] args)
{
    SemaphoreExample();
    Console.ReadKey();
}
```

Main() 方法呼叫 SemaphoreExample()，然後等待使用者按鍵退出。你應該看到以下輸出：

讓我們繼續看看如何限制執行緒池中的處理器和執行緒數量。

限制執行緒池中的處理器和執行緒數量

有時候可能需要限制電腦程式所使用的處理器和執行緒的數量。

為了減少程式所使用的處理器數量，你需要取得目前的處理程序並設定其處理器的容
許「傾向值」（affinity value）。舉例來說，假設我們有一台四核心電腦，而且希望

將使用範圍限制在前兩個核心。前兩個核心的二進制值為 11，亦即整數形式的 3。現在，讓我們對新的 .NET Framework 控制台應用程式新增一個方法，並將其命名為 AssignCores()：

```
private static void AssignCores(int cores)
{
    Process.GetCurrentProcess().ProcessorAffinity = new IntPtr(cores);
}
```

我們將一個整數傳遞給該方法。.NET Framework 會將此整數值轉換為二進制值。該二進制值將使用「以 1 作為識別」的處理器。對於二進制值為 0，這些處理器將不會被使用。因此，由於機器碼（machine code）由二進制數表示，所以 0110（6）將使用核心 2 和 3，1100（3）將使用核心 1 和 2，而 0011（12）將使用核心 3 和 4。

 如果你想複習二進制，請參閱：**https://www.computerhope.com/jargon/b/binary.htm**。

現在，為了要設定最大執行緒數量，我們在 ThreadPool 類別上呼叫 SetMaxThreads() 方法。此方法採用兩個參數，且它們都是整數。第一個參數是執行緒池中「工作執行緒」（worker threads）的最大數量，第二個參數是執行緒池中「異步 I/O 執行緒」（asynchronous I/O threads）的最大數量。現在，我們將新增我們的方法，來設定最大執行緒數量：

```
private static void SetMaxThreads(int workerThreads, int asyncIoThreads)
{
    ThreadPool.SetMaxThreads(workerThreads, asyncIoThreads);
}
```

 如你所見，在程式中設定執行緒最大值以及處理器是非常簡單的。大多數時候，你不必在程式中執行此操作。手動設定執行緒和／或處理器數量的主要時機是當你的程式遇到效能問題時。如果你的程式沒有遇到效能問題，那麼最好不要設定執行緒數量或處理器數量。

我們將討論的下一個主題是死結。

預防死結

當執行兩個或更多執行緒而且彼此互相等待完成時，將會發生**死結**（**deadlock**）。當電腦程式暫停時，這個問題就會顯現出來。對於終端使用者來說，這可能非常糟糕，並可能導致資料遺失或損壞。舉例來說，當執行兩批（batch）資料輸入，而這些資料輸入在交易中途損壞而無法恢復。這不是好事，讓我用一個例子來解釋為什麼。

想像一下，在一項重大的銀行交易中，該交易將從客戶的企業帳戶中提取 100 萬英鎊，以支付 **HMRC**（Her Majesty's Revenue and Customs，英國稅務及海關總署）稅款。錢是從企業帳戶中提取的，但是在將錢存入 HMRC 銀行帳戶之前，會發生死結。因為沒有恢復（recovery）選項，所以該應用程式必須終止並重新啟動。結果企業帳戶因此減少了 100 萬英鎊，而 HMRC 稅款卻還未付清。客戶仍有責任支付這筆稅款。但是，已從帳戶中取出的錢該如何處理呢？從這個死結所造成的問題可以看出「排除死結可能性」的重要性。

為了簡單起見，我們將處理兩個執行緒，如下圖所示：

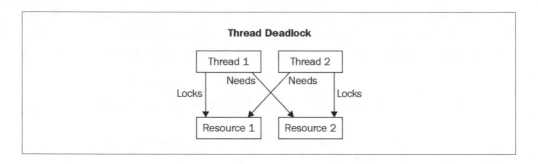

我們將執行緒稱為 Thread 1 和 Thread 2，將資源稱為 Resource 1 和 Resource 2。Thread 1 取得對 Resource 1 的鎖定；Thread 2 取得對 Resource 2 的鎖定。Thread 1 需要存取 Resource 2，但必須等待，因為 Thread 2 已鎖定 Resource 2；Thread 2 需要存取 Resource 1，但必須等待，因為 Thread 1 已鎖定 Resource 1。這導致 Thread 1 和 Thread 2 都處於等待狀態。由於兩個執行緒都不能繼續執行，直到另一個執行緒釋放其資源，所以兩個執行緒都處於**死結狀態**（**deadlock situation**）。當電腦程式處於死結狀態時，它將會「暫停」（懸而未決，hang），迫使你終止程式。

一個程式碼範例將是描繪這種死結狀態的好方法，因此，在下一節中，我們將編寫一個死結的範例。

編寫死結範例

理解這一點的最佳方法是使用一個可行的範例。我們將編寫一些由兩個方法所組成的程式碼，每個方法都有兩個不同的 lock，它們都將鎖定另一種方法需要的物件。因為每個執行緒都鎖定另一個執行緒需要的資源，所以它們都將進入死結狀態。一旦我們的範例生效，我們將對其進行修改，以使我們的程式碼從死結狀態中恢復，並能夠繼續。

建立一個新的 .NET Framework 控制台應用程式，並將其命名為 CH08_Deadlocks。我們將需要兩個物件作為成員變數，讓我們新增它們：

```
static object _object1 = new object();
 static object _object2 = new object();
```

這些物件將作為我們的 lock 物件。我們將有兩個執行緒，每個執行緒將執行自己的方法。現在，將 Thread1Method() 新增到你的程式碼中：

```
private static void Thread1Method()
 {
     Console.WriteLine("Thread1Method: Thread1Method Entered.");
     lock (_object1)
     {
         Console.WriteLine("Thread1Method: Entered _object1 lock.
Sleeping...");
         Thread.Sleep(1000);
         Console.WriteLine("Thread1Method: Woke from sleep");
         lock (_object2)
         {
             Console.WriteLine("Thread1Method: Entered _object2 lock.");
         }
         Console.WriteLine("Thread1Method: Exited _object2 lock.");
     }
     Console.WriteLine("Thread1Method: Exited _object1 lock.");
 }
```

Thread1Method() 取得 _object1 上的 lock。然後睡眠（sleep）1 秒鐘。喚醒之後，將在 _object2 上取得一個 lock。然後，該方法退出這兩個 lock 並終止。

Thread2Method() 取得 _object2 上的 lock。然後睡眠 1 秒鐘。喚醒之後，將在 _object1 上取得一個 lock。然後，該方法退出這兩個 lock 並終止：

```
private static void Thread2Method()
  {
      Console.WriteLine("Thread2Method: Thread1Method Entered.");
      lock (_object2)
      {
          Console.WriteLine("Thread2Method: Entered _object2 lock.
Sleeping...");
          Thread.Sleep(1000);
          Console.WriteLine("Thread2Method: Woke from sleep.");
          lock (_object1)
          {
              Console.WriteLine("Thread2Method: Entered _object1 lock.");
          }
          Console.WriteLine("Thread2Method: Exited _object1 lock.");
      }
      Console.WriteLine("Thread2Method: Exited _object2 lock.");
  }
```

好了,我們現在有兩種方法可以展示死結。我們只需要程式碼用「會導致死結狀態的方式」呼叫它們。讓我們新增 DeadlockNoRecovery() 方法:

```
private static void DeadlockNoRecovery()
  {
      Thread thread1 = new Thread((ThreadStart)Thread1Method);
      Thread thread2 = new Thread((ThreadStart)Thread2Method);

      thread1.Start();
      thread2.Start();

      Console.WriteLine("Press any key to exit.");
      Console.ReadKey();
  }
```

在 DeadlockNoRecovery() 方法中,我們建立兩個執行緒。每個執行緒都被指派了不同的方法。然後,啟動每個執行緒。接著暫停程式,直到使用者按下任意鍵。現在,更新 Main() 方法並執行你的程式碼:

```
static void Main()
  {
      DeadlockNoRecovery();
  }
```

執行程式時，應該會看到以下輸出：

如你所見，由於 thread1 鎖定了 _object1，因此 thread2 被阻止取得 _object1 的 lock。同時，由於 thread2 鎖定了 _object2，因此 thread1 被阻止取得 _object2 的 lock。因此，兩個執行緒均處於死結狀態，程式暫停。

現在，我們將編寫一些程式碼來展示如何避免這種死結情況的發生。我們將使用 Monitor.TryLock() 方法嘗試在一定的毫秒數內取得 lock。然後，我們將使用 Monitor.Exit() 成功地退出 lock。

現在，新增 DeadlockWithRecovery() 方法，如下所示：

```
private static void DeadlockWithRecovery()
{
    Thread thread4 = new Thread((ThreadStart)Thread4Method);
    Thread thread5 = new Thread((ThreadStart)Thread5Method);

    thread4.Start();
    thread5.Start();

    Console.WriteLine("Press any key to exit.");
    Console.ReadKey();
}
```

DeadlockWithRecovery() 方法建立兩個「前台執行緒」。然後，它啟動執行緒，將訊息輸出到控制台，並在退出之前等待使用者按下任意鍵。現在，我們將新增 Thread4Method() 的程式碼：

```
private static void Thread4Method()
{
    Console.WriteLine("Thread4Method: Entered _object1 lock.
```

```
Sleeping...");
    Thread.Sleep(1000);
    Console.WriteLine("Thread4Method: Woke from sleep");
    if (!Monitor.TryEnter(_object1))
    {
        Console.WriteLine("Thead4Method: Failed to lock _object1.");
        return;
    }
    try
    {
        if (!Monitor.TryEnter(_object2))
        {
            Console.WriteLine("Thread4Method: Failed to lock _object2.");
            return;
        }
        try
        {
            Console.WriteLine("Thread4Method: Doing work with _object2.");
        }
        finally
        {
            Monitor.Exit(_object2);
            Console.WriteLine("Thread4Method: Released _object2 lock.");
        }
    }
    finally
    {
        Monitor.Exit(_object1);
        Console.WriteLine("Thread4Method: Released _object2 lock.");
    }
}
```

Thread4Method() 睡眠 1 秒。然後,它嘗試取得 _object1 的 lock。如果無法取得 _object1 上的 lock,它將從該方法回傳;如果取得了 _object1 上的 lock,那麼它將嘗試取得對 _object2 的 lock。如果無法取得對 _object2 的 lock,那麼它將從方法中回傳。如果在 _object2 上取得了 lock,那麼它將在 _object2 上執行必要的工作。然後,釋放對 _object2 的 lock,然後釋放對 _object1 的 lock。

我們的 Thread5Method() 方法做完全相同的事情,除了物件 _object1 和 _object2 以「相反的順序」鎖定:

```
private static void Thread5Method()
 {
     Console.WriteLine("Thread5Method: Entered _object2 lock.
Sleeping...");
     Thread.Sleep(1000);
     Console.WriteLine("Thread5Method: Woke from sleep");
     if (!Monitor.TryEnter(_object2))
     {
         Console.WriteLine("Thead5Method: Failed to lock _object2.");
         return;
     }
     try
     {
         if (!Monitor.TryEnter(_object1))
         {
             Console.WriteLine("Thread5Method: Failed to lock _object1.");
             return;
         }
         try
         {
             Console.WriteLine("Thread5Method: Doing work with _object1.");
         }
         finally
         {
             Monitor.Exit(_object1);
             Console.WriteLine("Thread5Method: Released _object1 lock.");
         }
     }
     finally
     {
         Monitor.Exit(_object2);
         Console.WriteLine("Thread5Method: Released _object2 lock.");
     }
 }
```

現在，將 DeadlockWithRecovery() 方法呼叫新增到你的 Main() 方法中：

```
static void Main()
 {
     DeadlockWithRecovery();
 }
```

然後，執行你的程式碼幾次。在大多數情況下，你將看到以下螢幕截圖中的內容，其中所有的 lock 均已成功取得：

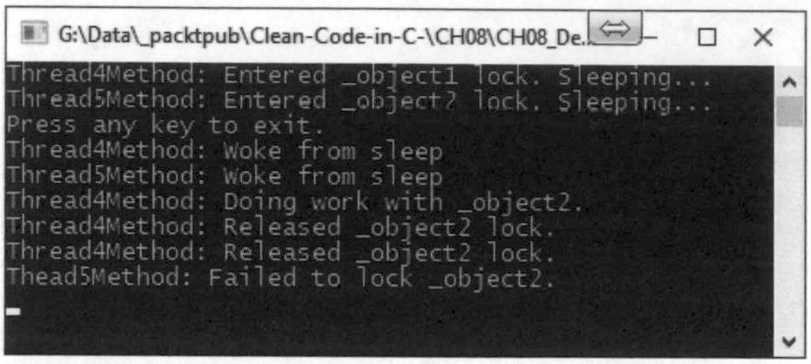

然後，按任意鍵，程式將退出。如果繼續執行該程式，最終將發現一個失敗的 lock。該程式無法在 Thread5Method() 中取得對 _object2 的 lock。但是，如果按任意鍵，程式將會退出。如你所見，透過使用 Monitor.TryEnter()，你可以嘗試鎖定物件。但是，如果未取得 lock，則可以在程式未暫停的情況下執行其他操作。

在下一節中，我們著眼於預防競爭條件（race condition）。

預防競爭條件

當使用同一資源的多個執行緒由於時間安排而產生不同的結果時，這被稱為**競爭條件**（race condition）。我們現在就來展示這一點。

在我們的展示中，我們將會有兩個執行緒，每個執行緒會呼叫一個方法來印出字母。第一種方法是使用「大寫字母」來列印字母，第二種方法將使用「小寫字母」來列印字母。從展示中，我們將看到輸出是錯誤的，而且每次執行程式時，輸出都會是錯誤的。

首先，新增 ThreadingRaceCondition() 方法：

```
static void ThreadingRaceCondition()
{
    Thread T1 = new Thread(Method1);
    T1.Start();
    Thread T2 = new Thread(Method2);
    T2.Start();
}
```

ThreadingRaceCondition() 產生兩個執行緒並啟動它們。它還參照了兩種方法。Method1() 用「大寫字母」來列印，Method2() 用「小寫字母」來列印。讓我們新增 Method1() 和 Method2() 如下：

```
static void Method1()
{
    for (_alphabetCharacter = 'A'; _alphabetCharacter <= 'Z';
_alphabetCharacter ++)
    {
        Console.Write(_alphabetCharacter + " ");
    }
}

private static void Method2()
{
    for (_alphabetCharacter = 'a'; _alphabetCharacter <= 'z';
_alphabetCharacter++)
    {
        Console.Write(_alphabetCharacter + " ");
    }
}
```

Method1() 和 Method2() 都參照了 _alphabetCharacter 變數。因此，將成員新增到類別的頂端：

```
private static char _alphabetCharacter;
```

現在，更新 MainMethod()：

```
static void Main(string[] args)
{
    Console.WriteLine("\n\nRace Condition:");
    ThreadingRaceCondition();
    Console.WriteLine("\n\nPress any key to exit.");
    Console.ReadKey();
}
```

現在，我們有適當的程式碼來展示競爭條件。如果你多次執行該程式，你將看到結果與我們預期的不同。你甚至會看到不屬於字母的字元：

並非完全符合我們的預期，對吧？

我們將透過使用 TPL 解決這個問題。TPL 的目的是簡化「**平行**」（**parallelism**）和「**同步**」（**concurrency**）。現今大多數電腦都具有兩個或更多的處理器，因此 TPL 將動態擴展「同步」程度，以最有效率地利用所有可用的處理器。

> 工作分區（partition，分割）、執行緒池中的執行緒調度、取消支援（cancellation support）、狀態管理等等，都可以透過 TPL 來進行。你可以在本章最後的「延伸閱讀」小節中找到 Microsoft TPL 官方文件的連結。

你將會看到上述問題的解決方案有多麼簡單。我們有一個執行 Method1() 的任務；然後，該任務會繼續使用 Method2()；接著，我們呼叫 Wait() 以等待任務執行完成。現在，將 ThreadingRaceConditionFixed() 方法新增到你的程式碼中：

```
static void ThreadingRaceConditionFixed()
{
    Task
        .Run(() => Method1())
        .ContinueWith(task => Method2())
        .Wait();
}
```

修改你的 Main() 方法，如下所示：

```
static void Main(string[] args)
{
    //Console.WriteLine("\n\nRace Condition:");
    //ThreadingRaceCondition();
    Console.WriteLine("\n\nRace Condition Fixed:");
    ThreadingRaceConditionFixed();
    Console.WriteLine("\n\nPress any key to exit.");
```

```
        Console.ReadKey();
    }
```

立即執行程式碼。如果多次執行它，你將看到輸出永遠相同，如以下螢幕截圖所示：

到目前為止，我們已經理解什麼是執行緒，以及如何在前台和後台使用它們。我們還研究了死結以及如何使用 `Monitor.TryEnter()` 解決死結狀態。最後，我們探討了競爭條件，以及如何使用 TPL 解決它們。

現在，我們將繼續研究靜態建構函式和方法。

了解靜態建構函式和方法

如果多個類別需要同時存取一個屬性實例（property instance），那麼其中一個執行緒將被要求執行**靜態建構函式**（**static constructor**），這也被稱為「**型別初始化器**」（type initializer）。在等待「型別初始化器」執行時，所有其他執行緒將被鎖定；一旦「型別初始化器」執行後，鎖定的執行緒將被解鎖並能夠存取 Instance 屬性。

靜態建構函式是執行緒安全（thread-safe）的，因為可以保證每個應用程式領域（application domain）僅會執行一次。它們是在「存取任何靜態成員之前」以及在「執行任何類別實例化之前」執行的。

 如果在靜態建構函式中出現並拋出例外，將生成 `TypeInitializationException`，這將導致 CLR 退出你的程式。

在任何執行緒可以存取類別之前，靜態初始化器和靜態建構函式必須完成執行。

靜態方法（**static method**）僅在「型別」等級保留該方法及其資料的單一副本。這表示「相同的方法及其資料」將在不同的實例之間共享。應用程式中的每個執行緒都有自己的堆疊。傳遞給靜態方法的值型別是在「呼叫執行緒的堆疊」上建立的，因此它們是

執行緒安全的。這表示，如果兩個執行緒呼叫「相同的程式碼」並傳遞「相同的值」，那麼將會有該值的兩個副本——每個執行緒的堆疊上都有一個副本。因此，多個執行緒不會互相影響。

但是，如果你的靜態方法能夠存取成員變數，那麼它不是執行緒安全的。兩個不同的執行緒呼叫相同的方法，所以它們都可以存取成員變數。處理程序或上下文切換（context-switch）發生在執行緒之間，每個執行緒都將存取和修改成員變數。如本章前面所述，這會導致競爭條件。

如果將參照型別傳遞給靜態方法，也會遇到問題，因為不同的執行緒將有權存取相同的參照型別。這也會導致競爭條件。

當使用跨執行緒的靜態方法時，請避免成員變數存取，而且不要傳遞參照型別。只要傳遞原始型別而不修改狀態，靜態方法就會是執行緒安全的。

現在，我們已經討論了靜態建構函式和方法，我們將執行一些範例程式碼。

在範例程式碼中新增靜態建構函式

現在，讓我們啟動一個新的 .NET Framework 控制台應用程式。將一個名為 StaticConstructorTestClass 的類別新增到專案之中。然後，新增一個名為 _message 的唯讀靜態字串變數：

```
public class StaticConstructorTestClass
{
    private readonly static string _message;
}
```

_message 變數透過 Message() 方法回傳給呼叫者。現在，讓我們編寫 Message() 方法：

```
public static string Message()
{
    return $"Message: {_message}";
}
```

這個方法回傳儲存在 _message 變數中的訊息。現在,我們需要編寫建構函式:

```
static StaticConstructorTestClass()
{
    Console.WriteLine("StaticConstructorTestClass static constructor
started.");
    _message = "Hello, World!";
    Thread.Sleep(1000);
    _message = "Goodbye, World!";
    Console.WriteLine("StaticConstructorTestClass static constructor
finished.");
}
```

在我們的建構函式中,我們在螢幕上寫一則訊息。然後,我們設定成員變數,並讓執行緒睡眠一秒鐘。接著,我們再次設定該訊息,並將另一則訊息寫入控制台。現在,在 Program 類別中更新 Main() 方法:

```
static void Main(string[] args)
{
    var program = new Program();
    program.StaticConstructorExample();
    Thread.CurrentThread.Join();
}
```

我們的 Main() 方法實例化了 Program 類別。然後呼叫 StaticConstructorExample() 方法。當程式停止並可以看到結果時,我們加入了執行緒。你可以在以下螢幕截圖中看到輸出:

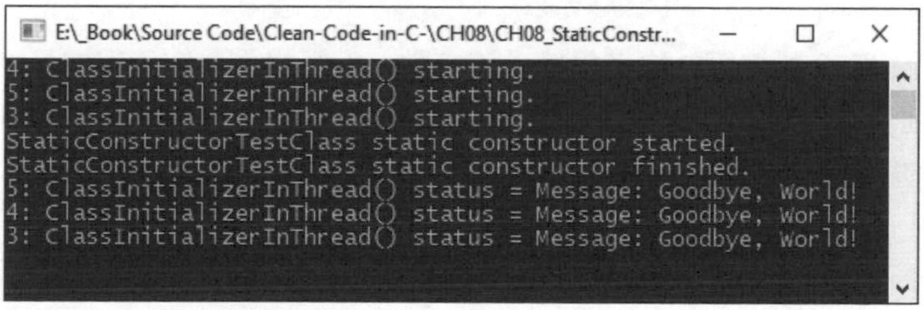

現在,讓我們看一下靜態方法的範例。

在範例程式碼中新增靜態方法

現在，我們將研究實際使用的「執行緒安全的」靜態方法和「非執行緒安全的」方法。在新的 .NET Framework 控制台應用程式中新增一個名為 StaticExampleClass 的新類別。然後，新增以下程式碼：

```
public static class StaticExampleClass
{
    private static int _x = 1;
    private static int _y = 2;
    private static int _z = 3;
}
```

在類別的頂端，我們新增了三個整數：_x、_y 和 _z，其值分別為 1、2 和 3。可以在執行緒之間修改這些變數。現在，我們將新增一個靜態建構函式以列印出這些變數的值：

```
static StaticExampleClass()
{
    Console.WriteLine($"Constructor: _x={_x}, _y={_y}, _z={_z}");
}
```

如你所見，靜態建構函式只是將「變數的值」輸出到控制台視窗。我們的第一個方法是一個名為 ThreadSafeMethod() 的執行緒安全方法：

```
internal static void ThreadSafeMethod(int x, int y, int z)
{
    Console.WriteLine($"ThreadSafeMethod: x={x}, y={y}, z={z}");
    Console.WriteLine($"ThreadSafeMethod: {x}+{y}+{z}={x+y+z}");
}
```

此方法是執行緒安全的，因為它僅根據「值參數」進行操作。它不與成員變數互動，而且不包含任何「參照值」（by reference value）。因此，無論傳入什麼值，你都將永遠取得預期的結果。

這表示無論是存取單一方法還是存取數百萬個執行緒，即使傳遞了上下文切換，每個執行緒的「輸出」仍將是你傳遞輸入值時的期望值。以下螢幕截圖顯示了輸出：

既然我們已經研究了執行緒安全的方法，研究非執行緒安全的方法也是很好的。到目前為止，你知道透過「參照值」（by reference value）或「靜態成員變數」進行操作的靜態方法不是執行緒安全的。

在下一個範例中，我們將使用具有「與 ThreadSafeMethod() 相同的三個參數」的方法，但是這一次，我們將設定成員變數，輸出一則訊息，進入睡眠狀態一會兒，然後醒來，將這些值再次列印出來。將以下 NotThreadSafeMethod() 方法新增到 StaticExampleClass：

```
internal static void NotThreadSafeMethod(int x, int y, int z)
{
    _x = x;
    _y = y;
    _z = z;
    Console.WriteLine(
        $"{Thread.CurrentThread.ManagedThreadId}-NotThreadSafeMethod:
_x={_x}, _y={_y}, _z={_z}"
    );
    Thread.Sleep(300);
    Console.WriteLine(
        $"{Thread.CurrentThread.ManagedThreadId}-ThreadSafeMethod:
{_x}+{_y}+{_z}={_x + _y + _z}"
    );
}
```

在此方法中，我們將成員變數設定為傳遞給該方法的值。然後，我們將這些值輸出到控制台視窗，並進入睡眠狀態 300 毫秒。接下來，從睡眠中醒來之後，我們再次印出這些值。在 Program 類別中更新 Main() 方法，如下所示：

```
static void Main(string[] args)
{
    var program = new Program();
    program.ThreadUnsafeMethodCall();
    Console.ReadKey();
}
```

在我們的 Main() 方法中，我們實例化程式（program）類別，呼叫 ThreadUnsafeMethodCall()，然後等待使用者按下任意鍵再退出。因此，讓我們將 ThreadUnsafeMethodCall() 新增到 Program 類別中：

```
private void ThreadUnsafeMethodCall()
{
    for (var index = 0; index < 10; index++)
    {
        var thread = new Thread(() =>
        {
            StaticExampleClass.NotThreadSafeMethod(index + 1, index + 2,
index + 3);
        });
        thread.Start();
    }
}
```

這個方法將產生 10 個執行緒，這些執行緒呼叫 StaticExampleClass 的 NotThreadSafeMethod()。如果執行此程式碼，你將看到與以下螢幕截圖類似的輸出：

如你所見，輸出並不是我們所期望的。這是因為來自不同執行緒的污染。這剛好帶領我們進入下一個小節，有關可變性、不可變和執行緒安全性。

可變性、不可變和執行緒安全性

可變性（**mutability**）是多執行緒應用程式中 bug 的來源。可變的 bug 通常是由於在執行緒之間「更新」和「共享」值而導致的資料 bug。為了排除發生可變性錯誤的風險，最好使用**不可變型別**（**immutable type**）。多個執行緒保證能夠同時安全地執行程式碼主體，這就是所謂的執行緒安全性（thread safety）。使用多執行緒程式時，程式碼必須是執行緒安全的，這一點很重要。如果你的程式碼排除了競爭條件和死結，以及由於可變性所引起的問題，那麼它就是執行緒安全的。

一旦建立之後就無法修改的物件是**不可變的物件**（**immutable object**）。物件在建立後，如果使用「正確的執行緒同步」在執行緒之間傳遞，則所有執行緒將看到物件的相同有效狀態。不可變的物件讓你可以在執行緒之間安全地共享資料。

而在建立之後可以對其進行修改的物件是**可變的物件**（**mutable object**）。可變的物件可以在執行緒之間更改其資料值。這可能會導致嚴重的資料損壞。因此，即使程式沒有當掉，它也可能使資料保持無效的狀態。所以在使用多個執行緒時，重要的是物件是不可變的。在「**第 3 章**」中，我們介紹了為不可變的物件「建立」和「使用」不可變資料結構的過程。

為了確保執行緒安全，請勿使用可變的物件、或藉由參照傳遞參數（pass by reference）或是修改成員變數。只能藉由值來傳遞參數（pass by value），而且只能對參數變數進行操作。不要存取成員變數。不可變的結構是在物件之間傳遞資料的一種良好且執行緒安全的方法。

我們將透過以下範例簡單介紹可變性、不可變和執行緒安全性。我們將從執行緒安全方面的可變性開始。

編寫可變的、非執行緒安全的程式碼

為了展示多執行緒應用程式中的可變性，我們將編寫一個新的 .NET Framework 控制台應用程式。使用以下程式碼，將新的類別新增到名為 MutableClass 的應用程式中：

```
internal class MutableClass
{
    private readonly int[] _intArray;

    public MutableClass(int[] intArray)
    {
        _intArray = intArray;
    }

    public int[] GetIntArray()
    {
        return _intArray;
    }
}
```

在我們的 MutableClass 類別中，我們有一個建構函式，該建構函式將整數陣列作為參數。然後為「成員整數陣列」（member integer array）指派傳遞給建構函式的陣列。GetIntArray() 方法回傳整數陣列成員變數。如果你觀察這個類別，你不會認為它是可變的，因為一旦將陣列傳遞到建構函式中，該類別將無法對其進行修改。但是，傳遞給建構函式的整數陣列卻是可變的。GetIntArray() 方法會回傳對可變陣列的參照。

在我們的 Program 類別中，我們將新增 MutableExample() 方法以顯示整數陣列是可變的：

```
private static void MutableExample()
{
    int[] iar = { 0, 1, 2, 3, 4, 5, 6, 7, 8, 9 };
    var mutableClass = new MutableClass(iar);

    Console.WriteLine($"Initial Array: {iar[0]}, {iar[1]}, {iar[2]},
{iar[3]}, {iar[4]}, {iar[5]}, {iar[6]}, {iar[7]}, {iar[8]}, {iar[9]}");

    for (var x = 0; x < 9; x++)
    {
        var thread = new Thread(() =>
            {
                iar[x] = x + 1;
                var ia = mutableClass.GetIntArray();
                Console.WriteLine($"Array [{x}]: {ia[0]}, {ia[1]}, {ia[2]},
{ia[3]}, {ia[4]}, {ia[5]}, {ia[6]}, {ia[7]}, {ia[8]}, {ia[9]}");
            });
            thread.Start();
    }
}
```

在我們的 `MutableExample()` 方法中，我們宣告並啟動了一個從 0 到 9 的整數陣列。然後，我們宣告一個 `MutableClass` 的新實例，並傳入該整數陣列。接下來，我們在修改初始陣列之前將其內容印出來。然後，我們進行九次迴圈。對於每一次的迭代（iteration），我們在「目前迴圈計數值 x」所指定的索引處增加陣列，使其等於 x + 1。此後，我們啟動執行緒。現在，更新 `Main()` 方法，如下所示：

```
static void Main(string[] args)
{
    MutableExample();
    Console.ReadKey();
}
```

我們的 `Main()` 方法只呼叫 `MutableExample()`，然後等待按鍵。執行這段程式碼，你應該會看到以下螢幕截圖：

如你所見，即使我們在建立和執行執行緒之前只建立了一個 MutableClass 實例，但更改「區域陣列」（local array）也會修改「MutableClass 實例中的陣列」。這證明了陣列是可變的，因此它們「不是」執行緒安全的。

現在，我們將研究執行緒安全方面的「不可變」。

編寫不可變的、執行緒安全的程式碼

在我們的不可變範例中，我們將再次建立 .NET Framework 控制台應用程式，並使用相同的陣列。新增一個名為 ImmutableStruct 的類別並修改程式碼，如下所示：

```
internal struct ImmutableStruct
{
    private ImmutableArray<int> _immutableArray;

    public ImmutableStruct(ImmutableArray<int> immutableArray)
    {
        _immutableArray = immutableArray;
    }

    public int[] GetIntArray()
    {
        return _immutableArray.ToArray<int>();
    }
}
```

我們使用 ImmutableArray，而非使用普通的整數陣列。不可變的陣列傳遞到建構函式中，並指派給 _immutableArray 成員變數。我們的 GetIntArray() 方法將不可變的陣列作為普通整數陣列回傳。

將 `ImmutableExample()` 陣列新增到 `Program` 類別中：

```
private static void ImmutableExample()
{
    int[] iar = { 0, 1, 2, 3, 4, 5, 6, 7, 8, 9 };
    var immutableStruct = new ImmutableStruct(iar.ToImmutableArray<int>());

    Console.WriteLine($"Initial Array: {iar[0]}, {iar[1]}, {iar[2]},
{iar[3]}, {iar[4]}, {iar[5]}, {iar[6]}, {iar[7]}, {iar[8]}, {iar[9]}");

    for (var x = 0; x < 9; x++)
    {
        var thread = new Thread(() =>
        {
            iar[x] = x + 1;
            var ia = immutableStruct.GetIntArray();
            Console.WriteLine($"Array [{x}]: {ia[0]}, {ia[1]}, {ia[2]},
{ia[3]}, {ia[4]}, {ia[5]}, {ia[6]}, {ia[7]}, {ia[8]}, {ia[9]}");
        });
        thread.Start();
    }
}
```

在我們的 `ImmutableExample()` 方法中，我們建立一個整數陣列，並將其作為不可變陣列傳遞給 `ImmutableStruct` 的建構函式。然後，我們在修改之前印出「區域陣列」的內容。接著，我們進行九次迴圈。在每次迭代中，我們存取陣列中「目前迭代計數的位置」，並將「目前迭代計數加 1」新增到陣列中該位置處的變數之中。

然後，我們透過呼叫 `GetIntArray()` 將「immutableStruct 陣列的副本」指派給區域變數（local variable）。然後，我們繼續印出回傳陣列的值。最後，我們啟動執行緒。從 `Main()` 方法中呼叫 `ImmutableExample()` 方法，然後執行程式碼。你應該會看到以下輸出：

如你所見，更新區域陣列並不會修改陣列的內容。這個版本的程式顯示了我們的程式是執行緒安全的。

在下一節中，讓我們簡單複習一下到目前為止我們所學習的執行緒安全知識。

了解執行緒安全

如前兩節所述，編寫多執行緒程式碼時請務必小心。編寫執行緒安全的程式碼可能非常困難，尤其是在大型專案中。在執行緒集合上、透過參照傳遞參數，以及存取靜態類別內的成員變數時，你必須格外小心。多執行緒應用程式的最佳做法是僅傳遞不可變的型別，而不存取靜態成員變數，此外，如果必須執行任何非執行緒安全的程式碼，請使用 lock、mutex 或 semaphore 來鎖定程式碼。儘管你已經在本章中看到了這樣的程式碼，但我們還是透過一些程式碼片段來快速複習一下。

以下程式碼片段顯示了如何使用 readonly struct（唯讀結構）編寫不可變的型別：

```
public readonly struct ImmutablePerson
{
    public ImmutablePerson(int id, string firstName, string lastName)
    {
        _id = id;
        _firstName = firstName;
        _lastName = lastName;
    }

    public int Id { get; }
    public string FirstName { get;
    public string LastName { get { return _lastName; } }
}
```

在我們的 ImmutablePerson 結構中，我們有一個公用的建構函式，該結構的 ID 是一個整數，而名字和姓氏是字串。我們將 id、firstName 和 lastName 參數指派給「成員唯讀變數」（member read-only variable）。存取資料的唯一方式是透過唯讀屬性（read-only property）。這表示無法修改資料。由於資料一旦建立便無法修改，因此將其歸類為執行緒安全的。因為它是執行緒安全的，所以不能被其他執行緒修改。修改資料的唯一方法是使用新資料建立新結構。

> 就像類別一樣，結構（struct）可以是可變的。但是，若要傳遞不需要修改的資料，那麼唯讀結構（read-only struct）是一個不錯且輕量級的選擇。當它們被新增到堆疊中時，它們的「建立」和「銷毀」速度比類別還快——也就是說，除非它們是「被新增到堆積（heap）中的類別」的一部分。

在前面的討論中，我們看到了「集合」是如何可變的。但是，還有一個不可變集合（immutable collections）的名稱空間，名為 System.Collections.Namespace。下表列出了這個名稱空間中的各種項目：

Classes	Structs	Interfaces
ImmutableArray	ImmutableArray<T>.Enumerator	IImmutableDictionary<TKey,TValue>
ImmutableArray<T>.Builder	ImmutableArray<T>	IImmutableList<T>
ImmutableDictionary	ImmutableDictionary<TKey,TValue>.Enumerator	IImmutableQueue<T>
ImmutableDictionary<TKey.TValue>.Builder	ImmutableHashSet<T>.Enumerator	IImmutableSet<T>
ImmutableDictionary<TKey.TValue>	ImmutableList<T>.Enumerator	IImmutableStack<T>
ImmutableHashSet	ImmutableQueue<T>.Enumerator	
ImmutableHashSet<T>.Builder	ImmutableSortedDictionary<TKey,TValue>.Enumerator	
ImmutableHashSet<T>	ImmutableSortedSet<T.Enumerator	
ImmutableInterlocked	ImmutableStack<T>.Enumerator	
ImmutableList		
ImmutableList<T>.Builder		
ImmutableList<T>		
ImmutableQueue		
ImmutableQueue<T>		
ImmutableSortedDictionary		
ImmutableSortedDictionary<TKey,TValue>.Builder		
ImmutableSortedList		
ImmutableSortedList<T>.Builder		
ImmutableStack		
ImmutableStack<T>		

System.Collections.Immutable 名稱空間包含許多可以在執行緒之間安全使用的不可變集合。更多資訊，請參閱：**https://docs. microsoft.com/en-us/dotnet/api/system.collections. immutable?view=netcore-3.1**。

在 C# 中使用 lock 物件確實非常簡單，如以下程式碼片段所示：

```
public class LockExample
{
    public object _lock = new object();

    public void UnsafeMethod()
    {
        lock(_lock)
        {
            // Execute unsafe code.
        }
    }
}
```

我們建立並實例化 _lock 成員變數。然後，當執行「非執行緒安全的程式碼」時，我們將程式碼包裝在 lock 中，並傳遞 _lock 變數作為 lock 物件。當一個執行緒進入 lock 時，所有其他執行緒都被禁止執行該程式碼，直到該執行緒離開 lock 為止。使用此程式碼的一個問題是執行緒可能進入死結狀態。解決問題的一種方法是使用 mutex。

你可以使用同步原始型別（synchronization primitive）來進行處理程序之間的同步。首先，請在類別的頂端新增以下程式碼（這個類別有「需要保護的程式碼」）：

```
private static readonly Mutex _mutex = new Mutex();
```

為了使用 mutex，請使用以下 try/catch 區塊包裝「需要保護的程式碼」：

```
try
{
    _mutex.WaitOne();
    // ... Do work here ...
}
finally
{
    _mutex.ReleaseMutex();
}
```

在前面的程式碼中，WaitOne() 方法阻斷了目前的執行緒，直到「等待處理程序」（wait handle）接收到信號為止。一旦發出互斥信號，WaitOne() 方法將回傳 true。然後，呼叫的執行緒將會取得 mutex 的所有權。然後，呼叫的執行緒可以存取「受保護的資源」。當在「受保護的資源」上完成工作時，藉由呼叫 ReleaseMutex() 來釋放 mutex。在 finally 區塊中呼叫 ReleaseMutex()，是因為你不希望執行緒因任何原因拋出例外而使資源保持鎖定狀態。因此，請永遠在 finally 區塊中釋放 mutex。

另一種保護資源存取的機制是使用 semaphore。semaphore 的程式碼撰寫與 mutex 非常相似，它們都能保護資源。semaphore 和 mutex 之間的主要區別在於，mutex 是一種鎖定機制（locking mechanism），semaphore 則是一種信號傳遞機制（signaling mechanism）。要使用 semaphore（而不是 lock 和 mutex），請將下面這行新增到類別的頂端：

```
private static readonly Semaphore _semaphore = new Semaphore(2, 4);
```

現在，我們新增了一個新的 semaphore 變數。第一個參數表示可以同時授予 semaphore 請求的「初始」數量。第二個參數表示可以同時授予 semaphore 請求的「最大」數量。然後，你將在方法中保護對資源的存取，如下所示：

```
try
{
    _semaphore.WaitOne();
    // ... Do work here ...
}
finally
{
    _semaphore.Release();
}
```

目前的執行緒被阻斷了，直到「目前的等待處理程序」接收到信號為止。然後執行緒可以完成其工作。最後，semaphore 被釋放。

在本章中，你已經學會如何使用 lock、mutex 和 semaphore 來鎖定非執行緒安全的程式碼。也請記住，「後台執行緒」會在處理程序完成並終止時才終止，而「前台執行緒」將繼續執行直到完成。如果你有任何必須執行「直到完成」的程式碼，且執行緒不該在「中途」被終止，那麼最好使用「前台執行緒」而不是「後台執行緒」。

下一節將介紹同步方法的依賴性。

同步方法的依賴性

要同步你的程式碼，請像我們之前示範過的一樣使用 lock 敘述句。你還可以在專案中參照 System.Runtime.CompilerServices 名稱空間。然後，可以將 [MethodImpl(MethodImplOptions.Synchronized)] 註解（annotation）新增到方法和屬性當中。

以下範例是應用於方法的 [MethodImpl(MethodImplOptions.Synchronized)] 註解：

```
[MethodImpl(MethodImplOptions.Synchronized)]
public static void ThisIsASynchronisedMethod()
{
    Console.WriteLine("Synchronised method called.");
}
```

這是將 [MethodImpl(MethodImplOptions.Synchronized)] 與屬性一起使用的範例：

```
private int i;
public int SomeProperty
{
    [MethodImpl(MethodImplOptions.Synchronized)]
    get { return i; }
    [MethodImpl(MethodImplOptions.Synchronized)]
    set { i = value; }
}
```

如你所見，很容易遇到死結或競爭條件，但是使用 Monitor.TryEnter() 克服死結和使用 Task.ContinueWith() 克服競爭條件也同樣容易。

在下一節中，我們將介紹 Interlocked 類別。

使用 Interlocked 類別

在多執行緒應用程式中，錯誤可能會在「執行緒調度程序」（thread scheduler）的上下文切換（context-switching）過程中蔓延。會出現的主要問題之一是不同執行緒對相

同變數的更新。mscorlib 組件（assembly）中的 System.Threading.Interlocked 類別的方法，有助於防止這類錯誤。Interlocked 類別的方法不會拋出例外，因此，它們在「以更高效能的方式應用簡單狀態更改」這方面，比我們之前看到的 lock 敘述句還要有幫助。

Interlocked 類別中可用的方法如下：

- CompareExchange：比較兩個變數，並將結果儲存在另一個變數中
- Add：將兩個 Int32 或 Int64 整數變數加在一起，並將結果儲存在第一個整數中
- Decrement：遞減 Int32 和 Int64 整數變數值並儲存其結果
- Increment：遞增 Int32 和 Int64 整數變數值並儲存其結果
- Read：讀取 Int64 型別的整數變數
- Exchange：在變數之間交換值

現在，我們將編寫一個簡單的控制台應用程式來展示這些方法。首先建立一個新的 .NET Framework 控制台應用程式。將以下兩行新增到 Program 類別的頂端：

```
private static long _value = long.MaxValue;
private static int _resourceInUse = 0;
```

_value 變數將被用來展示「如何使用互鎖方法（interlocking method）更新變數」。_resourceInUse 變數用於指示「是否正在使用資源」。新增 CompareExchangeVariables() 方法：

```
private static void CompareExchangeVariables()
{
    Interlocked.CompareExchange(ref _value, 123, long.MaxValue);
}
```

在 CompareExchangeVariables() 方法中，我們呼叫 CompareExchange() 方法，將 _value 與 long.MaxValue 進行比較。如果兩個值相等，則將 _value 替換為 123。現在，我們將新增 AddVariables() 方法：

```
private static void AddVariables()
{
    Interlocked.Add(ref _value, 321);
}
```

AddVariables() 方法呼叫 Add() 方法來存取 _value 成員變數，並使用「_value 加 321 的值」對其進行更新。接下來，我們將新增 DecrementVariable() 方法：

```
private static void DecrementVariable()
{
    Interlocked.Decrement(ref _value);
}
```

此方法呼叫 Decrement() 方法，該方法將 _value 成員變數減 1。我們的下一個方法是 IncrementValue()：

```
private static void IncrementVariable()
{
    Interlocked.Increment(ref _value);
}
```

在我們的 IncrementVariable() 方法中，我們透過呼叫 Increment() 方法來增加 _value 成員變數。我們將編寫的下一個方法是 ReadVariable() 方法：

```
private static long ReadVariable()
{
    // The Read method is unnecessary on 64-bit systems, because 64-bit
    // read operations are already atomic. On 32-bit systems, 64-bit read
    // operations are not atomic unless performed using Read.
    return Interlocked.Read(ref _value);
}
```

因為 64 位元讀取操作是原子的（atomic），所以不需要呼叫 Interlocked.Read() 方法。但是，在 32 位元系統上，要使 64 位元讀取成為原子操作，你需要呼叫 Interlocked.Read() 方法。新增 PerformUnsafeCodeSafely() 方法：

```
private static void PerformUnsafeCodeSafely()
{
    for (int i = 0; i < 5; i++)
    {
        UseResource();
        Thread.Sleep(1000);
    }
}
```

PerformUnsafeCodeSafely() 方法會進行五次迴圈。迴圈的每次迭代都呼叫 UseResource() 方法，然後執行緒進入睡眠狀態 1 秒鐘。現在，我們將新增 UseResource() 方法：

```
static bool UseResource()
{
    if (0 == Interlocked.Exchange(ref _resourceInUse, 1))
    {
        Console.WriteLine($"{Thread.CurrentThread.Name} acquired the
lock");
        NonThreadSafeResourceAccess();
        Thread.Sleep(500);
        Console.WriteLine($"{Thread.CurrentThread.Name} exiting lock");
        Interlocked.Exchange(ref _resourceInUse, 0);
        return true;
    }
    else
    {
        Console.WriteLine($"{Thread.CurrentThread.Name} was denied the
lock");
        return false;
    }
}
```

如 _resourceInUse 變數所示，如果資源正被使用，則 UseResource() 方法可防止取得 lock。首先，透過呼叫 Exchange() 方法將 _resourceInUse 成員變數值設定為 1。Exchange() 方法回傳一個整數，我們將其與 0 進行比較。如果 Exchange() 回傳的值為 0，則該方法未被使用。

如果該方法正被使用，那麼我們將輸出一則訊息，通知使用者目前執行緒被拒絕 lock。

如果該方法未被使用，則我們輸出一則訊息，通知使用者目前執行緒已取得 lock。然後，我們呼叫 NonThreadSafeResourceAccess() 方法，接著將執行緒送入睡眠狀態半秒，以模擬工作。

當執行緒被喚醒時，我們輸出一則訊息，通知使用者目前執行緒已退出 lock。然後，我們透過呼叫 Exchange() 方法並將 _resourceInUse 的值設定為 0 來釋放 lock。新增 NonThreadSafeResourceAccess() 方法：

```
private static void NonThreadSafeResourceAccess()
{
    Console.WriteLine("Non-thread-safe code executed.");
}
```

NonThreadSafeResourceAccess() 是在 lock 安全的情況下執行「非執行緒安全的程式碼」。在我們的方法中，我們只是簡單地透過一則訊息通知使用者。在執行程式碼之前，最後要做的工作是更新 Main() 方法，如下所示：

```
static void Main(string[] args)
{
    CompareExchangeVariables();
    AddVariables();
    DecrementVariable();
    IncrementVariable();
    ReadVariable();
    PerformUnsafeCodeSafely();
}
```

我們的 Main() 方法呼叫「測試 Interlocked 方法」的方法。執行此程式碼，你應該會看到與以下類似的內容：

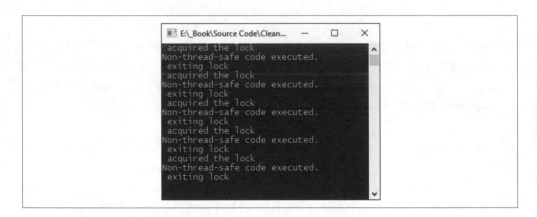

現在，我們將討論一些一般性建議。

一般性建議

在最後一節中,我們將簡述 Microsoft 在處理多執行緒應用程式方面的一些一般性建議,它們包括了:

- 避免使用 Thread.Abort 終止其他執行緒。
- 使用 mutex、ManualResetEvent、AutoResetEvent 和 Monitor 在多個執行緒之間同步活動。
- 在可能的情況下,為你的工作執行緒使用執行緒池。
- 如果你有任何「工作執行緒」被阻斷了,請使用 Monitor.PulseAll 通知所有執行緒,讓它們知道「工作執行緒狀態的變化」。
- 避免使用「this」、「型別實例」以及包括字串文字在內的「字串實例」作為 lock 物件。避免使用 lock 物件的型別。
- 實例 lock 可能會導致死結,因此,在使用它們時要特別小心。
- 將「try/finally 區塊」與「進入 monitor 的執行緒」一起使用,以便在 finally 區塊中,透過呼叫 Monitor.Exit() 確保執行緒離開 monitor。
- 為不同的資源使用不同的執行緒。
- 避免將多個執行緒指派給同一資源。
- I/O 任務在執行 I/O 操作時會阻斷,因此應具有自己的執行緒。如此一來,你就可以執行其他執行緒。
- 使用者輸入應具有自己的專用執行緒。
- 透過使用 System.Threading.Interlocked 類別的方法(而不是 lock 敘述句)來提高簡單狀態更改的效能。
- 對於頻繁使用的程式碼,請避免同步,因為它可能導致死結和競爭條件。
- 預設情況下,使靜態資料成為執行緒安全的。
- 預設情況下,實例資料不能是執行緒安全的;否則,將降低效能,增加 lock 的爭用,並增加競爭條件和死結的可能性。
- 避免使用會改變狀態的靜態方法,因為它們會導致執行緒 bug。

到此結束我們對執行緒和同步的研究。讓我們總結一下我們學到的東西。

小結

在本章中，我們介紹了什麼是執行緒以及如何使用它。我們研究死結和競爭條件問題，也看到如何使用 lock 敘述句和 TPL 函式庫來防止這些特殊情況。我們還討論了靜態建構函式、靜態方法、不可變物件和可變物件的執行緒安全性。我們學到「使用不可變物件」是在執行緒之間傳輸資料的執行緒安全方式。我們也探討了一些使用執行緒的一般性建議。

使程式碼具有執行緒安全性，這會帶來很多好處。在下一章中，我們將討論設計有效的 API。但是現在，你可以藉由回答以下問題來測試你的知識，而「延伸閱讀」中的連結也可以作為更深入研讀的參考。

練習題

1. 執行緒是什麼？
2. 單執行緒應用程式中有多少個執行緒？
3. 執行緒的類型有哪些？
4. 退出程式後，哪個執行緒會終止？
5. 即使退出程式，哪個執行緒會繼續執行，直到完成？
6. 什麼程式碼會使執行緒睡眠半毫秒？
7. 如何實例化一個「呼叫 Method1 方法」的執行緒？
8. 如何使一個執行緒成為「後台執行緒」？
9. 死結是什麼？
10. 如何退出「使用 Monitor.TryEnter(objectName)」取得的 lock？
11. 如何從死結當中恢復？
12. 競爭條件是什麼？
13. 預防競爭條件的一種方法是什麼？
14. 是什麼使靜態方法不安全？
15. 靜態建構函式是執行緒安全的嗎？
16. 什麼負責管理「執行緒群組」（groups of threads）？
17. 不可變的物件是什麼？
18. 為什麼在執行緒應用程式中，不可變物件比可變物件更受青睞？

延伸閱讀

- https://www.c-sharpcorner.com/blogs/mutex-and-semaphore-in-thread 提供了使用 mutex 和 semaphore 的範例。

- https://www.guru99.com/mutex-vs-semaphore.html 解釋了 mutex 和 semaphore 之間的區別。

- https://docs.microsoft.com/en-us/dotnet/csharp/programming-guide/classes-and-structs/static-constructors 是 Microsoft 官方文件，說明「靜態建構函式」。

- https://docs.microsoft.com/en-us/dotnet/standard/threading/managed-threading-best-practices 是 Microsoft 官方文件，說明「託管執行緒的最佳做法」。

- https://docs.microsoft.com/en-us/dotnet/standard/parallel-programming/task-parallel-library-tpl 是 Microsoft 官方 API 文件，說明「TPL」。

- https://www.c-sharpcorner.com/UploadFile/1d42da/interlocked-class-in-C-Sharp-threading/ 討論了 C# 執行緒中的 Interlocked 類別。

- https://geekswithblogs.net/BlackRabbitCoder/archive/2012/08/23/c.net-little-wonders-interlocked-read-and-exchange.aspx 探討 System.Threading.Interlocked 並提供範例。（**編輯注：連結已失效。**）

- http://www.albahari.com/threading/ 是探討「C# 執行緒」主題的免費電子書連結，由 Joseph Albahari 所著。

- https://docs.microsoft.com/en-us/dotnet/api/system.collections.immutable?view=netcore-3.1 是 Microsoft 官方文件，這份文件說明 System.Collections.Immutable 名稱空間中可用的不可變集合。

9

設計及開發API

應用程式介面（Application Programming Interfaces，**API**）從來沒有像現在這樣，在許多方面如此重要。API 用於連接政府和機構，以共享資料和協作的方式解決企業和政府的問題。API 也用於醫生手術室和醫院之間，以即時共享患者資料。你每天都會使用 API 來連線到電子郵件信箱，並透過 Microsoft Teams、Microsoft Azure、Amazon Web Services 和 Google Cloud Platform 等平台與同事及客戶進行協作。

每次你使用電腦或電話與某人聊天，或與他們進行視訊通話時，你都在使用 API。在進行串流視訊會議、使用網站聊天視窗與技術支援人員交談，或是使用串流聆聽自己喜歡的音樂和觀賞影片時，你都在使用 API。因此，作為一名程式設計師，你必須精通什麼是 API，以及如何設計、開發、保護和部署它們。

在本章中，我們將討論 API 是什麼、它們如何使你受益，以及為什麼有必要了解它們。我們還將討論 API proxy（代理）、設計和開發準則、如何使用 RAML 設計 API，以及如何使用 Swagger 將 API 文件化。

本章涵蓋以下主題：

- API 是什麼？
- API proxy
- API 設計準則
- 使用 RAML 進行 API 設計
- Swagger API 開發

本章將幫助你取得以下技能：

- 了解 API 以及了解為什麼需要學習它們
- 了解 API proxy 以及了解我們為什麼要使用它們
- 在設計自己的 API 時要了解設計準則
- 使用 RAML 設計你自己的 API
- 使用 Swagger 將你的 API 文件化

在本章的最後，你將了解「良好的 API 設計」的基礎知識，並掌握「將 API 的功能向前推進」所需的知識。重要的是要了解 API 是什麼，因此我們將從這裡開始。不過，首先請確保實作了以下的技術要求，以充分利用本章內容。

技術要求

在本章中，我們將使用以下技術來建立 API：

- Visual Studio 2019 Community 版本或更高版本
- Swashbuckle.AspNetCore 5 或更高版本
- Swagger：`https://swagger.io/`
- Atom：`https://atom.io/`
- MuleSoft 的 API Workbench

API 是什麼？

API 是可重用的函式庫，可以在不同的應用程式之間共享，而且可以透過 REST 服務來使用（在這種情況下，它們被稱為 **RESTful API**）。

 REST（表現層狀態轉移，**Representational State Transfer**）是 Roy Fielding 在 2000 年提出的。

REST 是一種由限制條件（constraint）組成的架構風格。在編寫 REST 服務時，總共有六個限制條件需要考慮。這些限制條件如下：

- **統一介面**（uniform interface）：這被用來識別資源，並透過「表現」操縱這些資源。訊息使用了超媒體，而且是自我描述的。**HATEOAS**（Hypermedia as the

Engine of Application State，超媒體作為應用程式狀態引擎）被用來包含「客戶端接下來可以執行哪些操作」的資訊。

- **客戶端伺服器分離**（client-server）：這個限制條件透過「封裝」來隱藏資訊。因此，只有「客戶端」要使用的 API 呼叫才可被看見，而所有其他 API 都將保持隱藏狀態。RESTful API 應該獨立於系統的其他部分，進而使其鬆散耦合。
- **無狀態**（stateless）：這表示 RESTful API 沒有 session 或歷史記錄。如果客戶端需要 session 或歷史記錄，則客戶端必須在請求中向伺服器提供所有相關資訊。
- **可快取暫存**（cacheable）：這個限制條件表示資源必須宣告它們是可快取暫存的。這代表可以快速存取資源。於是我們的 RESTful API 可以提高速度，並減少伺服器負荷。
- **分層系統**（layered system）：這個限制條件表示每一層只能做一件事情。每個元件應該只知道「為了發揮作用和執行任務」所需使用的東西。一個元件不應該知道系統中它不會使用的部分。
- **可選的可執行程式碼**（optional executable code）：這個限制條件是可選的，讓伺服器可以透過傳送可執行程式碼，來臨時擴展或自訂客戶端的功能。

因此，在設計 API 時，最好假定終端使用者是有經驗的程式設計師。他們應該能夠輕鬆取得 API、閱讀它並立即使用。

不必執著於建立完美的 API。無論如何，API 通常會隨著時間而發展，如果你曾經使用過 Microsoft API，你知道他們會定期升級它們。具有「未來將要刪除的功能」的 API 經常帶有註解，該註解會通知使用者不要使用特定的屬性或方法，因為它們會在「未來的版本」中刪除。然後，當不再使用它們時，通常會在最終刪除之前用「過時註解」（obsolete annotation）標記它們。這告訴 API 的使用者要更新具有「已棄用功能」（deprecated feature）的 app。

為什麼要使用 REST 服務進行 API 存取？嗯，許多公司藉由線上提供 API 並收費來賺取豐厚利潤。因此，RESTful API 可以說是非常有價值的資產。Rapid API（https://rapidapi.com/）提供免費和付費的 API。

你的 API 可以永久存在。如果你使用雲端供應商，你的 API 可以高度擴充，你可以透過免費或訂閱的方式讓它們被廣泛使用。你可以封裝所有複雜的工作，並透過簡單的介面展示所需的內容，而由於你的 API 很小且可快取暫存，因此它們非常快。現在讓我們看一下 API proxy，以及為什麼要使用它們。

API proxy

API proxy 是位於客戶端和你的 API 之間的類別。本質上，這是你與「使用你的 API 的開發人員」之間的 API 合約。因此，你不必向開發人員提供「直接存取」API 後端服務的權限（在重構和擴展它們時，可能會隨著時間而損壞），而是向 API 的使用者提供「保證」，即使後端服務發生更改，也將履行 API 合約。

下圖顯示了客戶端、API proxy、正在存取的實際 API，以及 API 與資料來源之間的溝通：

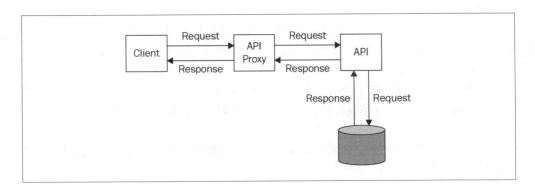

本節將展示在一個控制台應用程式中，實作其 proxy 模式是很容易的。我們的範例將具有一個由 API 和 proxy 所實作的介面。API 將會回傳實際訊息，而 proxy 將從 API 取得訊息並將其傳遞給客戶端。proxy 還可以做很多事情，而不僅僅是呼叫 API 方法並回傳其回應資訊（response）。它們可以執行身分驗證、授權、基於認證（credential）的路由傳送（routing）等等。但是，我們的範例將保持在絕對最小樣貌，以便你可以看到 proxy 模式中的簡明特性。

啟動一個新的 .NET Framework 控制台應用程式。新增 Apis、Interfaces 和 Proxies 資料夾，並把 HelloWorldInterface 介面放入 Interfaces 資料夾中：

```
public interface HelloWorldInterface
{
    string GetMessage();
}
```

我們的介面方法 `GetMessage()` 以字串形式回傳一則訊息。proxy 和 API 類別都將實作此介面。`HelloWorldApi` 類別實作了 `HelloWorldInterface`，因此將其新增到 `Apis` 資料夾中：

```
internal class HelloWorldApi : HelloWorldInterface
{
    public string GetMessage()
    {
        return "Hello World!";
    }
}
```

如你所見，我們的 API 類別實作了該介面，並且回傳 `"Hello World!"` 資訊。我們也將此類別設為內部類別，這樣可以防止外部呼叫者存取此類別的內容。現在，我們將 `HelloWorldProxy` 類別新增到 `Proxies` 資料夾中：

```
public class HelloWorldProxy : HelloWorldInterface
{
    public string GetMessage()
    {
        return new HelloWorldApi().GetMessage();
    }
}
```

我們的 proxy 類別被設定為 `public`，因為該類別將由客戶呼叫。proxy 類別將呼叫 API 類別中的 `GetMessage()` 方法，並將回應資訊回傳給呼叫者。現在剩下的就是修改我們的 `Main()` 方法：

```
static void Main(string[] args)
{
    Console.WriteLine(new HelloWorldProxy().GetMessage());
    Console.ReadKey();
}
```

我們的 `Main()` 類別呼叫了 proxy 類別（`HelloWorldProxy`）的 `GetMessage()` 方法。我們的 proxy 類別呼叫了 API 類別，而回傳的方法將印在控制台視窗中。然後，控制台等待按鍵以退出。

執行程式碼並檢閱輸出，你已成功實作了 API proxy 類別。你可以根據需要使 proxy 變得簡單或複雜，而你在這裡所做的就是成功的基礎。

在本章中,我們將建置一個 API。因此,讓我們討論一下我們將要建置的內容,然後著手進行研究。完成此專案後,你將擁有一個可用的 API,該 API 可以生成 JSON 格式的每月股息分配日曆。

API 設計準則

編寫有效的 API 需要遵循一些基本準則,舉例來說,你的資源應使用複數形式的名詞。因此,如果你有一個批發(wholesale)網站,那麼你的 URL 看起來會像以下的虛擬連結(dummy link):

- `http://wholesale-website.com/api/customers/1`
- `http://wholesale-website.com/api/products/20`

前面的 URL 將遵循 `api/controller/id` 的控制器路由(controller route)。就商業領域內的關係而言,這些關係也應反映在諸如 `http://wholesale-website.com/api/categories/12/products` 之類的 URL 中,此呼叫將回傳分類 `12` 的產品列表。

如果需要使用動詞作為資源,你可以這樣做。發出 HTTP 請求時,請使用 GET 來檢索項目、使用 HEAD 來檢索標頭(header)、使用 POST 來插入或儲存新資源、使用 PUT 來替換資源,以及使用 DELETE 來刪除資源。藉由使用查詢參數(query parameter)來保持資源的精簡。

在對結果進行分頁時,應為客戶提供一組現成的連結。RFC 5988 引入了**連結標頭**(**link header**)。在規格中,**IRI**(**International Resource Identifier**,國際資源識別字)是兩個資源之間的類型化連接。更多資訊請參閱:`https://www.greenbytes.de/tech/webdav/rfc5988.html`。連結標頭請求的格式如下:

- `<https://wholesale-website.com/api/products?page=10&per_page=100>; rel="next"`
- `<https://wholesale-website.com/api/products?page=11&per_page=100>; rel="last"`

你可以在 URL 中完成 API 的版本控制。因此，每個資源對於相同的資源將具有不同的 URL，如以下範例所示：

- https://wholesale-website.com/api/v1/cart
- https://wholesale-website.com/api/v2/cart

這種形式的版本控制非常簡單，可以輕鬆找到正確的 API 版本。

JSON 是首選的資源表示形式，它比 XML 更具人類可讀性，而且更為輕量。使用 POST、PUT 和 PATCH 動詞時，還應要求將 content-type 標頭設定為 application/JSON，或是拋出 415 HTTP 狀態碼（status code），表示不受支援的媒體型別。Gzip 是單一檔案／串流的「無損資料壓縮實用程式」（single-file/stream lossless data compression utility）。預設使用 Gzip 可以節省大量頻寬，而且永遠該將 HTTP Accept-Encoding 標頭設定為 gzip。

請永遠為你的 API 使用 HTTPS（TLS）。呼叫方的識別應永遠在標頭中完成，當我們使用 API 存取金鑰來設定 x-api-key 標頭時，我們會在 API 中看到這一點。每個請求都應經過身分驗證和授權。未經授權的存取會導致 HTTP 403 Forbidden 的回應資訊。另外，請使用正確的 HTTP 回應資訊碼。因此，如果請求成功，則使用 200 狀態碼；對於找不到的資源，則使用 404，依此類推。HTTP 狀態碼的詳盡列表，請參考：https://httpstatuses.com/。OAuth 2.0 是用於授權的工業標準協定（industry-standard protocol）。你可以在 https://oauth.net/2/ 上閱讀跟它有關的全部資訊。

API 應該提供關於其用法的文件（須包含範例）。文件應永遠與目前的最新版本保持一致，有視覺吸引力且易於閱讀。在本章的後面，我們將介紹 Swagger 來幫助我們建立文件。

你永遠不知道什麼時候需要擴展 API。因此，從一開始就應該將此考慮在內。在下一章的股息日曆 API 專案中，你將看到我們如何在每個月的特定日期進行每月一次的 API 呼叫，以實作「節流」（throttle，調節）。你可以根據自己的需要有效地提出 1,001 種不同的方法來控管你的 API，但這應該在專案開始時完成。因此，一旦開始一個新的專案，就要考慮到「擴充性」（scalability）。

基於安全和效能方面的考量，你可能決定實作 API proxy。API proxy 會「斷開」客戶端直接存取你 API 的連接。proxy 可以存取同一專案中或外部 API 上的 API。透過使用 proxy，可以避免公開你的資料庫設計綱要（database schema）。

「對客戶端的回應」不應該與「資料庫的結構」相匹配。這可能會為駭客開「綠燈」。因此，請避免「資料庫結構」與「你發送回客戶端的回應」之間的一對一配對。你還應該對客戶端隱藏「識別字」，因為客戶端可用此來手動存取資料。

API 包含了資源。「**資源**」（**resource**）是可以用某種方式進行操作的項目（item）。資源可以是檔案或資料。例如，學校資料庫中的「學生」就是可以新增、編輯或刪除的資源。影片檔案可以被檢索和播放，就像音訊檔案也可以被檢索和播放一樣。圖片也是資源。報告範本也一樣，能夠在呈現給使用者之前被開啟、運用和填入資料。

通常，資源形成了項目的集合，以學校資料庫中的學生為例，Students 是 Student 型別集合的名稱。資源可透過 URL 來存取。URL 包含了資源的路徑。

URL 被稱為「**API 端點**」（**API endpoint**）。API 端點是資源的位址，可以透過具有一個或多個參數的 URL（或不帶任何參數的 URL）來存取此資源。URL 僅應包含複數名詞（資源名稱），而且不應包含動詞或動作。參數可用於識別「集合中的單一資源」。如果資料集會變得非常大，則應使用「分頁」（pagination）。對於帶有違反 URI 長度限制的參數的請求，可以將這些參數放在 POST 請求的正文中。

動詞構成 HTTP 請求的一部分。POST 動詞用於新增資源；要檢索一個或多個資源，請使用 GET 動詞；PUT 用於更新或替換一個或多個資源；而 PATCH 用於更新或修改資源或集合；DELETE 則是用於刪除資源或集合。

你應該永遠確保正確提供並回應 HTTP 狀態碼。HTTP 狀態碼的完整列表，請見：https://httpstatuses.com/。

至於欄位（field）、方法和屬性名稱，你可以使用任何喜歡的慣例，但是必須保持一致並且遵循公司準則。駝峰式（camel case）慣例通常在 JSON 中使用。由於你將使用 C# 開發 API，因此最好遵循工業標準的 C# 命名慣例。

由於你的 API 會隨著時間而進化，因此最好採用某種形式的版本控制（versioning）。版本控制允許使用者使用你 API 的特定版本。當 API 的新版本實作了重大更改時，提

供「向後相容性」（backward compatibility）就顯得非常重要。通常最好在 URL 中包含版本編號，如 v1 或 v2。無論使用哪一種方法對 API 進行版本控制，請記住要保持「一致」（consistent）。

如果你要使用第三方 API，則需要確保 API 金鑰的保密性。其中一種做法是將金鑰儲存在需要驗證和授權的「Key Vault」（金鑰庫）中，如 Azure Key Vault。你還應該使用自己選擇的方法來保護你自己的 API。如今，常見的方法是使用 API 金鑰。在下一章中，你將看到如何使用 API 金鑰和 Azure Key Vault 來保護第三方金鑰和你自己的 API。

定義明確的軟體邊界

沒有人由衷喜歡義大利麵程式碼，因為它們很難閱讀、維護和擴展。因此，在設計 API 時，你可以使用定義明確的軟體邊界（software boundary）來克服這個問題。定義明確的軟體邊界在「**領域驅動設計**」（Domain-Driven Design，**DDD**）中被稱為「**有界上下文**」（**bounded context**）。用業務術語來說，「有界上下文」指的是業務營運單位（business operational unit），例如：人力資源、財務、客戶服務、基礎架構等。這些業務營運單位被稱為「**領域**」（**domain**），可以將其細分為較小的子領域。然後，將這些子領域再分解為更小的子領域。

藉由將業務劃分為業務營運單位，可以在這些特定領域僱用領域專家。可以在專案開始時確定通用語言，以便業務理解 IT 術語，而 IT 員工也理解業務術語。如果業務和 IT 人員的語言用詞一致了，將降低因雙方的誤解而導致錯誤的可能性。

將大型專案分解為子領域，代表你可以讓「較小的團隊」獨立進行專案工作。因此，可以將大型開發團隊分為多個小團隊，讓這些小團隊同時從事各種專案。

DDD 本身就是一個很大的主題，在此不做介紹。更多資訊，讀者可以參考本章最後的「延伸閱讀」小節。

API 唯一應公開的項目是形成合約和 API 端點的「介面」。其他所有內容都應該對訂閱者和使用者隱藏。這代表即使是大型資料庫都可以被分解，以便每個 API 都有自己的資料庫。考量到今日標準下的網站都非常龐大且複雜，我們甚至可以擁有帶有「微資料庫」和「微前端」的「微服務」。

「微前端」（micro-frontend）是網頁的一小部分，可根據使用者的互動內容來檢索和修改。該前端將與 API 互動，而 API 隨後將存取「微資料庫」（micro-database）。就「單頁應用程式」（Single-Page Applications，**SPA**）而言，這是理想的選擇。

SPA 是由單一頁面組成的網站。當使用者啟動操作時，只有網頁的所需部分會被更新，頁面的其餘部分則保持不變。因此，舉例來說，網頁上有一個側邊欄（aside），可以顯示廣告。這些廣告作為 HTML 的一部分儲存在資料庫中。此側邊欄設定為「每 5 秒鐘」自動更新一次。5 秒鐘之後，此側邊欄會要求 API 指派新的廣告。然後，API 使用「適當的演算法」從資料庫中取得要顯示的新廣告。然後更新 HTML 文件，並使用新的廣告更新側邊欄。下圖顯示了典型的 SPA 生命週期：

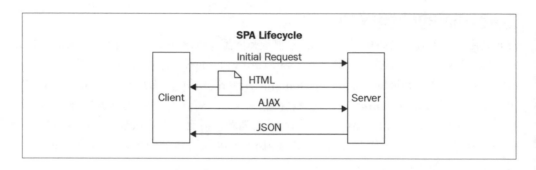

這個側邊欄就是一個定義明確的軟體邊界。它不需要知道它頁面上其餘部分的任何資訊。它所關心的是「每 5 秒鐘」顯示一次新廣告：

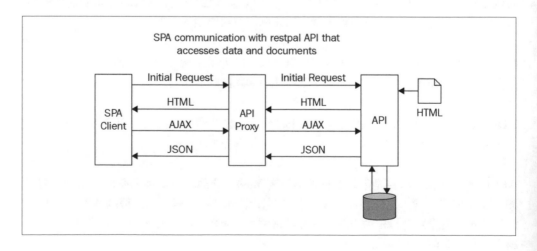

上圖顯示了 SPA 藉由 API proxy 與 RESTful API 通訊，而且該 API 能夠存取文件和資料庫。

構成側邊欄的元件包含了 HTML 文件片段（document fragment）、微服務和資料庫。小型團隊可以使用他們喜歡的技術來進行這些工作。完整的 SPA 可以由數百個「微文件」、「微服務」和「微資料庫」來組成。關鍵是這些服務可以由任何技術構成，而且可以各自獨立地由任何團隊來處理。多個專案也可以同時進行。

在我們的「有界上下文」中，我們可以使用以下軟體方法來提高程式碼的品質：

- SOLID 原則（單一職責、開放封閉、里氏替換、介面隔離和依賴反轉）
- DRY（Don't Repeat Yourself，不要重複自己）
- YAGNI（You Ain't Gonna Need It，你不需要它）
- KISS（Keep It Simple, Stupid，保持簡單和愚蠢）

這些方法可以很好地共同運作，以消除重複的程式碼，防止你編寫出不需要的程式碼，並且使物件和方法的大小保持不變。我們為一個類別和一個方法進行開發的原因是，它們都應該只做一件事，而且要做得很好。

名稱空間用於執行邏輯分組（logical grouping），我們可以使用名稱空間來定義軟體邊界。名稱空間越具體，它對程式設計師越有意義。有意義的名稱空間可幫助程式設計師輕鬆地對程式碼進行分區並查詢所需內容。你可以使用名稱空間在邏輯上對介面、類別、結構和列舉進行分組。

在下一節中，你將學習如何使用 RAML 設計 API。然後，你將從 RAML 檔案中生成一個 C# API。

了解高品質 API 文件的重要性

在專案上工作時，有必要了解所有已使用的 API。這樣做的原因是，你可能會常常寫出早已存在的程式碼，這顯然會浪費很多精力。不僅如此，因為你重新編寫了已經存在的程式碼版本，你會擁有兩個可以做相同事情的程式碼副本。由於必須同時維護兩個版本的程式碼，因此增加了軟體的複雜性、維護開銷，甚至還有潛在錯誤。

在橫跨多種技術和儲存庫的大型專案中，團隊人員流動率很高，特別是在沒有文件的情況下，程式碼重複（code duplication）會成為一個真正的問題。有時候，只有一、兩個領域專家，而團隊的大部分成員根本不了解該系統。我曾經在這樣的專案中工作，維護和擴展它們確實是一件痛苦的事。

這就是為什麼 API 文件對任何專案來說都至關重要的原因，無論專案有多大或多小。人們在軟體開發領域不可避免地會往更好的地方持續前進（**譯者注：跳槽**），尤其是當其他地方提供更賺錢的工作機會時。如果跳槽的人是領域專家，那麼他們將帶著知識離開。如果沒有文件，那麼該專案的新開發人員將不得不透過閱讀程式碼來理解該專案。如果程式碼混亂且複雜，這可能會給新上任的員工帶來很大的麻煩。

結果，由於缺乏系統知識，程式設計師將傾向於或多或少地「從頭開始」編寫完成工作所需的程式碼，因為他們必須承受按時交付的壓力。這通常會導致「程式碼重複」及沒有好好利用「程式碼重用」。這導致軟體變得複雜且容易出錯，而這種軟體最終會難以擴展和維護。

現在，你了解了為什麼必須將 API 文件化。良好文件化的 API 將使程式設計師更充分理解，更傾向重用，進而減少了程式碼重複的可能性，並降低生成「難以擴展或維護的程式碼」的機會。

你還應該注意任何被標記為 deprecated（已棄用）或 obsolete（過時）的程式碼。deprecated 的程式碼將在以後的版本中刪除，obsolete 的程式碼將不再使用。如果你使用的 API 被標記為 deprecated 或 obsolete，則應優先處理此程式碼。

既然你理解了高品質 API 文件的重要性，我們將介紹一個名為 Swagger 的工具。Swagger 是一種易於使用的工具，用於生成美觀、高品質的 API 文件。

Swagger API 開發

Swagger 提供了一組針對 API 開發的功能強大工具。使用 Swagger，你可以執行以下操作：

- **設計**：設計 API 並對其建模，以符合基於規格的標準。
- **建置**：在 C# 中建置穩定且可重用的 API。
- **文件**：為開發人員提供可以與之互動的文件。
- **測試**：輕鬆測試你的 API。
- **標準化**：使用公司準則，將限制條件應用於 API 架構。

我們將在我們的 ASP.NET Core 3.0+ 專案中啟動並執行 Swagger。因此，首先在 Visual Studio 2019 中建立專案。選擇 **Web API** 和 **No Authentication** 設定。在繼續之前，值得注意的是 Swagger 會自動生成具功能性的美觀文件。設定 Swagger 只需很少的程式碼，這就是為什麼許多現代 API 使用它的原因。

在使用 Swagger 之前，我們首先需要在專案中安裝對它的支援。要安裝 Swagger，你必須安裝版本 5 或更高版本的 Swashbuckle.AspNetCore 依賴套件。在撰寫本書時，NuGet 上可用的版本為 5.3.3。安裝完成後，我們需要將「我們要使用的 Swagger 服務」新增到「服務集合」（services collection）之中。對我們來說，我們只會使用 Swagger 來文件化我們的 API。在 Startup.cs 類別中，將以下程式碼行新增到 ConfigureServices() 方法中：

```
services.AddSwaggerGen(swagger =>
{
    swagger.SwaggerDoc("v1", new OpenApiInfo { Title = "Weather
Forecast
API" });
});
```

在我們剛剛新增的程式碼中，Swagger 文件化服務已被指派給「服務集合」。我們的 API 版本是 v1，我們的 API 標題是 Weather Forecast API。現在，我們需要在 if 敘述句之後立即更新 Configure() 方法，以新增我們的 Swagger 中介軟體（middleware），如下所示：

```
app.UseSwagger();
app.UseSwaggerUI(c =>
{
    c.SwaggerEndpoint("/swagger/v1/swagger.json", "Weather Forecast
API");
});
```

在我們的 Configure() 方法中，我們通知我們的應用程式使用 Swagger 和 Swagger UI，並為 Weather Forecast API 指派 Swagger 端點（endpoint）。接下來，你將需要安裝 Swashbuckle.AspNetCore.Newtonsoft NuGet 依賴套件（在撰寫本書時為版本 5.3.3）。然後，將以下這行新增到你的 ConfigureServices() 方法中：

```
services.AddSwaggerGenNewtonsoftSupport();
```

我們為 Swagger 文件生成新增了 Newtonsoft 支援。這樣就能啟動 Swagger 並執行了。請執行你的專案並導覽至 `https://localhost:PORT_NUMBER/swagger/index.html`。你應該看到以下網頁：

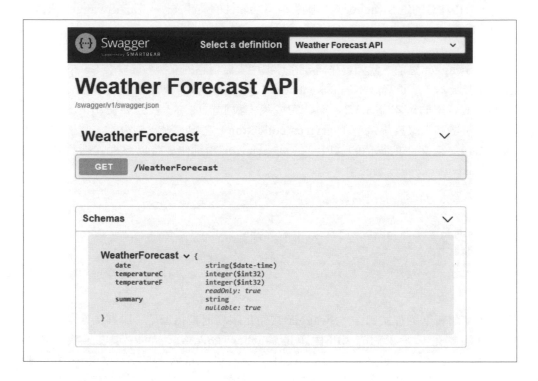

現在，我們來看看為什麼我們應該傳遞「不可變的結構」（immutable struct）而不是「可變的物件」（mutable object）。

傳遞「不可變的結構」而不是「可變的物件」

在本節中，你將編寫一個處理「100 萬個物件」和「100 萬個不可變結構」的電腦程式。你將看到「結構」在效能方面比「物件」要快得多。我們將編寫一些程式碼，它在 1,440 毫秒內處理 100 萬個物件，在 841 毫秒內處理 100 萬個結構。總共相差 599 毫秒。這麼小的時間單位聽起來似乎並不多，但是當處理巨大的資料集時，使用「不可變結構」取代「可變物件」將顯著提升效能。

可變物件中的值（value）也可以在執行緒之間進行修改，這對商業用途來說非常不利。請想像一下，你的銀行帳戶中有 15,000 英鎊，而你要付給房東 435 英鎊的房租。

你的帳戶中有一個「透支額度」（overdraft limit）可以被超過（預支）。現在，在你支付 435 英鎊的同時，某個人也向車商支付了 23,000 英鎊的新車費用。你帳戶上的值被購買者的執行緒修改了。結果是你向房東支付了 23,000 英鎊，而你的帳戶餘額中仍有 8,000 英鎊的債務。我們不會編寫在執行緒之間更改可變資料的範例，因為在「**第 8 章**」中已經介紹過了。

 本節的重點是「結構」比「物件」快，而「不可變的結構」是執行緒安全的。

在建立和傳遞物件時，結構比物件更具效能。你還可以讓結構成為不可變的，以便它們是執行緒安全的。在這裡，我們將編寫一個小程式。該程式將有兩種方法：一種將建立 100 萬個人員物件，另一種將建立 100 萬個人員結構。

新增一個名為 `CH11_WellDefinedBoundaries` 的新 .NET Framework 控制台應用程式式，並新增 `PersonObject` 類別：

```
public class PersonObject
{
    public string FirstName { get; set; }
    public string LastName { get; set; }
}
```

該物件將用於建立 100 萬個人員物件。現在，新增 `PersonStruct`：

```
public struct PersonStruct
{
    private readonly string _firstName;
    private readonly string _lastName;

    public PersonStruct(string firstName, string lastName)
    {
        _firstName = firstName;
        _lastName = lastName;
    }

    public string FirstName => _firstName;
    public string LastName => _lastName;
}
```

該結構是不可變的，其 readonly 屬性是透過建構函式所設定的，並用於建立我們的 100 萬個結構。現在，我們可以修改程式以顯示物件和結構之間的效能。新增 CreateObject() 方法如下：

```
private static void CreateObjects()
{
    Stopwatch stopwatch = new Stopwatch();
    stopwatch.Start();
    var people = new List<PersonObject>();
    for (var i = 1; i <= 1000000; i++)
    {
        people.Add(new PersonObject { FirstName = "Person", LastName =
$"Number {i}" });
    }
    stopwatch.Stop();
    Console.WriteLine($"Object: {stopwatch.ElapsedMilliseconds}, Object
Count: {people.Count}");
    GC.Collect();
}
```

如你所見，我們啟動了一個計時器（stopwatch），建立了一個新列表，並將 100 萬個人員物件新增到該列表中。然後，我們停止計時器，把結果輸出到視窗，然後呼叫垃圾收集器（garbage collector）清理我們的資源。現在新增我們的 CreateStructs() 方法：

```
private static void CreateStructs()
{
    Stopwatch stopwatch = new Stopwatch();
    stopwatch.Start();
    var people = new List<PersonStruct>();
    for (var i = 1; i <= 1000000; i++)
    {
        people.Add(new PersonStruct("Person", $"Number {i}"));
    }
    stopwatch.Stop();
    Console.WriteLine($"Struct: {stopwatch.ElapsedMilliseconds}, Struct
Count: {people.Count}");
    GC.Collect();
}
```

我們的結構在這裡做了與 CreateObjects() 方法相似的事情，但是還建立了一個結構列表，並向該列表新增了 100 萬個結構。最後，修改 Main() 方法，如下所示：

```
static void Main(string[] args)
{
    CreateObjects();
    CreateStructs();
    Console.WriteLine("Press any key to exit.");
    Console.ReadKey();
}
```

我們呼叫這兩種方法，然後等待使用者按任意鍵退出。執行該程式，你應該會看到以下輸出：

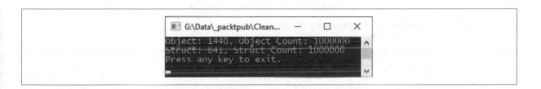

從上面的螢幕截圖中可以看到，建立 1 百萬個物件並將其新增到物件列表需要 1,440 毫秒，而建立 100 萬個結構並將它們新增到結構列表僅花費了 841 毫秒。

結構是不可變且具有執行緒安全性的（因為它們無法在執行緒之間進行修改），與物件相比，它們的執行速度也快得多。因此，如果你要處理大量資料，結構可以節省大量的處理時間。不僅如此，如果你使用的雲端計算服務是按執行時間週期（per cycle of execution time）來收費的，那麼使用結構取代物件將為你省錢。

現在，讓我們看看如何撰寫第三方 API 的測試。

測試第三方 API

你可能會問：『為什麼我應該測試第三方 API？』嗯，這是一個好問題。你應該測試第三方 API 的原因是，就像你自己的程式碼一樣，第三方程式碼也容易受到程式設計錯誤的影響。我曾經在為律師事務所建立文件處理網站時，遇到一些真正的困難。經過大量調查，我發現問題源自我所使用的 Microsoft API 中嵌入的 JavaScript 錯誤。以下螢幕截圖是 Microsoft Cognitive Toolkit 的 GitHub **Issues** 頁面，該頁面具有 **738** 個未解決的問題：

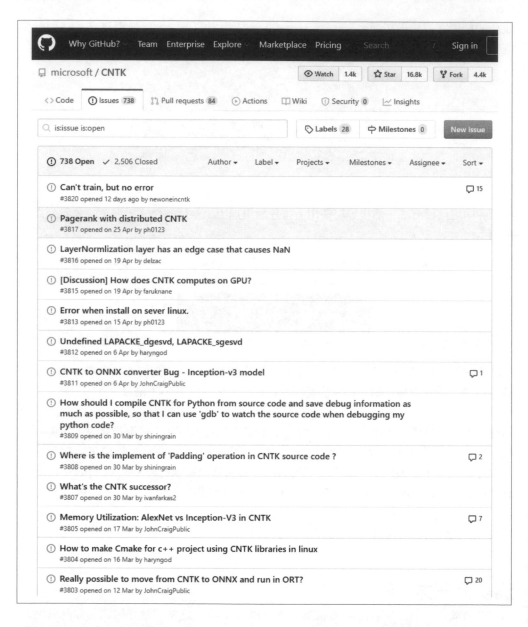

從 Microsoft Cognitive Toolkit 可以看到，第三方 API 確實存在問題。這表示作為程式設計師，你有責任確保「你使用的第三方 API」能夠按預期運作。如果你遇到任何 bug，那麼最好將這些 bug 告知第三方。如果 API 是開源的（open source），而且你有權存取原始碼，則你甚至可以簽出（check out）程式碼並提交自己的修復程式。

每當遇到第三方程式碼中的錯誤而你無法及時解決這些錯誤，因而導致你無法如期交付程式，那麼你可以選擇的一種方法是編寫一個**包裝器類別**（**wrapper class**），該類別具有所有相同的建構函式、方法和屬性，而且它們呼叫第三方類別上相同的建構函式、方法和屬性，不同之處在於你編寫了「自己的無錯誤版本」的第三方屬性或方法。「**第 11 章**」討論的「代理模式」和「裝飾器模式」將會幫助你編寫包裝器類別。

測試你自己的 API

在「**第 6 章**」和「**第 7 章**」中，你透過程式碼範例了解如何測試自己的程式碼。你應該永遠測試自己的 API，因為完全信任 API 的品質非常重要。因此，作為程式設計師，你應該永遠對程式碼進行單元測試，然後再將其傳遞給 QA 部門。然後，QA 部門應在 API 上進行整合和回歸（regression）測試，以確保其符合公司認定的品質等級。

你的 API 可以完全滿足企業的要求，而且完美無缺。但是，將其與系統整合之後，是否會發生一些無法在某些情況下進行測試的詭異情形？我經常在開發團隊中遇到這樣的情況，即程式碼只能在一個人的電腦上運作，但卻不能在其他電腦上運作。但這常常沒有邏輯上的原因。這些問題令人難以置信，甚至難以解決。不過，你希望在傳遞程式碼給 QA 部門之前，尤其是在將其發布到生產環境之前，就先解決這些問題。處理客戶反應的 bug 總是令人不愉快的體驗。

測試你的程式，應該包含以下內容：

- 當給定正確範圍的值時，受測方法將輸出正確結果。
- 當給定不正確範圍的值時，該方法將提供適當回應，不會當掉（crash）。

請記住，你的 API 應該僅包含企業所要求的內容，而且不應該讓客戶存取內部的詳細資訊。這時候，Scrum 專案管理方法中的「產品待辦清單」（product backlog）就派上用場了。

「產品待辦清單」列出你和你的團隊將要處理的新功能和技術債。清單中的每個項目都將具有詳細描述和驗收標準（acceptance criteria），如以下螢幕截圖所示：

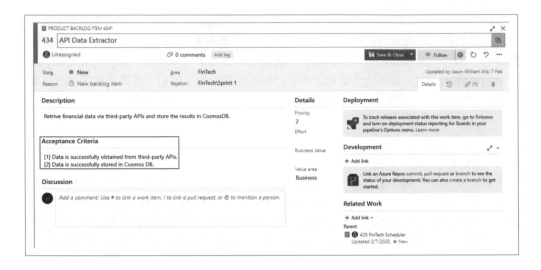

你根據驗收標準編寫單元測試。你的測試將包括正常的執行路徑和例外的執行路徑。以該螢幕截圖為例,我們有兩個驗收標準:

- 已從第三方 API 成功取得資料。
- 資料已成功儲存在 Cosmos DB 中。

在這兩個驗收標準中,我們知道我們將呼叫取得資料的 API。我們將從第三方取得該資料。一旦取得,資料將被儲存在資料庫中。從表面上來看,我們必須處理的規格(specification)非常模糊。在現實生活中,我發現這是很常見的情況。

鑑於規格的含糊不清,我們將假設該規格是通用的,且適用於不同的 API 呼叫。我們也假定「回傳的資料」是 JSON 資料。我們還將假設「回傳的 JSON 資料」將以其原始格式儲存在 Cosmos DB 資料庫中。

那麼,對於我們的第一個驗收標準,我們可以編寫哪些測試?嗯,我們可以編寫以下測試案例:

1. 當給定帶有參數列表的 URL,且在提供了所有正確的資訊之後,斷言(assert)我們收到的狀態為 200,而且為 GET 請求回傳了 JSON。
2. 當發出了未經授權的 GET 請求時,斷言我們收到的狀態為 401。
3. 當經過身分驗證的使用者被禁止存取資源時,斷言我們收到的狀態為 403。
4. 當伺服器關閉時,斷言我們收到的狀態為 500。

我們可以為第二個驗收標準編寫哪些測試？嗯，我們可以編寫以下測試案例：

1. 斷言對資料庫的「未經授權之存取」會被拒絕。
2. 斷言該 API 可正常處理「資料庫不可用」的情況。
3. 斷言對資料庫的「已授權之存取」會被接受。
4. 斷言「在資料庫插入 JSON」是成功的。

即使規格如此模糊，我們還是能夠取得八個測試案例。在它們之間，所有案例共同測試了第三方伺服器之間的往返，然後再進入資料庫。它們還測試了過程中可能失敗的各個點。如果所有這些測試都通過了，那麼我們將對我們的程式碼完全放心，而且當它離開開發人員手中時，它也能通過品質控制（quality control）。

在下一節中，我們將研究如何使用 RAML 設計 API。

使用 RAML 進行 API 設計

在本節中，我們將討論使用 RAML 設計 API。RAML 官方網站讓你能夠更深入了解 RAML 的各個方面：https://raml.org/developers/design-your-api。我們將透過使用 Atom 中的 API Workbench 設計一個非常簡單的 API，來學習 RAML 的基礎知識。我們將從安裝開始。

第一步是安裝軟體套件。

用 MuleSoft 安裝 Atom 和 API Workbench

讓我們看看如何做到這一點：

1. 首先從 https://atom.io/ 安裝 Atom。
2. 然後，點擊 **Install a Package**：

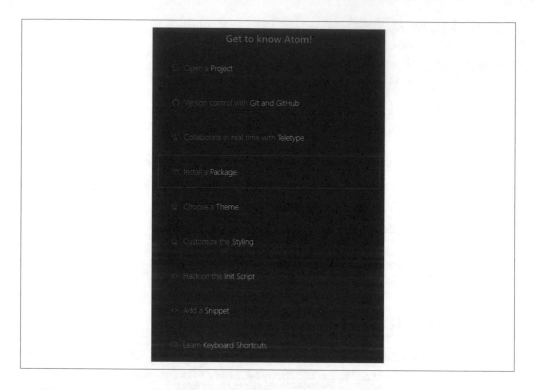

3. 然後，搜尋 api-workbench by mulesoft 並安裝它：

4. 如果它在 **Packages | Installed Packages** 下列出，則安裝成功。

現在我們已經安裝了軟體套件，讓我們繼續建立專案。

建立專案

讓我們看看如何進行：

1. 點擊 **File | Add Project Folder**。
2. 建立一個新資料夾或選擇一個現有的資料夾。我將建立一個名為 `C:\Development\RAML` 的新資料夾並打開它。
3. 將一個「名為 `Shop.raml` 的新檔案」新增到你的專案資料夾中。
4. 以滑鼠右鍵點擊該檔案，然後選擇 **Add New | Create New API**。
5. 為它命名任何你想要的名稱，然後點擊 **OK**。現在，你已建立了你的第一個 API 設計。

如果查看 RAML 檔案，你將看到它的內容是人類可讀的文字（human-readable text）。我們剛剛建立的 API 包含一個簡單的 GET 命令，該命令回傳一個包含單詞 "Hello World" 的字串：

```
#%RAML 1.0
title: Pet Shop
types:
  TestType:
    type: object
    properties:
      id: number
      optional?: string
      expanded:
        type: object
        properties:
          count: number
/helloWorld:
  get:
    responses:
      200:
        body:
          application/json:
```

```
    example: |
      {
        "message" : "Hello World"
      }
```

這是 RAML 程式碼。你會看到它與 JSON 非常相似，程式碼很簡單，而且是人類可讀的縮排程式碼。刪除該檔案。從 **Packages** 選單中，選擇 **API Workbench | Create RAML Project**。填寫 **Create RAML Project** 對話框，如以下螢幕截圖所示：

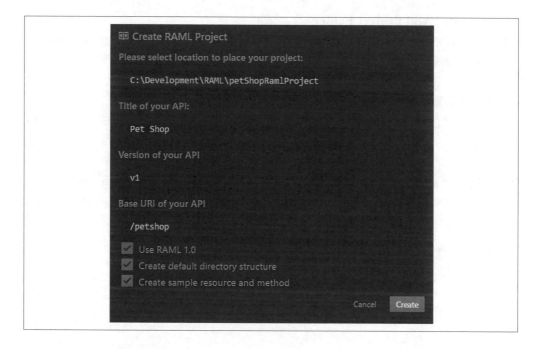

此對話框中的設定將產生以下 RAML 程式碼：

```
#%RAML 1.0
title: Pet Shop
version: v1
baseUri: /petshop
types:
  TestType:
    type: object
    properties:
      id: number
      optional?: string
```

```
    expanded:
      type: object
      properties:
        count: number
/helloWorld:
  get:
    responses:
      200:
        body:
          application/json:
            example: |
              {
                "message" : "Hello World"
              }
```

「最後一個 RAML 檔案」和「你看到的第一個檔案」之間的主要區別是 version 和 baseUri 屬性的插入。這些設定還可以更新 **Project** 資料夾的內容，如下所示：

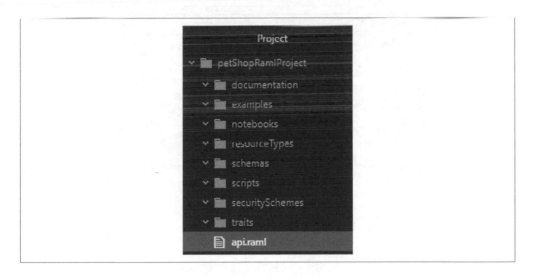

更多關於這個主題的詳細教學，請參考：http://apiworkbench.com/docs/。這個網站還提供了許多詳細資訊，包括了：如何新增資源和方法；填寫方法的主體和回應內容；新增子資源；新增範例和型別；建立和提取資源型別；新增資源型別參數、方法參數和特徵；重用特徵、資源型別和函式庫；新增更多型別和資源；提取函式庫；以及更多本章未涵蓋的內容。

現在我們有了一個「語言實作中立」的設計（**編輯注**：原文是 a design that is language implementation-agnostic，agnostic 在這裡有不受限、無關之意，即不管哪一種語言都能夠使用），我們如何在 C# 中生成我們的 API？

從中立的 RAML 設計規格中生成 C#API

你至少需要安裝 Visual Studio 2019 Community 版本。然後，請確定你關閉了 Visual Studio。另外，下載並安裝 Visual Studio `MuleSoftInc.RAMLToolsforNET` 工具。安裝這些工具之後，我們現在將繼續必要的步驟，來生成「我們先前指定的 API」的框架。這可以透過「新增 RAML/OAS 合約」並「匯入我們的 RAML 檔案」來完成：

1. 在 Visual Studio 2019 中，建立一個新的 .NET Framework 控制台應用程式。
2. 以滑鼠右鍵點擊專案，然後選擇 **Add RAML/OAS Contract**。這將打開以下對話框：

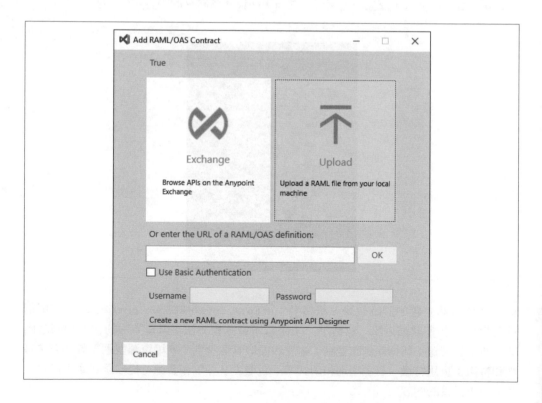

3. 點擊 **Upload**，然後選擇你的 RAML 檔案。你會看到 **Import RAML/OAS** 對話框。如圖所示填寫對話框，然後點擊 **Import**：

現在，你的專案將使用「所需的依賴項」進行更新，並將「新的資料夾和檔案」新增到控制台應用程式。你會注意到三個「根資料夾」（root folder），分別為 Contracts、Controllers 和 Models。在 Contracts 資料夾中，我們有我們的 RAML 檔案和 IV1HelloWorldController 介面。它包含一種方法：Task<IHttpActionResult> Get()。v1HelloWorldController 類別實作了 Iv1HelloWorldController 介面。讓我們看一下控制器類別中已實作的 Get() 方法：

```
/// <summary>
/// /helloWorld
/// </summary>
/// <returns>HelloWorldGet200</returns>
public async Task<IHttpActionResult> Get()
```

```
    {
        // TODO: implement Get - route: helloWorld/helloWorld
        // var result = new HelloWorldGet200();
        // return Ok(result);
        return Ok();
    }
```

在前面的程式碼中，我們可以看到該程式碼註解掉了 `HelloWorldGet200` 類別的實例化和回傳的結果。`HelloWorldGet200` 類別是我們的模型類別（model class）。我們可以將模型更新為我們想要包含的任何資料。在我們的簡單範例中，我們對此不會太在意；我們將只回傳 `"Hello World!"` 字串。將「未註解的行」更新為以下內容：

```
    return Ok("Hello World!");
```

`Ok()` 方法回傳 `OkNegotiatedContentResult<T>` 的型別。我們將從 `Program` 類別的 `Main()` 方法中呼叫此 `Get()` 方法。更新 `Main()` 方法，如下所示：

```
static void Main(string[] args)
{
    Task.Run(async () =>
    {
        var hwc = new v1HelloWorldController();
        var response = await hwc.Get() as
OkNegotiatedContentResult<string>;
        if (response is OkNegotiatedContentResult<string>)
        {
            var msg = response.Content;
            Console.WriteLine($"Message: {msg}");
        }
    }).GetAwaiter().GetResult();
    Console.ReadKey();
}
```

當我們在靜態方法中執行「異步程式碼」（asynchronous code）時，我們必須將工作新增到執行緒池佇列中。然後，我們執行程式碼並等待結果。程式碼回傳後，我們只需等待按鍵以退出即可。

我們已經在控制台應用程式中建立了 MVC API，並根據匯入的 RAML 檔案執行了 API 呼叫。同樣的過程適用於 ASP.NET 和 ASP.NET Core 網站。現在，我們將從現有的 API 中提取 RAML。

請載入本章一開始提到的股息日曆 API 專案。以滑鼠右鍵點擊該專案並選擇 **Extract RAML**。然後，一旦提取完成，就執行你的專案。將 URL 更改為 `https://localhost:44325/raml`。提取 RAML 時，程式碼生成處理程序會將 `RamlController` 類別以及 RAML 視圖（view）新增到你的專案之中。你將看到你的 API 現在已文件化，如 RAML 視圖所示：

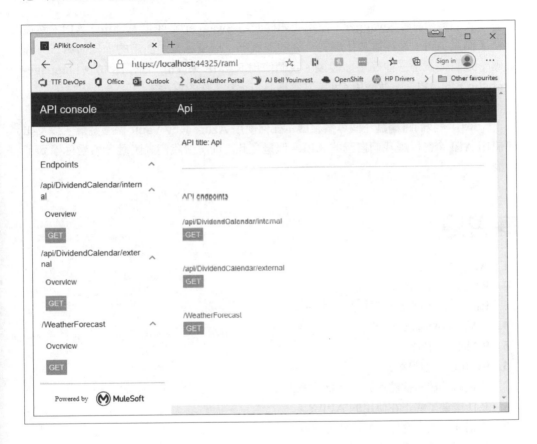

藉由使用 RAML，你可以設計 API 然後生成結構，而且可以對 API 進行逆向工程。RAML 規格可幫助你設計 API，並且透過修改 RAML 程式碼來進行更改。如果你想了解更多，你可以查看 `https://raml.org/` 網站，了解更多關於「如何充分利用 RAML 規格」的資訊。

我們來到了本章的尾聲。現在，我們將總結我們已取得的成就和所學到的東西。

小結

在本章中，我們討論了 API 是什麼。我們研究了如何使用 API proxy 作為我們與 API 使用者之間的合約。這樣可以防止第三方直接存取我們的 API。然後，我們探討許多設計準則，以提高我們 API 的品質。

接著，我們繼續討論 Swagger，並說明如何使用 Swagger 文件化 Weather API。然後介紹了測試 API，並詳述為什麼對「你的程式碼」以及專案中使用的「任何第三方程式碼」進行測試是一件好事。最後，我們使用 RAML 來設計「語言中立（language-agnostic）的 API」，並使用 C# 將其轉換為可正常工作的專案。

在下一章中，我們將編寫一個專案來展示如何使用 Azure Key Vault 保護金鑰，以及如何使用 API 金鑰保護我們自己的 API。但是在此之前，讓我們動動腦，看看你學到了什麼。

練習題

1. API 代表什麼？
2. REST 代表什麼？
3. REST 的六個限制條件是什麼？
4. HATEOAS 代表什麼？
5. RAML 是什麼？
6. Swagger 是什麼？
7. 「定義明確的軟體邊界」是什麼意思？
8. 為什麼要了解正在使用的 API？
9. 「結構」或「物件」哪個效能較好？
10. 為什麼要測試第三方 API？
11. 為什麼要測試自己的 API？
12. 如何確定要為程式碼編寫哪些測試？
13. 列舉三種將程式碼組織到「定義明確的軟體邊界」中的方法。

延伸閱讀

- https://weblogs.asp.net/sukumarraju/asp-net-web-api-testing-using-nunit-framework 提供了「使用 NUnit 測試 Web API」的完整範例。

- https://raml.org/developers/design-your-api 向你展示了如何使用 RAML 設計 API。

- http://apiworkbench.com/docs/ 提供了「在 Atom 中使用 RAML 設計 API」的文件。

- https://dotnetcoretutorials.com/2017/10/19/using-swagger-asp-net-core/ 是了解「如何使用 Swagger」的不錯起點。

- https://swagger.io/about/ 是 Swagger 的 **About**（關於）頁面。

- https://httpstatuses.com/ 是 HTTP 狀態碼的列表。

- https://www.greenbytes.de/tech/webdav/rfc5988.html，這是 Web 連結規範 RFC 5988。

- https://oauth.net/2/ 是 OAuth 2.0 的主頁。

- https://en.wikipedia.org/wiki/Domain-driven_design 是「領域驅動設計」的 Wikipedia 頁面。

- https://www.packtpub.com/product/hands-on-domain-driven-design-with-net-core/9781788834094 是《*Hands-On Domain-Driven Design with .NET Core*》這本書的書籍介紹。（**編輯注**：博碩文化即將出版本書繁體中文版，《領域驅動設計與 *.NET Core*：應用 *DDD* 原則，探索軟體核心複雜度》。）

- https://www.packtpub.com/gb/application-development/test-driven-development-c-and-net-core-mvc-video 是《*Test-Driven Development with C# and .NET Core MVC*》影音課程的資訊。（**編輯注**：連結已失效，但在 Packt 的官方 YouTube 頻道上仍可搜尋到這部影音課程的部分片段，例如，這是 The Course Overview：https://www.youtube.com/watch?v=Q73h1NFaYS8。）

10

使用API金鑰和Azure Key Vault保護API

在本章中，我們將看到如何在 Azure Key Vault 中保持機密。我們還將研究如何使用 API 金鑰（API key）並透過身分驗證（authentication）和基於角色的授權（role based authorization）來保護自己的金鑰。為了取得有關 API 安全性的第一手經驗，我們將建置功能齊全的 FinTech API。

我們的 API 將使用私鑰（private key，在 Azure Key Vault 中保持安全）來提取第三方 API 資料。然後，我們將使用兩個 API 金鑰來保護我們的 API：一個金鑰將在內部使用，另一個金鑰將由外部使用者所使用。

本章涵蓋以下主題：

- 存取 Morningstar API
- 在 Azure Key Vault 中儲存 Morningstar API
- 在 Azure 中建立股息日曆 ASP.NET Core Web 應用程式
- 發布我們的 Web 應用程式
- 使用 API 金鑰保護我們的股息日曆 API
- 測試我們 API 金鑰的安全性
- 新增股息日曆程式碼
- 限制（throttle，調節）我們的 API

你將了解「良好 API 設計」的基礎知識,並掌握進一步提高 API 能力所需的知識。本章將幫助你取得以下技能:

- 使用客戶端 API 金鑰來保護 API
- 使用 Azure Key Vault 儲存和檢索機密
- 使用 Postman 來執行「能夠發布和取得資料」的 API 命令
- 在 RapidAPI.com 上申請和使用第三方 API
- 限制 API 的使用
- 編寫能夠運用線上財務資料的 FinTech API

在繼續之前,請確保實作了以下的技術要求,以充分利用本章的內容。

技術要求

在本章中,我們將使用以下技術來編寫 API:

- Visual Studio 2019 Community 版本或更高版本
- 你自己的私人 Morningstar API 金鑰,來自 `https://rapidapi.com/integraatio/api/morningstar1`(**編輯注**:網址已失效,輸入網址會自動導向:`https://rapidapi.com/blog/best-stock-api/`)
- RestSharp:`http://restsharp.org/`
- Swashbuckle.AspNetCore 5 或更高版本
- Postman:`https://www.postman.com/`
- Swagger:`https://swagger.io`

動手做 API 專案:股息日曆

最好的學習方法就是動手做。因此,我們將建置一個有效的 API 並保護它。該 API 並非完美無瑕,還有改進空間。但是,你可以自行實作這些改進,並根據需要來進一步擴展專案。這裡的主要目標是擁有一個功能齊全的 API,這個 API 可以執行一件事:回傳財務資料,該資料列出了將在當年支付的所有公司股息。

我們將在本章中建置的「股息日曆 API」會是一個使用 **API 金鑰** 來進行身分驗證的 API。根據所使用的金鑰，授權（authorization）將會確定使用者是內部使用者還是外部使用者。然後，控制器（controller）將根據使用者類型執行適當的方法。只有內部使用者方法將會被實作出來，但是你可以自由實作外部使用者方法，作為練習。

內部方法從 Azure Key Vault 中提取 API 金鑰，並執行對第三方 API 的各種 API 呼叫。資料以 **JSON**（JavaScript Object Notation，JavaScript 物件表示法）格式回傳，並反序列化（deserialize）為物件，然後進行處理以提取將來的股息支付，這些股息將新增到股息列表當中。然後，此列表以 JSON 格式回傳給呼叫方。最終結果會是一個 JSON 檔案，其中包含當年所有已計劃的股息支付。然後，終端使用者可以取得此資料並將其轉換為可以使用 LINQ 查詢的股息列表。

我們將在本章中建置的專案是一個 Web API，該 API 從「第三方金融 API」回傳「經過處理的 JSON」。我們的專案將從「給定的證券交易所」取得公司列表。我們將細查這些公司以取得其股息資料，接著處理當年度的股息資料。因此，最終回傳給 API 呼叫者的是 JSON 資料。此 JSON 資料將包含「公司列表」及其當年度的「股息支付」預測。然後，終端使用者可以將 JSON 資料轉換為 C# 物件，而且可以在這些物件上執行 LINQ 查詢。舉例來說，使用者可以查詢並取得「下個月的除息後股息支付」（**編輯注**：這裡的原文是 x-dividend payments for the next month，讀者可以搜尋 MBA 智庫百科的「除息（EX-Dividend，XD）」條目，或閱讀 Stockfeel 的文章《台積電除息後，錢何時會入帳？會跑去哪？》），或是查詢並取得「本月到期的支付」。

我們將使用的 API 會是 Morningstar API 的一部分，讀者可以從 RapidAPI.com 取得。你可以註冊免費的 Morningstar API 金鑰。我們將使用登入系統來保護我們的 API，在該系統中，使用者使用電子郵件地址和密碼登入。你還需要 Postman，因為我們會使用它來將 API 的 POST 和 GET 請求發送到「股息日曆 API」。

我們的解決方案將包含一個單一專案，該專案將是針對 .NET Framework Corc 3.1 或更高版本的 ASP.NET Core 應用程式。現在，我們將討論如何存取 Morningstar API。

存取 Morningstar API

請前往 `https://rapidapi.com/integraatio/api/morningstar1`（**編輯注**：網址已失效，輸入網址會自動導向：`https://rapidapi.com/blog/best-stock-api/`）並請求一個 API 存取金鑰。這個 API 是 Freemium API，這表示你可以在有限的時間內免費進行一定數量的呼叫，之後才需要付費使用。請花一點時間來查看該 API 及其文件。請注意其收費方案，並在收到金鑰時妥善保存。

我們感興趣的 API 如下：

- `GET /companies/list-by-exchange`：這個 API 會回傳指定交易所的「國家／地區列表」。
- `GET /dividends`：這個 API 會取得指定公司的所有歷史和目前「股息支付」資訊。

API 請求的第一部分是 `GET` HTTP 動詞，用於檢索資源。API 請求的第二部分是 `GET` 的資源，本例中為 `/companies/list-by-exchange`。正如前面列表的第二個要點所示，我們正在取得 `/dividends` 資源。

你可以在瀏覽器中測試每個 API，然後查看回傳的資料。我建議你在繼續之前執行此操作，這將幫助你了解我們將要展開的工作。我們將使用的基本流程是取得屬於指定交易所的「公司列表」，然後細查它們以取得「股息資料」。如果「股息資料」具有未來的支付日期，則「股息資料」將被新增到日曆中；否則，「股息資料」將被丟棄。無論一家公司有多少「股息資料」，我們都只對「第一筆記錄」感興趣，即「最新的那筆記錄」。

現在你已經擁有了 API 金鑰（假設你正在遵循這些步驟），我們將開始建置我們的 API。

在 Azure Key Vault 中儲存 Morningstar API 金鑰

我們將透過 ASP.NET Core 的 Web 應用程式使用 Azure Key Vault 和 **MSI**（Managed Service Identity，託管服務身分）。因此，在繼續之前，你將需要一個 Azure 訂閱。對於新客戶來說，以下網站將會提供 12 個月的免費優惠：`https://azure.microsoft.com/en-us/free/`。

作為 Web 開發人員，重要的是不要在程式碼中儲存機密，因為程式碼可能會遭遇「逆向工程」（Reverse Engineering）。若程式碼是開放原始碼，那麼將個人或企業金鑰上傳到公共版本控制系統（public version control system）是存在風險的。解決此問題的一種方法是安全地儲存機密，但這會帶來一個難題。要存取秘密金鑰，我們需要進行身分驗證。那麼，我們如何克服這個難題呢？

我們可以透過為 Azure 服務「啟用 MSI」來克服這一難題。如此一來，Azure 產生了服務主體（service principal）。使用者開發的應用程式將使用這個服務主體來存取 Microsoft Azure 上的資源。對於此服務主體，你可以使用「憑證」（certificate）或「使用者名稱」和「密碼」，以及你所選擇的「具有所需權限的任何角色」。

控制 Azure 帳戶的人可以控制每個服務能夠執行哪些特定任務。通常最好從「完全限制」（full restriction）開始，僅在需要時新增功能。下圖顯示了我們的 ASP.NET Core Web 應用程式、MSI 和我們的 Azure 服務之間的關係：

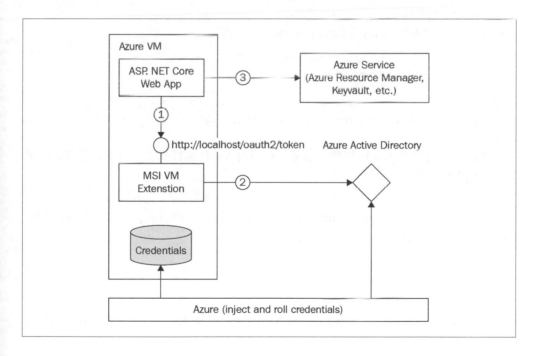

MSI 使用 **Azure Active Directory**（**Azure AD**）為服務實例注入服務主體。Azure 資源（名為「本地中繼資料服務」，local metadata service）將用於取得存取 token（權杖），並用於驗證對 Azure Key Vault 的服務存取。

接著，程式碼呼叫 Azure 資源上可用的「本地中繼資料服務」來取得存取 token。然後，我們的程式碼將使用從「本地 MSI 端點」提取的存取 token，來對 Azure Key Vault 服務進行身分驗證。

打開 Azure CLI，然後輸入 `az login`，登入 Azure。在登入後，我們可以建立一個資源群組（resource group）。Azure 資源群組是在其中部署和管理 Azure 資源的邏輯容器（logical container）。以下命令會在 East US 地理位置建立資源群組：

```
az group create --name "<YourResourceGroupName>" --location "East US"
```

本章的其餘部分將使用這個資源群組。現在，我們將繼續建立 Key Vault。建立 Key Vault 需要以下資訊：

- Key Vault 的名稱，它是一個長度在 3 到 24 個字元之間的字串，只能包含 0-9、a-z、A-Z 和 -（連字號）字元
- 資源群組的名稱
- 地理位置，例如：East US 或 West US

在 Azure CLI 中，輸入以下命令：

```
az keyvault create --name "<YourKeyVaultName>" --resource-group
"<YourResourceGroupName> --location "East US"
```

在此階段，只有你的 Azure 帳戶被授權了對新的 Vault 執行操作。你可以根據需要來新增其他帳戶。

我們需要新增到專案中的主鑰（main key）是 `MorningstarApiKey`。要將 Morningstar API 金鑰新增到 Key Vault 中，請輸入以下命令：

```
az keyvault secret set --vault-name "<YourKeyVaultName>" --name
"MorningstarApiKey" --value "<YourMorningstarApiKey>"
```

你的 Key Vault 現在儲存了 Morningstar API 金鑰。要檢查該值是否正確儲存，請輸入以下命令：

```
az keyvault secret show --name "MorningstarApiKey" --vault-name
"<YourKeyVaultName>"
```

現在，你應該在控制台視窗中看到你的機密，其中顯示了儲存機密的「金鑰和值」
（key and value）。

在 Azure 中建立股息日曆 ASP.NET Core Web 應用程式

要完成專案的這個階段，你將需要安裝了 ASP.NET 和 Web 開發工作的 Visual Studio
2019：

1. 建立一個新的 ASP.NET Core Web 應用程式：

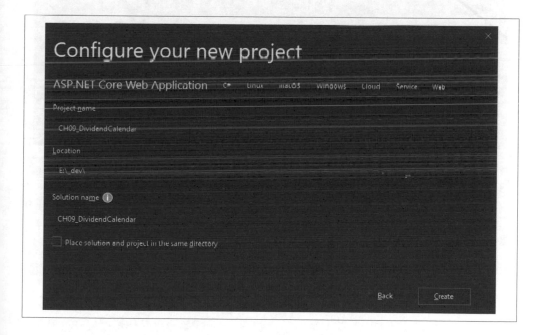

2. 請確保選擇了 **No Authentication**（未設定身分驗證）的 **API**：

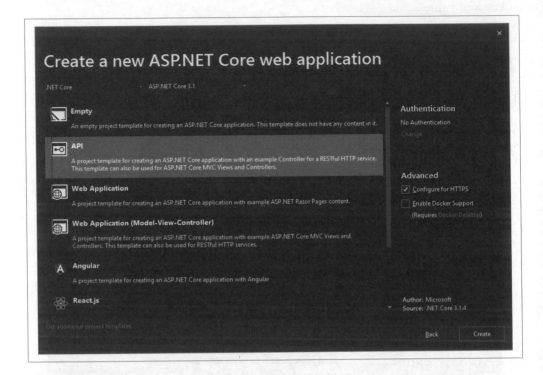

3. 點擊 **Create** 以搭建（scaffold）新的專案。然後，執行你的專案。預設情況下，「範例天氣預報 API」會被定義出來，並且在瀏覽器視窗中輸出以下 JSON 程式碼：

```
[{"date":"2020-04-13T20:02:22.8144942+01:00","temperatureC":0,"temperat
ureF":32,"summary":"Balmy"},{"date":"2020-04-14T20:02:22.8234349+01:00"
,"temperatureC":13,"temperatureF":55,"summary":"Warm"},{"date":"2020-04
-15T20:02:22.8234571+01:00","temperatureC":3,"temperatureF":37,"summary
":"Scorching"},{"date":"2020-04-16T20:02:22.8234587+01:00","temperature
C":-2,"temperatureF":29,"summary":"Sweltering"},{"date":"2020-04-17T20:
02:22.8234602+01:00","temperatureC":-13,"temperatureF":9,"summary":"Coo
l"}]
```

接下來，我們將應用程式發布到 Azure。

發布我們的 Web 應用程式

在發布我們的 Web 應用程式之前，我們將首先建立一個新的 Azure app 服務，來將我們的應用程式發布過去。我們將需要一個資源群組來包含我們的 Azure app 服務，以及一個新的 Hosting Plan（託管計劃），該計劃指定託管我們應用程式的「Web 伺服器農場（server farm）」的位置、大小和功能。因此，讓我們注意以下需求：

1. 確保你已從 Visual Studio 登入到 Azure 帳戶。要建立 app 服務，請在剛剛建立的專案上點擊滑鼠右鍵，然後從選單中選擇 **Publish**。這將會顯示 **Pick a publish target** 對話框，如下所示：

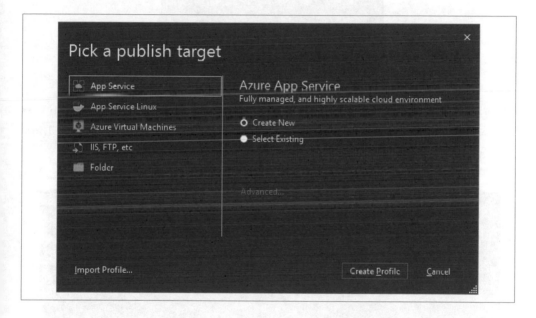

2. 選擇 **App Service | Create New** 並點擊 **Create Profile**。建立一個新的 **Hosting Plan**，如以下範例所示：

3. 然後,請確保你提供一個名稱(**Name**)、選擇一個訂閱(**Subscription**),
然後選擇你的資源群組(**Resource group**)。建議你還要設定 **Application Insights**:

4. 點擊 **Create** 以建立你的 app 服務。建立完成之後,你的 **Publish** 畫面應如下所示:

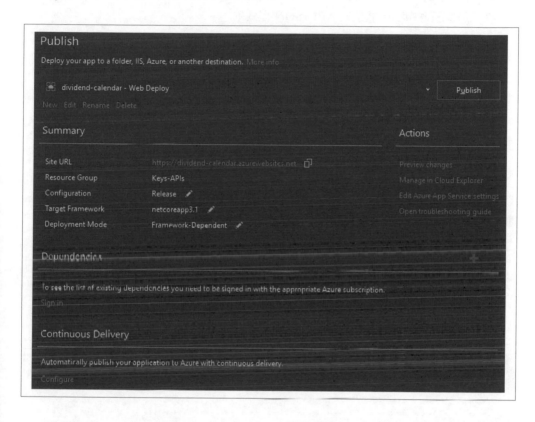

5. 在此階段,你可以點擊 Site URL。這將會在瀏覽器中載入你的網站 URL。如果你的服務已成功配置並且執行,那麼瀏覽器應顯示以下頁面:

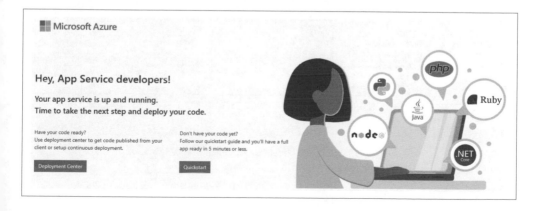

6. 讓我們發布我們的 API。點擊 **Publish** 按鈕。網頁執行時，將顯示錯誤頁面。將 URL 修改為 `https://dividend-calendar.azurewebsites.net/weatherforecast`。現在，該網頁應顯示天氣預報 API JSON 程式碼：

```
[{"date":"2020-04-13T19:36:26.9794202+00:00","temperatureC":40,"tem
peratureF":103,"summary":"Hot"},{"date":"2020-04-14T19:36:26.979734
6+00:00","temperatureC":7,"temperatureF":44,"summary":"Bracing"},{"
date":"2020-04-15T19:36:26.9797374+00:00","temperatureC":8,"tempera
tureF":46,"summary":"Scorching"},{"date":"2020-04-16T19:36:26.97973
89+00:00","temperatureC":11,"temperatureF":51,"summary":"Freezing"}
,{"date":"2020-04-17T19:36:26.9797403+00:00","temperatureC":3,"temp
eratureF":37,"summary":"Hot"}]
```

我們的服務現已啟用。如果登入 Azure 入口網站並查看 Hosting Plan 的資源群組，你將看到四個資源。這些資源如下：

- **App Service**：`dividend-calendar`
- **Application Insights**：`dividend-calendar`
- **App Service plan**：`DividendCalendarHostingPlan`
- **Key Vault**：無論你的 Key Vault 名稱是什麼。我的是 `Keys-APIs`，如下所示：

如果從 Azure 入口首頁（`https://portal.azure.com/#home`）點擊 app 服務，你可以瀏覽你的服務，以及停止、重新啟動和刪除 app 服務：

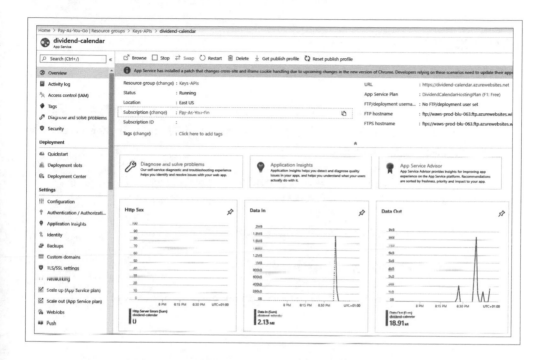

現在，我們已經使用 **Application Insights** 安排了我們的專案，而且安全儲存了 Morningstar API 金鑰，我們可以開始建置股息日曆了。

使用 API 金鑰保護我們的股息日曆 API

為了確保存取我們的股息日曆 API，我們將使用客戶端 API 金鑰。與你的客戶「共享」客戶金鑰的方法有很多，但是我們這裡不再討論。你可以提出自己的策略。我們將著重在如何使「經過身分驗證和授權的客戶端」存取我們的 API。

為簡單起見，我們將使用「**儲存庫模式**」（**repository pattern**）。「儲存庫模式」有助於將我們的「程式」與「基礎資料儲存區」（underlying data store）分開。此模式提高了可維護性，並允許你在不影響程式的情況下更改「基礎資料儲存區」。對於我們的儲存庫，我們的金鑰將在一個類別中定義，但是在商業專案中，你會將金鑰儲存在資料儲存區中，例如 Cosmos DB、SQL Server 或 Azure Key Vault。你決定最適合你的

需求的策略，這就是我們使用「儲存庫模式」的主要原因，因為你可以根據自己的需求控制基礎資料來源。

設定儲存庫

我們將從建立儲存庫開始：

1. 新增一個名為 Repository 的新資料夾到你的專案中。然後，新增一個名為 IRepository 的新介面及一個將實作 IRepository 的 InMemoryRepository 類別。修改你的介面，如下所示：

```
using CH09_DividendCalendar.Security.Authentication;
using System.Threading.Tasks;

namespace CH09_DividendCalendar.Repository
{
    public interface IRepository
    {
        Task<ApiKey> GetApiKey(string providedApiKey);
    }
}
```

2. 此介面定義了一種檢索 API 金鑰的方法。我們尚未定義 ApiKey 類別，我們之後會進行。現在，讓我們實作 InMemoryRepository。新增以下 using 敘述句：

```
using CH09_DividendCalendar.Security.Authentication;
using CH09_DividendCalendar.Security.Authorisation;
using System;
using System.Collections.Generic;
using System.Linq;
using System.Threading.Tasks;
```

3. 當我們開始新增「身分驗證」和「授權」類別時，將建立 security 名稱空間。修改 Repository 類別以實作 IRepository 介面。新增將儲存我們 API 金鑰的成員變數，然後新增 GetApiKey() 方法：

```
public class InMemoryRepository : IRepository
{
    private readonly IDictionary<string, ApiKey> _apiKeys;
```

```
public Task<ApiKey> GetApiKey(string providedApiKey)
{
    _apiKeys.TryGetValue(providedApiKey, out var key);
    return Task.FromResult(key);
}
}
```

4. InMemoryRepository 類別實作了 IRepository 的 GetApiKey() 方法。這會回傳 API 金鑰的字典（dictionary）。這些金鑰將儲存在我們的 _apiKeys 字典成員變數中。現在，我們將新增建構函式：

```
public InMemoryRepository()
{
    var existingApiKeys = new List<ApiKey>
    {
        new ApiKey(1, "Internal", "C5BFF7F0-B4DF-475E-A331-
F737424F013C", new DateTime(2019, 01, 01),
            new List<string>
            {
                Roles.Internal
            }),
        new ApiKey(2, "External", "9218FACE-3EAC-6574-
C3F0-08357FEDABE9", new DateTime(2020, 4, 15),
            new List<string>
            {
                Roles.External
            })
    };

    _apiKeys = existingApiKeys.ToDictionary(x => x.Key, x => x);
}
```

5. 我們的建構函式建立一個新的 API 金鑰列表。它建立一個僅供內部使用的「內部 API 金鑰」和一個僅供外部使用的「外部 API 金鑰」。然後，它將列表轉換為字典，並將字典儲存在 _apiKeys 中。因此，我們現在有了我們的儲存庫。

6. 我們將使用一個名為 X-Api-Key 的 HTTP 標頭。這將儲存客戶端的 API 金鑰，該金鑰將傳遞到我們的 API 中以進行身分驗證和授權。將一個新資料夾新增到名為 Shared 的專案中，然後新增一個名為 ApiKeyConstants 的新檔案。使用以下程式碼更新該檔案：

```
namespace CH09_DividendCalendar.Shared
{
    public struct ApiKeyConstants
    {
        public const string HeaderName = "X-Api-Key";
        public const string MorningstarApiKeyUrl
            =
"https://<YOUR_KEY_VAULT_NAME>.vault.azure.net/secrets/MorningstarA
piKey";
    }
}
```

該檔案包含兩個常數：一個是標頭名稱，我們將在建立使用者身分時使用該標頭
名稱；另一個是 Morningstar API 金鑰的 URL，該 URL 儲存在我們之前建立的
Azure Key Vault 之中。

7. 由於我們將處理 JSON 資料，因此我們需要設定 JSON 命名策略（naming
policy）。在你的專案中新增一個名為 Json 的資料夾。然後，新增一個名為
DefaultJsonSerializerOptions 的類別：

```
using System.Text.Json;

namespace CH09_DividendCalendar.Json
{
    public static class DefaultJsonSerializerOptions
    {
        public static JsonSerializerOptions Options => new
JsonSerializerOptions
        {
            PropertyNamingPolicy = JsonNamingPolicy.CamelCase,
            IgnoreNullValues = true
        };
    }
}
```

DefaultJsonSerializerOptions 類別設定了我們的 JSON 命名策略，以忽略空值並使
用駝峰式大小寫名稱。

現在，我們將開始向 API 新增身分驗證和授權。

設定身分驗證和授權

現在，我們將開始研究用於身分驗證和授權的安全性類別。首先，我們先說明身分驗證和授權的意義。身分驗證（authentication）確定使用者是否有權存取我們的 API；授權（authorization）則確定使用者一旦取得了我們 API 的存取權限，便擁有哪些權限。

新增身分驗證

在我們繼續之前，將 Security 資料夾新增到你的專案中，然後在該資料夾下新增 Authentication 和 Authorization 資料夾。我們將從新增 Authentication 類別開始；我們將新增到 Authentication 資料夾中的第一個類別是 ApiKey。將以下屬性新增到 ApiKey：

```
public int Id { get; }
public string Owner { get; }
public string Key { get; }
public DateTime Created { get; }
public IReadOnlyCollection<string> Roles { get; }
```

這些屬性儲存了與「指定的 API 金鑰及其所有者」有關的資訊。這些屬性是透過建構函式所設定的：

```
public ApiKey(int id, string owner, string key, DateTime created,
IReadOnlyCollection<string> roles)
{
    Id = id;
    Owner = owner ?? throw new ArgumentNullException(nameof(owner));
    Key = key ?? throw new ArgumentNullException(nameof(key));
    Created = created;
    Roles = roles ?? throw new ArgumentNullException(nameof(roles));
}
```

建構函式設定 API 金鑰屬性。如果某人未通過身分驗證，則會收到一則 Error 403 Unauthorized 的訊息。因此，現在定義我們的 UnauthorizedProblemDetails 類別：

```
public class UnauthorizedProblemDetails : ProblemDetails
{
    public UnauthorizedProblemDetails(string details = null)
    {
        Title = "Forbidden";
```

```
        Detail = details;
        Status = 403;
        Type = "https://httpstatuses.com/403";
    }
}
```

此類別繼承了 `Microsoft.AspNetCore.Mvc.ProblemDetails` 類別。建構函式採用一個 `string` 型別的參數，預設為 `null`。你可以根據需要將詳細資訊傳遞給此建構函式，以提供更多資訊。接下來，我們新增 `AuthenticationBuilderExtensions`：

```
public static class AuthenticationBuilderExtensions
{
    public static AuthenticationBuilder AddApiKeySupport(
        this AuthenticationBuilder authenticationBuilder,
        Action<ApiKeyAuthenticationOptions> options
    )
    {
        return authenticationBuilder
            .AddScheme<ApiKeyAuthenticationOptions,
ApiKeyAuthenticationHandler>
                (ApiKeyAuthenticationOptions.DefaultScheme, options);
    }
}
```

此擴展方法將「API 金鑰支援」新增到身分驗證服務，這將在 `Startup` 類別的 `ConfigureServices` 方法中設定。現在，新增 `ApiKeyAuthenticationOptions` 類別：

```
public class ApiKeyAuthenticationOptions : AuthenticationSchemeOptions
{
    public const string DefaultScheme = "API Key";
    public string Scheme => DefaultScheme;
    public string AuthenticationType = DefaultScheme;
}
```

`ApiKeyAuthenticationOptions` 類別繼承了 `AuthenticationSchemeOptions` 類別。我們將預設方案設定為「使用 API 金鑰身分驗證」。授權的最後一部分是建立 `ApiKeyAuthenticationHandler` 類別。顧名思義，這是驗證 API 金鑰的主要類別，以確保客戶端被授權「存取」和「使用」我們的 API：

```
public class ApiKeyAuthenticationHandler :
AuthenticationHandler<ApiKeyAuthenticationOptions>
```

```
{
    private const string ProblemDetailsContentType =
"application/problem+json";
    private readonly IRepository _repository;
}
```

我 們 的 ApiKeyAuthenticationHandler 類 別 繼 承 自 AuthenticationHandler 並 使
用 ApiKeyAuthenticationOptions。我們將問題細節（例外資訊）的內容型別定義為
application/problem+json。我們還使用「_repository 成員變數」為我們的 API 金
鑰儲存庫提供了一個佔位符（placeholder）。下一步是宣告我們的建構函式：

```
public ApiKeyAuthenticationHandler(
    IOptionsMonitor<ApiKeyAuthenticationOptions> options,
    ILoggerFactory logger,
    UrlEncoder encoder,
    ISystemClock clock,
    IRepository repository
) : base(options, logger, encoder, clock)
{
    _repository = repository ?? throw new
ArgumentNullException(nameof(repository));
}
```

我 們 的 建 構 函 式 將 ApiKeyAuthenticationOptions、ILoggerFactory、UrlEncoder
及 ISystemClock 參數傳遞給基礎類別。我們明確地設定儲存庫。如果儲存庫為空，將
使用儲存庫的名稱拋出 null 參數例外。現在新增我們的 HandleChallengeAsync() 方
法：

```
protected override async Task HandleChallengeAsync(AuthenticationProperties
properties)
{
    Response.StatusCode = 401;
    Response.ContentType = ProblemDetailsContentType;
    var problemDetails = new UnauthorizedProblemDetails();
    await Response.WriteAsync(JsonSerializer.Serialize(problemDetails,
        DefaultJsonSerializerOptions.Options));
}
```

當使用者挑戰失敗時，`HandleChallengeAsync()` 方法將回傳 Error 401 Unauthorized 的回應。現在，讓我們新增 `HandleForbiddenAsync()` 方法：

```
protected override async Task HandleForbiddenAsync(AuthenticationProperties
properties)
{
    Response.StatusCode = 403;
    Response.ContentType = ProblemDetailsContentType;
    var problemDetails = new ForbiddenProblemDetails();
    await Response.WriteAsync(JsonSerializer.Serialize(problemDetails,
    DefaultJsonSerializerOptions.Options));
}
```

當使用者權限檢查失敗時，`HandleForbiddenAsync()` 方法將會回傳 Error 403 Forbidden 的回應。現在，我們需要新增一個回傳 AuthenticationResult 的最終方法：

```
protected override async Task<AuthenticateResult> HandleAuthenticateAsync()
{
    if (!Request.Headers.TryGetValue(ApiKeyConstants.HeaderName, out var
apiKeyHeaderValues))
        return AuthenticateResult.NoResult();
    var providedApiKey = apiKeyHeaderValues.FirstOrDefault();
    if (apiKeyHeaderValues.Count == 0 ||
string.IsNullOrWhiteSpace(providedApiKey))
        return AuthenticateResult.NoResult();
    var existingApiKey = await _repository.GetApiKey(providedApiKey);
    if (existingApiKey != null) {
        var claims = new List<Claim> {new Claim(ClaimTypes.Name,
existingApiKey.Owner)};
        claims.AddRange(existingApiKey.Roles.Select(role => new
Claim(ClaimTypes.Role, role)));
        var identity = new ClaimsIdentity(claims,
Options.AuthenticationType);
        var identities = new List<ClaimsIdentity> { identity };
        var principal = new ClaimsPrincipal(identities);
        var ticket = new AuthenticationTicket(principal, Options.Scheme);
        return AuthenticateResult.Success(ticket);
    }
    return AuthenticateResult.Fail("Invalid API Key provided.");
}
```

我們剛剛編寫的程式碼將檢查標頭是否存在。如果標頭不存在,那麼 AuthenticateResult() 將對 None 屬性回傳一個布林值 true,表示沒有為此請求提供任何資訊。然後,我們檢查標頭是否具有值。若未提供任何值,則 return 值表示沒有為此請求提供任何資訊。接著,我們使用「客戶端(client-side)金鑰」從儲存庫中取得「伺服器端(server-side)金鑰」。

如果「伺服器端金鑰」為 null,那麼將回傳失敗的 AuthenticationResult() 實例,表示「所提供的 API 金鑰」無效,正如在「Exception 型別的 Failure 屬性」中所識別的那樣。否則,該使用者會被認為是可信的,並被允許存取我們的 API。對於有效使用者,我們為他們的身分設定宣告(claim),然後回傳成功的 AuthenticateResult() 實例。

我們已經完成了身分驗證。現在,我們需要進行授權。

新增授權

我們的授權類別將被新增到 Authorisation 資料夾之中。使用以下程式碼新增 Roles 結構(struct):

```
public struct Roles
{
    public const string Internal = "Internal";
    public const string External = "External";
}
```

我們希望我們的 API 可以在內部和外部使用。但是,對於我們的最低可行產品(Minimum Viable Product),我們只會實作內部使用者的程式碼。現在,新增 Policies 結構:

```
public struct Policies
{
    public const string Internal = nameof(Internal);
    public const string External = nameof(External);
}
```

在 Policies 結構中,我們新增了兩個將用於內部和外部客戶端的策略。現在,我們將新增 ForbiddenProblemDetails 類別:

```
public class ForbiddenProblemDetails : ProblemDetails
{
    public ForbiddenProblemDetails(string details = null)
    {
        Title = "Forbidden";
        Detail = details;
        Status = 403;
        Type = "https://httpstatuses.com/403";
    }
}
```

如果一個或多個權限對「經過身分驗證的使用者」來說是不可用的，那麼這個類別就提供了「被禁止的問題細節」（forbidden problem detail）。如果需要，可以將「字串」傳遞到此類別的建構函式中，以提供相關資訊。

對於我們的授權，我們將需要為內部和外部客戶端新增「授權要求」和「處理程序」。我們先新增 ExternalAuthorisationHandler 類別：

```
public class ExternalAuthorisationHandler :
AuthorizationHandler<ExternalRequirement>
{
    protected override Task HandleRequirementAsync(
        AuthorizationHandlerContext context,
        ExternalRequirement requirement
    )
    {
        if (context.User.IsInRole(Roles.External))
            context.Succeed(requirement);
        return Task.CompletedTask;
    }
}
 public class ExternalRequirement : IAuthorizationRequirement
 {
 }
```

ExternalRequirement 類別是一個空類別，它實作了 IAuthorizationRequirement 介面。現在，新增 InternalAuthorisationHandler 類別：

```
public class InternalAuthorisationHandler :
AuthorizationHandler<InternalRequirement>
{
```

```
protected override Task HandleRequirementAsync(
    AuthorizationHandlerContext context,
    InternalRequirement requirement
)
{
    if (context.User.IsInRole(Roles.Internal))
        context.Succeed(requirement);
    return Task.CompletedTask;
}
}
```

InternalAuthorisationHandler 類別處理內部需求的授權。如果將上下文使用者（context user）指派給內部角色，將授予權限；否則，權限將被拒絕。讓我們新增所需的 InternalRequirement 類別：

```
public class InternalRequirement : IAuthorizationRequirement
{
}
```

在這裡，InternalRequirement 類別是一個空類別，它實作了 IAuthorizationRequirement 介面。

現在，我們有了身分驗證和授權類別。讓我們更新 Startup 類別來連接 security 類別吧。首先修改 Configure() 方法：

```
public void Configure(IApplicationBuilder app, IHostEnvironment env)
{
    if (env.IsDevelopment())
    {
        app.UseDeveloperExceptionPage();
    }
    app.UseRouting();
    app.UseAuthentication();
    app.UseAuthorization();
    app.UseEndpoints(endpoints =>
    {
        endpoints.MapControllers();
    });
}
```

如果我們正在開發中，`Configure()` 方法會把「例外頁面」設定為「開發者頁面」。接著，它要求 app 使用「路由」（routing），將 URI 與我們控制器中的操作進行配對。然後告知該 app 應使用我們的身分驗證和授權方法。最後，應用程式端點會從控制器中被映射出來（map）。

我們需要更新以完成「API 金鑰身分驗證和授權」的最後一種方法是 `ConfigureServices()` 方法。我們需要做的第一件事是新增帶有「API 金鑰支援」的身分驗證服務：

```
services.AddAuthentication(options =>
{
    options.DefaultAuthenticateScheme =
ApiKeyAuthenticationOptions.DefaultScheme;
    options.DefaultChallengeScheme =
ApiKeyAuthenticationOptions.DefaultScheme;
}).AddApiKeySupport(options => { });
```

在這裡，我們設定預設的身分驗證方案。我們使用 `AuthenticationBuilderExtensions` 類別中定義的擴展金鑰來新增 `AddApiKeySupport()`，該類別會回傳 `;Microsoft.AspNetCore.Authentication.AuthenticationBuilder`。我們的預設方案設定為 API 金鑰，如在 `ApiKeyAuthenticationOptions` 類別中所配置的那樣。API 金鑰是一個常數值，它會告知驗證服務：我們將使用 API 金鑰驗證。現在，我們需要新增我們的授權服務：

```
services.AddAuthorization(options =>
{
    options.AddPolicy(Policies.Internal, policy =>
policy.Requirements.Add(new InternalRequirement()));
    options.AddPolicy(Policies.External, policy =>
policy.Requirements.Add(new ExternalRequirement()));
});
```

在這裡，我們正在設定內部和外部策略與需求。這些會被定義在我們的 `Policy`、`InternalRequirement` 和 `ExternalRequirement` 類別之中。

現在我們已經新增了所有的 API 金鑰安全性類別。因此，我們現在可以使用 Postman 來測試我們的 API 金鑰身分驗證和授權是否正常運作。

測試我們 API 金鑰的安全性

在本節中，我們將使用 Postman 來測試我們的 API 金鑰身分驗證和授權。新增一個類別到你的 Controllers 資料夾中，名為 DividendCalendar。更新此類別，如下所示：

```
[ApiController]
[Route("api/[controller]")]
public class DividendCalendar : ControllerBase
{
    [Authorize(Policy = Policies.Internal)]
    [HttpGet("internal")]
    public IActionResult GetDividendCalendar()
    {
        var message = $"Hello from {nameof(GetDividendCalendar)}.";
        return new ObjectResult(message);
    }

    [Authorize(Policy = Policies.External)]
    [HttpGet("external")]
    public IActionResult External()
    {
        var message = "External access is currently unavailable.";
        return new ObjectResult(message);
    }
}
```

這個類別將包含我們所有的股息日曆 API 程式碼功能。即使在我們最低可行產品的這個初始版本中並不會使用外部程式碼，我們也可以測試內部和外部的身分驗證和授權。

1. 打開 Postman 並建立一個新的 GET 請求。在 URL 處請使用 https://localhost:44325/api/dividendcalendar/internal。按下 **Send**：

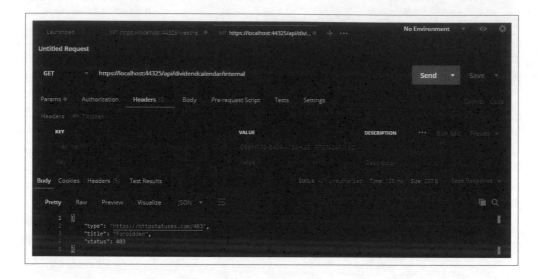

2. 如你所見，當 API 請求中「不存在」API 金鑰時，我們會得到預期的 401
   Unauthorized 狀態，此狀態定義在 ForbiddenProblemDetails 類別中。現在，新
   增帶有 C5BFF7F0-B4DF-475E-A331-F737424F013C 值的 x-api-key 標頭。然後，
   按下 **Send**：

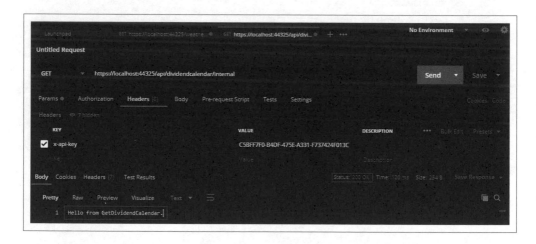

3. 你現在的狀態為 200 OK，這表示 API 請求已成功。你可以在正文（body）中看到
   請求的結果。內部使用者會看到 Hello from GetDividendCalendar。再次執行請
   求，但要更改 URL，使得「路由」（route）是外部的而不是內部的。因此，URL
   應為 https://localhost:44325/api/dividendcalendar/external：

4. 你將收到 `403 Forbidden` 狀態以及被禁止的 JSON。這是因為 API 金鑰是有效的 API 令鑰，但是「路由」是針對外部客戶端的，而且外部客戶端無權存取內部 API。將 `x-api-key` 標頭值更改為 `9218FACE-3EAC-6574-C3F0-08357FEDADB9`。然後，按下 **Send**：

你會看到狀態為 `200 OK`，而且正文會有 `External access is currently unavailable` 的文字。

好消息！我們的「基於角色的安全系統」使用 API 金鑰身分驗證和授權，已經過測試並能正常運作了。在新增實際的 FinTech API 之前，我們已經實作並測試了 API 金鑰，這個金鑰用於保護我們的 FinTech API。此外，在編寫一行實際的 API 之前，我們首先考慮了 API 的安全性。現在，我們知道它是安全的，因此可以開始認真建置我們的股息日曆 API 功能。

新增股息日曆程式碼

我們的內部 API 只有一個目的，即建立一個今年要發放的股息陣列（an array of dividends）。不過，你可以建置在這個專案的基礎上，將 JSON 儲存到某種類型的檔案或資料庫之中。因此，你每個月只能進行一次內部呼叫，以節省 API 呼叫的費用。但是，外部角色可以根據需要經常存取檔案或資料庫中的資料。

我們已經有用於股息日曆 API 的控制器（controller）。此安全性已到位，可以防止「未經身分驗證和未經授權的使用者」存取我們的內部 GetDividendCalendar() API 端點。因此，我們現在要做的就是生成股息日曆 JSON，即我們的方法將回傳的內容。

為了理解我們將要做什麼，請檢視下方節錄的 JSON 回應：

```
[{"Mic":"XLON","Ticker":"ABDP","CompanyName":"AB Dynamics
PLC","DividendYield":0.0,"Amount":0.0279,"ExDividendDate":"2020-01-02T00:00
:00","DeclarationDate":"2019-11-27T00:00:00","RecordDate":"2020-01-03T00:00
:00","PaymentDate":"2020-02-13T00:00:00","DividendType":null,"CurrencyCode"
:null},

...

{"Mic":"XLON","Ticker":"ZYT","CompanyName":"Zytronic
PLC","DividendYield":0.0,"Amount":0.152,"ExDividendDate":"2020-01-09T00:00:
00","DeclarationDate":"2019-12-10T00:00:00","RecordDate":"2020-01-10T00:00:
00","PaymentDate":"2020-02-07T00:00:00","DividendType":null,"CurrencyCode":
null}]
```

這個 JSON 回應是一個股息陣列。股息包括 Mic、Ticker、CompanyName、DividendYield、Amount、ExDividendDate、DeclarationDate、RecordDate、PaymentDate、DividendType 和 CurrencyCode 欄位。新增一個新資料夾到名為 Models 的專案中，然後使用以下程式碼新增 Dividend 類別：

```
public class Dividend
{
    public string Mic { get; set; }
    public string Ticker { get; set; }
    public string CompanyName { get; set; }
    public float DividendYield { get; set; }
    public float Amount { get; set; }
    public DateTime? ExDividendDate { get; set; }
    public DateTime? DeclarationDate { get; set; }
    public DateTime? RecordDate { get; set; }
    public DateTime? PaymentDate { get; set; }
    public string DividendType { get; set; }
    public string CurrencyCode { get; set; }
}
```

讓我們看看這些欄位分別代表什麼：

- Mic：**MIC**（ISO 10383 Market Identification Code，市場識別碼），此處是股票列出的地方。更多資訊，請參見 https://www.iso20022.org/10383/iso-10383 market-identifier-codes。（**編輯注**：輸入網址後，將重新導向 https://www.iso20022.org/market-identifier-codes。）
- Ticker：普通股票的股票代號。
- CompanyName：擁有股票的公司名稱。
- DividendYield：公司年度股息與股價之比。股息收益率以百分比計算，並使用「股息收益率 = 年度股息 / 股價」（Dividend Yield = Annual Dividend / Share Price）的公式計算。
- Amount：每股支付給股東的金額。
- ExDividendDate：除息日。你必須在這個日期之前購買股份，才能接收下一筆股息。
- DeclarationDate：宣布日。公司宣布發出股息的日期。
- RecordDate：登記日。公司查看其記錄，確認誰將取得股息的日期。
- PaymentDate：支付日。股東收到股息的日期。
- DividendType：舉例來說，可以是 Cash Dividend 現金股息，Property Dividend 財產股息，Stock Dividend 股票股息，Scrip Dividend 以股代息，或 Liquidating Dividend 清算股息。
- CurrencyCode：付款所使用的貨幣幣值。

在 Models 資料夾中,我們需要的下一個類別是 Company 類別:

```
public class Company
{
    public string MIC { get; set; }
    public string Currency { get; set; }
    public string Ticker { get; set; }
    public string SecurityId { get; set; }
    public string CompanyName { get; set; }
}
```

Mic 和 Ticker 欄位與我們的 Dividend 類別相同。在不同的 API 呼叫之間,API 使用不同的名稱表示「貨幣識別字」(currency identifier)。這就是為什麼我們在 Dividend 中使用 CurrencyCode,在 Company 中使用 Currency。這有助於 JSON 進行物件映射(object-mapping)過程,因此我們不會遇到格式例外的情況。

每一個欄位代表了以下內容:

- Currency:用來為股票定價的貨幣
- SecurityId:普通股票的股票市場「證券識別字」(security identifier)
- CompanyName:擁有股票的公司名稱

我們的下一個 Model 類別是 Companies。我們需要使用這個類別來儲存在「最初的 Morningstar API 呼叫」中回傳的公司。我們將走訪公司列表並進行更進一步的 API 呼叫,取得每個公司的記錄,好讓我們隨後可以進行 API 呼叫,取得公司的股息:

```
public class Companies
{
    public int Total { get; set; }
    public int Offset { get; set; }
    public List<Company> Results { get; set; }
    public string ResponseStatus { get; set; }
}
```

每一個屬性定義了以下內容：

- `Total`：API 查詢所回傳的記錄總數
- `Offset`：記錄偏移量
- `Results`：回傳的公司列表
- `ResponseStatus`：提供詳細的回應資訊，尤其是當錯誤回傳時

現在，我們將新增 `Dividends` 類別。此類別儲存由「股息的 Morningstar API 回應」所回傳的股息列表：

```
public class Dividends
{
        public int Total { get; set; }
        public int Offset { get; set; }
        public List<Dictionary<string, string>> Results { get; set; }
        public ResponseStatus ResponseStatus { get; set; }
    }
```

當中的每個屬性均與先前定義的屬性相同，但 `Results` 屬性除外，該屬性定義了為「指定公司」回傳的股息支付列表。

我們需要新增到 `Models` 資料夾中的最後一個類別是 `ResponseStatus` 類別。這主要用於儲存錯誤資訊：

```
public class ResponseStatus
{
    public string ErrorCode { get; set; }
    public string Message { get; set; }
    public string StackTrace { get; set; }
    public List<Dictionary<string, string>> Errors { get; set; }
    public List<Dictionary<string, string>> Meta { get; set; }
}
```

此類別的屬性如下：

- `ErrorCode`：錯誤編號
- `Message`：錯誤訊息
- `StackTrace`：錯誤診斷

- Errors：錯誤列表
- Meta：錯誤中繼資料（metadata）的列表

現在，我們擁有了所需的所有模型。我們可以開始進行 API 呼叫，來建立我們的股息支付日曆。在控制器中，新增一個名為 FormatStringDate() 的新方法，如下所示：

```
private DateTime? FormatStringDate(string date)
{
    return string.IsNullOrEmpty(date) ? (DateTime?)null :
DateTime.Parse(date);
}
```

此方法採用字串日期。如果字串為 null 或為空，則回傳 null；否則，將解析字串並將「可為空（nullable）的 DateTime 值」傳回。我們還需要一種從 Azure Key Vault 中提取 Morningstar API 金鑰的方法：

```
private async Task<string> GetMorningstarApiKey()
{
    try
    {
        AzureServiceTokenProvider azureServiceTokenProvider = new
AzureServiceTokenProvider();
        KeyVaultClient keyVaultClient = new KeyVaultClient(
            new KeyVaultClient.AuthenticationCallback(
                azureServiceTokenProvider.KeyVaultTokenCallback
            )
        );
        var secret = await
keyVaultClient.GetSecretAsync(ApiKeyConstants.MorningstarApiKeyUrl)
                                        .ConfigureAwait(false);

        return secret.Value;
    }
    catch (KeyVaultErrorException keyVaultException)
    {
        return keyVaultException.Message;
    }
}
```

GetMorningstarApiKey() 方法實例化了 AzureServiceTokenProvider。然後，它將建立一個新的 KeyVaultClient 物件型別，該物件型別將執行加密金鑰的操作。然後，該方法等待回應，從 Azure Key Vault 中取得 Morningstar API 金鑰。然後，它會傳回「回應值」。如果在處理請求時發生錯誤，則回傳 KeyVaultErrorException.Message。

在處理股息時，我們首先從證券交易所取得公司列表。然後，我們走訪這些公司，並再次呼叫，以取得該證券交易所中每個公司的股息。我們將從以「MIC 方式」取得公司列表的方法開始。請記住，我們正在使用 RestSharp 函式庫。所以如果你尚未安裝它，那麼現在是進行安裝的好時機：

```
private Companies GetCompanies(string mic)
{
    var client = new RestClient(
$"https://morningstar1.p.rapidapi.com/companies/list-by-exchange?Mic={mic}"
    );
    var request = new RestRequest(Method.GET);
    request.AddHeader("x-rapidapi-host", "morningstar1.p.rapidapi.com");
    request.AddHeader("x-rapidapi-key", GetMorningstarApiKey().Result);
    request.AddHeader("accept", "string");
    IRestResponse response = client.Execute(request);
    return JsonConvert.DeserializeObject<Companies>(response.Content);
}
```

我們的 GetCompanies() 方法建立了一個新的 REST 客戶端，該客戶端指向 API URL，該 API URL 會檢索出在「指定證券交易所」中列出的公司列表。請求的類型是 GET 請求。我們將三個標頭新增到 x-rapidapi-host、x-rapidapi-key 和 accept 的 GET 請求中。然後，我們執行該請求，並透過 Companies 模型回傳「反序列化的 JSON 資料」。

現在，我們將編寫一個方法，這個方法會回傳指定證券交易所和公司的股息。讓我們從新增 GetDividends() 方法開始：

```
private Dividends GetDividends(string mic, string ticker)
{
    var client = new RestClient(
$"https://morningstar1.p.rapidapi.com/dividends?Ticker={ticker}&Mic={mic}"
    );
    var request = new RestRequest(Method.GET);
```

```
        request.AddHeader("x-rapidapi-host", "morningstar1.p.rapidapi.com");
        request.AddHeader("x-rapidapi-key", GetMorningstarApiKey().Result);
        request.AddHeader("accept", "string");
        IRestResponse response = client.Execute(request);
        return JsonConvert.DeserializeObject<Dividends>(response.Content);
    }
```

除了請求回傳指定證券交易所和公司的股息之外，GetDividends() 方法與 GetCompanies() 方法相同。JSON 被反序列化為 Dividends 物件的實例並且回傳。

對於我們的最終方法，我們需要將最低可行產品建置到 BuildDividendCalendar() 方法之中。此方法會建立將要回傳給客戶端的股息日曆 JSON：

```
private List<Dividend> BuildDividendCalendar()
{
    const string MIC = "XLON";
    var thisYearsDividends = new List<Dividend>();
    var companies = GetCompanies(MIC);
    foreach (var company in companies.Results) {
        var dividends = GetDividends(MIC, company.Ticker);
        if (dividends.Results == null)
            continue;
        var currentDividend = dividends.Results.FirstOrDefault();
        if (currentDividend == null || currentDividend["payableDt"] ==
null)
            continue;
    var dateDiff = DateTime.Compare(
        DateTime.Parse(currentDividend["payableDt"]),
        new DateTime(DateTime.Now.Year - 1, 12, 31)
    );
    if (dateDiff > 0) {
        var payableDate = DateTime.Parse(currentDividend["payableDt"]);
        var dividend = new Dividend() {
            Mic = MIC,
            Ticker = company.Ticker,
            CompanyName = company.CompanyName,
                ExDividendDate =
FormatStringDate(currentDividend["exDividendDt"]),
                DeclarationDate =
FormatStringDate(currentDividend["declarationDt"]),
```

```
            RecordDate = FormatStringDate(currentDividend["recordDt"]),
            PaymentDate =
FormatStringDate(currentDividend["payableDt"]),
            Amount = float.Parse(currentDividend["amount"])
        };
        thisYearsDividends.Add(dividend);
    }
}
return thisYearsDividends;
}
```

在此版本的 API 中，我們將 MIC 寫死為 "xLON"（**London Stock Exchange**，倫敦證券交易所）。但是在未來的版本中，我們可以更新這個方法和公共端點，以接受 MIC 作為 request 參數。然後，我們新增一個 list 變數，來儲存今年的股息支付。接著，我們執行 Morningstar API 呼叫，以提取指定 MIC 上目前列出的公司列表。回傳列表後，我們將走訪其結果。對於每個公司，我們都會進行進一步的 API 呼叫，以取得 MIC 和股票代號的完整股息記錄。如果該公司沒有列出股息，我們就繼續進行下一個迭代並選擇下一個公司。

如果公司有股息記錄，我們將取得第一筆記錄，這是最新（最近）的股息支付。我們檢查應付日期（payable date）是否為空。如果應付日期是空的，我們繼續下一個迭代，處理下一個客戶；如果應付日期不是空的，我們檢查應付日期是否大於前一年的 12 月 31 日。如果日期差大於 1，我們就將「新的股息物件」新增到今年的股息列表中。一旦我們迭代了所有公司並建立了今年的股息列表，我們便將該列表傳回來給呼叫它的方法。

在執行我們的專案之前，最後一步是更新 GetDividendCalendar() 方法，以呼叫 BuildDividendCalendar() 方法：

```
[Authorize(Policy = Policies.Internal)]
[HttpGet("internal")]
public IActionResult GetDividendCalendar()
{
    return new
ObjectResult(JsonConvert.SerializeObject(BuildDividendCalendar()));
}
```

在 GetDividendCalendar() 方法中,我們從今年股息的序列化列表中回傳 JSON 字串。因此,如果你使用內部 x-api-key 變數在 Postman 中執行此專案,你會發現,在大約 20 分鐘後,將回傳以下 JSON:

```
[{"Mic":"XLON","Ticker":"ABDP","CompanyName":"AB Dynamics
PLC","DividendYield":0.0,"Amount":0.0279,"ExDividendDate":"2020-01-02T00:00
:00","DeclarationDate":"2019-11-27T00:00:00","RecordDate":"2020-01-03T00:00
:00","PaymentDate":"2020-02-13T00:00:00","DividendType":null,"CurrencyCode"
:null},

...

{"Mic":"XLON","Ticker":"ZYT","CompanyName":"Zytronic
PLC","DividendYield":0.0,"Amount":0.152,"ExDividendDate":"2020-01-09T00:00:
00","DeclarationDate":"2019-12-10T00:00:00","RecordDate":"2020-01-10T00:00:
00","PaymentDate":"2020-02-07T00:00:00","DividendType":null,"CurrencyCode":
null}]
```

該查詢的確花費大量時間,大約需要 20 分鐘,而且結果將在「一年的時間區間」內發生變化。因此,我們可以使用的策略是「限制」API 每月執行一次,然後將 JSON 儲存在檔案或資料庫中。然後,這個檔案或資料庫記錄就是你將「更新外部方法」以呼叫並傳遞回外部客戶端的內容。讓我們限制我們的 API,使其僅每月執行一次。

限制我們的 API

公開 API 時,你需要限制(throttle)它們。有許多方法可以執行此操作,例如,限制同時使用者的數量,或限制給定時間區間內的呼叫數量。

在本節中,我們將限制我們的 API。我們用來限制 API 的方法是限制它僅僅在「每月的 25 號」執行一次。將以下這行新增到你的 appsettings.json 檔案中:

```
"MorningstarNextRunDate": null,
```

該值將包含下一個 API 可以執行的日期。現在,在專案的根目錄中新增 AppSettings 類別,然後新增以下屬性:

```
public DateTime? MorningstarNextRunDate { get; set; }
```

此屬性將儲存 `MorningstarNextRunDate` 鍵（key）的值。接下來要做的是新增我們的靜態方法，該方法將被呼叫，以新增或更新 `appsetting.json` 檔案中的應用程式設定：

```
public static void AddOrUpdateAppSetting<T>(string sectionPathKey, T value)
{
    try
    {
        var filePath = Path.Combine(AppContext.BaseDirectory,
"appsettings.json");
        string json = File.ReadAllText(filePath);
        dynamic jsonObj =
Newtonsoft.Json.JsonConvert.DeserializeObject(json);
        SetValueRecursively(sectionPathKey, jsonObj, value);
        string output = Newtonsoft.Json.JsonConvert.SerializeObject(
            jsonObj,
            Newtonsoft.Json.Formatting.Indented
        );
        File.WriteAllText(filePath, output);
    }
    catch (Exception ex)
    {
        Console.WriteLine("Error writing app settings | {0}", ex.Message);
    }
}
```

`AddOrUpdateAppSetting()` 嘗試取得 `appsettings.json` 檔案的檔案路徑。它從檔案中讀取 JSON，接著將 JSON 反序列化為 `dynamic` 物件。然後，我們呼叫我們的方法，以遞迴（recursively）的方式設定所需的值。接著，我們將 JSON 寫回至同一檔案。如果遇到錯誤，我們就把錯誤訊息輸出到控制台。讓我們編寫我們的 `SetValueRecursively()` 方法：

```
private static void SetValueRecursively<T>(string sectionPathKey, dynamic
jsonObj, T value)
{
    var remainingSections = sectionPathKey.Split(":", 2);
    var currentSection = remainingSections[0];
    if (remainingSections.Length > 1)
    {
        var nextSection = remainingSections[1];
        SetValueRecursively(nextSection, jsonObj[currentSection], value);
```

```
    }
    else
    {
        jsonObj[currentSection] = value;
    }
}
```

SetValueRecursively() 方法在「第一個撇號（apostrophe）處」拆分字串。然後，它繼續遞迴處理 JSON，在樹狀結構中向下移動。當到達需要的位置時（即找到所需的值），則設定該值並回傳方法。將 ThrottleMonthDay 常數新增到 ApiKeyConstants 結構（struct）中：

```
public const int ThrottleMonthDay = 25;
```

發出 API 請求時，此常數用於我們的每月檢查。在 DividendCalendarController 中，新增 ThrottleMessage() 方法：

```
private string ThrottleMessage()
{
    return "This API call can only be made once on the 25th of each
month.";
}
```

ThrottleMessage() 方法僅回傳訊息："This API call can only be made once on the 25th of each month."（此 API 呼叫只能在每月的 25 號進行一次）。現在，新增以下建構函式：

```
public DividendCalendarController(IOptions<AppSettings> appSettings)
{
    _appSettings = appSettings.Value;
}
```

這個建構函式讓我們可以存取 appsettings.json 檔案中的值。將這兩行新增到 Startup.ConfigureServices() 方法的最後：

```
var appSettingsSection = Configuration.GetSection("AppSettings");
services.Configure<AppSettings>(appSettingsSection);
```

這兩行讓 AppSettings 類別可以在需要時「動態注入」到我們的控制器中。將 SetMorningstarNextRunDate() 方法新增到 DividendCalendarController 類別中：

```
private DateTime? SetMorningstarNextRunDate()
{
    int month;
    if (DateTime.Now.Day < 25)
        month = DateTime.Now.Month;
    else
        month = DateTime.Now.AddMonths(1).Month;
    var date = new DateTime(DateTime.Now.Year, month,
ApiKeyConstants.ThrottleMonthDay);
    AppSettings.AddOrUpdateAppSetting<DateTime?>(
        "MorningstarNextRunDate",
        date
    );
    return date;
}
```

SetMorningstarNextRunDate() 方法檢查目前這個月的「日期數」（day）是否
小於 25。如果目前這個月的「日期數」小於 25，則將月份設定為「目前月份」，
以便 API 可以在「目前月份的第 25 號」執行；否則，對於 25 及以上的「日期
數」，將月份設定為「下個月」。然後組合新日期，再更新 appsettings.json 的
MorningstarNextRunDate 鍵，並回傳「可為空（nullable）的 DateTime 值」：

```
private bool CanExecuteApiRequest()
{
    DateTime? nextRunDate = _appSettings.MorningstarNextRunDate;
    if (!nextRunDate.HasValue)
        nextRunDate = SetMorningstarNextRunDate();
    if (DateTime.Now.Day == ApiKeyConstants.ThrottleMonthDay) {
        if (nextRunDate.Value.Month == DateTime.Now.Month) {
            SetMorningstarNextRunDate();
            return true;
        }
        else {
            return false;
        }
    }
    else {
        return false;
    }
}
```

CanExecuteApiRequest() 從 AppSettings 類別取得 MorningstarNextRunDate 值的目前值。如果 DateTime? 沒有值，則設定此值並指派給 nextRunDate 區域變數。如果目前月份的「日期數」不等於 ThrottleMonthDay，我們將回傳 false。如果目前月份不等於下一個執行日期月份，我們將回傳 false。否則，我們將下一個 API 執行日期設定為下個月的 25 號，並回傳 true。

最後，我們更新 GetDividendCalendar() 方法，如下所示：

```
[Authorize(Policy = Policies.Internal)]
[HttpGet("internal")]
public IActionResult GetDividendCalendar()
{
    if (CanExecuteApiRequest())
        return new
ObjectResult(JsonConvert.SerializeObject(BuildDividendCalendar()));
    else
        return new ObjectResult(ThrottleMessage());
}
```

現在，當內部使用者呼叫了 API，將驗證他們的請求以查看其是否可以執行。如果執行，則回傳股息日曆的序列化 JSON。否則，我們將回傳 Throttle 訊息。

到此結束我們的專案。

好了，我們已經完成了我們的專案。它不是完美的，我們可以做一些改進和擴展。下一步將是文件化我們的 API，並且部署 API 及文件。我們還應該新增日誌記錄（logging）和監視內容（monitoring）。

日誌記錄（logging）對於「儲存例外的詳細資訊」和「追蹤 API 的使用方式」很有幫助。監視內容（monitoring）是一種監視我們 API 執行狀況的方法，以便在出現任何問題時向我們發出警報。這樣一來，我們可以主動保持 API 的正常運行。我將讓你根據需要擴展 API。對你來說，這將是一個很好的練習。

> 下一章將處理「橫切關注點」（Cross-Cutting Concerns）。下一章也將討論如何使用「Aspect」（切面）和「Attribute」（屬性）來處理「日誌記錄」和「監視內容」。

讓我們總結一下我們學到的東西。

小結

在本章中，你註冊了第三方 API 並收到了自己的金鑰。該 API 金鑰儲存在你的 Azure Key Vault 中，並可以防止「未經授權的客戶端」對其進行存取。然後，你繼續建立 ASP.NET Core Web 應用程式，並將其發布到 Azure。接著，你開始使用「身分驗證」和「基於角色的授權」來保護 Web 應用程式的安全。

我們設定的授權是使用 API 金鑰來執行的。你在此專案中使用了兩個 API 金鑰：一個供內部使用，一個供外部使用。我們使用 Postman 應用程式，對我們的 API 和「API 金鑰安全性」進行了測試。Postman 是一個很棒的工具，用於測試各種「HTTP 動詞」的 HTTP 請求和回應。

之後，你新增了股息日曆 API 程式碼，並基於 API 金鑰啟用了內部和外部的存取功能。該專案本身執行了許多不同的 API 呼叫，以建立「預計將向投資者支付股息」的公司列表。然後，該專案將物件「序列化」為 JSON 格式，然後將其回傳給客戶端。最終，該專案被限制為每月執行一次。

讀完本章，你已經建立了可以每月執行一次的 FinTech API。這個 API 將提供當年度的股息支付資訊。你的客戶可以「反序列化」此資料，然後對其執行 LINQ 查詢，以擷取滿足其特定要求的資料。

在下一章中，我們將使用 PostSharp 來實作**切面導向程式設計**（Aspect-Oriented Programming，**AOP**）。透過 AOP 框架，我們將學習如何在應用程式中管理常見的功能，例如：例外處理、登入記錄、安全性和交易（transaction）。但是在此之前，讓我們動動腦，看看你學到了什麼。

練習題

1. 本章中提及一個「託管（host）你自己的 API」和「存取第三方 API」的良好來源，這個 API 平台的網址（URL）是？
2. 保護 API 所需的兩個部分是什麼？
3. 什麼是宣告（claim）？為什麼要使用它們？
4. 你可以用 Postman 做什麼？
5. 為什麼要對資料儲存使用「儲存庫模式」（repository pattern）？

延伸閱讀

- https://docs.microsoft.com/en-us/aspnet/web-api/overview/security/individual-accounts-in-web-api 是 Microsoft 的官方文件，深入討論了 Web API 的安全性。

- https://docs.microsoft.com/en-us/aspnet/web-forms/overview/older-versions-security/membership/creating-the-membership-schema-in-sql-server-vb 詳細討論了如何建立 ASP.NET 成員資格資料庫。

- https://www.iso20022.org/10383/iso-10383-market-identifier-codes 這個網址與 ISO 10383 MIC 有關。（**編輯注**：輸入網址後，將重新導向 https://www.iso20022.org/market-identifier-codes。）

- https://docs.microsoft.com/en-gb/azure/key-vault/vs-key-vault-add-connected-service 探討如何使用 Visual Studio Connected Services（連線服務），將 Key Vault 新增到 Web 應用程式之中。

- https://aka.ms/installazurecliwindows 這個網址是 Azure CLI MSI 安裝程序。

- https://docs.microsoft.com/en-us/dotnet/api/overview/azure/service-to-service-authentication 討論了 Azure 的「服務到服務」（service-to-service）。

- 如果你是新客戶，你可以在這裡註冊 Azure 的 12 個月免費訂閱：https://azure.microsoft.com/en-gb/free/?WT.mc_id=A261C142F。

- https://docs.microsoft.com/en-us/azure/key-vault/general/basic-concepts 著眼於 Azure Key Vault 的基本概念。

- https://docs.microsoft.com/en-us/azure/app-service/app-service-webget-started-dotnet 涵蓋了在 Azure 中建立 .NET Core 應用程式的過程。

- https://docs.microsoft.com/en-gb/azure/app-service/overview-hosting-plans 是 Azure App Service 方案概觀。

- https://docs.microsoft.com/en-us/azure/key-vault/general/tutorial-net-create-vault-azure-web-app 是 Microsoft 的官方教學，探討如何將 Azure Key Vault 與 .NET 中的 Azure Web 應用程式一起使用。

11

處理橫切關注點

編寫 clean code 時，你需要考量的關注點有兩種：「核心關注點」和「橫切關注點」。**核心關注點**（**core concern**）是軟體之所以被開發的原因。**橫切關注點**（**cross-cutting concern**）不是業務需求的一部分，而是構成核心關注點的主要內容，但是必須在程式碼的所有領域中都得到處理，如下圖所示：

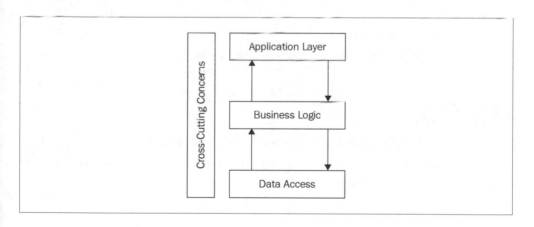

在本章中，我們將透過建置可重用的類別函式庫（class library）來解決這些橫切關注點，你可以根據自己的喜好修改或擴展這些類別函式庫。橫切關注點包括：配置管理、日誌記錄、稽核（auditing）、安全性、驗證、例外處理、檢測（instrumentation）、交易（transaction）、資源池、快取，以及執行緒和同步。我們將使用裝飾器模式和 PostSharp Aspect Framework 來幫助我們建置可重用的函式庫，該函式庫能在編譯時注入。

在閱讀本章時，你將看到**屬性程式設計**（**attribute programming**）如何讓我們使用更少的樣板（boilerplate）程式碼，以及使用更小、更易讀、更易於維護和擴展的程式碼。如此一來，在你的方法中將只留下所需的業務程式碼和樣板程式碼。

 我們已經討論過當中的許多概念。然而，這裡再次提到它們，因為它們是橫切關注點。

在本章中，我們將討論以下主題：

- 裝飾器模式
- 代理模式
- 使用 PostSharp 的 AOP（切面導向程式設計）
- 專案：橫切關注點的可重用函式庫

在本章結束時，你將具備執行以下操作的技能：

- 實作裝飾器模式。
- 實作代理模式。
- 使用 PostSharp 應用 AOP。
- 建立自己的可重用 AOP 函式庫，以處理你的橫切關注點。

技術要求

為了充分利用本章內容，你將需要安裝 Visual Studio 2019 和 PostSharp。本章的程式碼檔案，請參閱 https://github.com/PacktPublishing/Clean-Code-in-C-/tree/master/CH11。讓我們從裝飾器模式開始。

裝飾器模式

裝飾器設計模式（decorator design pattern）是一種結構式模式（structural pattern），被用來在不更改其結構的情況下向「現有物件」新增新功能。原始類別被包裝在裝飾器類別包裝（wrap）中，而且會在執行時將「新的行為和操作」新增到物件之中：

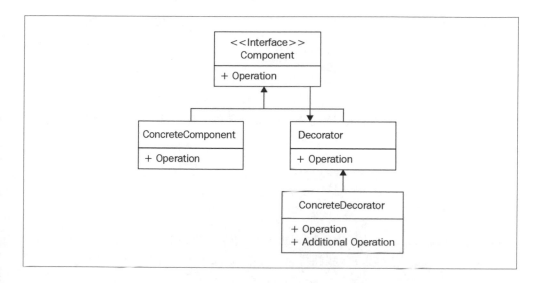

Component 介面及其包含的成員由 ConcreteComponent 類別和 Decorator 類別所實作。ConcreteComponent 實作了 Component 介面。Decorator 類別是一個抽象類別，它實作了 Component 介面，並包含對 Component 實例的參照。Decorator 類別是元件的基礎類別。ConcreteDecorator 類別繼承自 Decorator 類別，並為元件提供裝飾器。

我們將編寫一個能將「操作」包裝在 try/catch 區塊中的範例。try 和 catch 都將向控制台輸出一個字串。讓我們建立一個名為 CH11_AddressingCrossCuttingConcerns 的新 .NET 4.8 控制台應用程式。然後，新增一個名為 DecoratorPattern 的資料夾。新增一個名為 IComponent 的新介面：

```
public interface IComponent {
    void Operation();
}
```

為簡單起見，我們的介面只有一個 void 類型的操作。現在我們已經有了介面，我們需要新增一個實作該介面的抽象類別。新增一個名為 Decorator 的新抽象類別，該抽象類別實作了 IComponent 介面。新增一個成員變數來儲存我們的 IComponent 物件：

```
private IComponent _component;
```

透過建構函式，設定儲存 IComponent 物件的 _component 成員變數，如下所示：

```
public Decorator(IComponent component) {
    _component = component;
}
```

在前面的程式碼中，建構函式設定了我們將要裝飾的元件。接下來，我們新增介面方法：

```
public virtual void Operation() {
    _component.Operation();
}
```

我們已經將 Operation() 方法宣告為 virtual，以便可以在衍生類別（derived class）中覆寫（override）它。現在，我們將建立實作 IComponent 的 ConcreteComponent 類別：

```
public class ConcreteComponent : IComponent {
    public void Operation() {
        throw new NotImplementedException();
    }
}
```

如你所見，我們的類別包含一個操作，該操作拋出 NotImplementedException 例外。現在，我們可以編寫與 ConcreteDecorator 類別有關的內容：

```
public class ConcreteDecorator : Decorator {
    public ConcreteDecorator(IComponent component) : base(component) { }
}
```

ConcreteDecorator 類別繼承了 Decorator 類別。建構函式使用 IComponent 的參數，並將其傳遞給基礎建構函式（base constructor），然後在該基礎建構函式中設定成員變數。接下來，我們將覆寫 Operation() 方法：

```
public override void Operation() {
    try {
        Console.WriteLine("Operation: try block.");
        base.Operation();
    } catch(Exception ex) {
        Console.WriteLine("Operation: catch block.");
        Console.WriteLine(ex.Message);
```

```
        }
    }
```

在我們的覆寫方法中，我們有一個 try/catch 區塊。在 try 區塊中，我們向控制台寫入一則訊息，並執行基礎類別的 Operation() 方法。在 catch 區塊中遇到例外時，將寫入一則訊息，然後接著是錯誤訊息。在使用我們的程式碼之前，我們需要更新 Program 類別。將 DecoratorPatternExample() 方法新增到 Program 類別中：

```
private static void DecoratorPatternExample() {
    var concreteComponent = new ConcreteComponent();
    var concreteDecorator = new ConcreteDecorator(concreteComponent);
    concreteDecorator.Operation();
}
```

在我們的 DecoratorPatternExample() 方法中，我們建立一個新的具體元件（concrete component）。然後我們把它傳遞給新的具體裝飾器（concrete decorator）的建構函式。接著，我們在具體裝飾器上呼叫 Operation() 方法。將以下這兩行程式碼新增到 Main() 方法中：

```
DecoratorPatternExample();
Console.ReadKey();
```

這兩行會執行我們的範例，然後等待使用者按下任意鍵後再退出。執行此程式碼，你將看到與以下螢幕截圖相同的輸出：

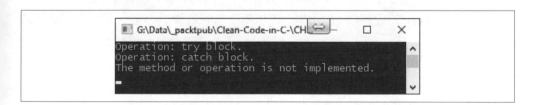

這樣就結束了我們對裝飾器模式的觀察。現在，該看一下代理模式了。

代理模式

代理模式（proxy pattern）是一種結構式設計模式（structural design pattern），它提供了物件，這些物件可以作為「客戶端使用的真實服務物件」的替代品。proxy 接收客戶端請求，執行所需的工作，然後將請求傳遞給服務物件。proxy 物件與服務可互換，因為它們共享相同的介面：

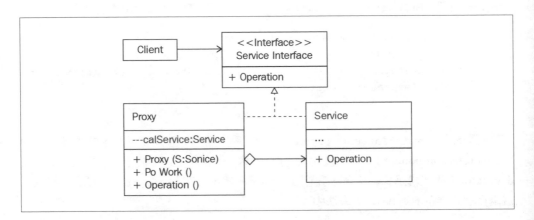

有個範例可展示何時該使用代理模式，就是當你有一個不想更改的類別，但是確實需要新增其他行為時。proxy 將工作委託給其他物件。除非 proxy 是服務的衍生類別，否則 proxy 方法最終應參照 Service 物件。

我們將看一下代理模式的一個非常簡單的實作。在「**第 11 章**」專案根目錄中新增一個名為 ProxyPattern 的資料夾。使用單一方法新增一個名為 IService 的介面來處理請求：

```
public interface IService {
    void Request();
}
```

Request() 方法執行了請求的工作。proxy 和服務都將實作此介面以使用 Request() 方法。現在，新增 Service 類別並實作 IService 介面：

```
public class Service : IService {
    public void Request() {
        Console.WriteLine("Service: Request();");
    }
}
```

我們的 Service 類別實作了 IService 介面並處理實際的服務 Request() 方法。Proxy
類別將呼叫這個 Request() 方法。實作代理模式的最後一步是編寫 Proxy 類別：

```csharp
public class Proxy : IService {
    private IService _service;

    public Proxy(IService service) {
        _service = service;
    }

    public void Request() {
        Console.WriteLine("Proxy: Request();");
        _service.Request();
    }
}
```

我們的 Proxy 類別實作了 IService，並具有一個接受「單一 IService 參數」的建構
函式。客戶端呼叫 Proxy 類別的 Request() 方法。Proxy.Request() 方法將完成其所
需的工作，並將負責呼叫 _service.Request()。為了讓我們看到實際的效果，讓我們
更新 Program 類別。將 ProxyPatternExample() 呼叫新增到 Main() 方法。然後，新
增 ProxyPatternExample() 方法：

```csharp
private static void ProxyPatternExample() {
    Console.WriteLine("### Calling the Service directly. ###");
    var service = new Service();
    service.Request();
    Console.WriteLine("## Calling the Service via a Proxy. ###");
    new Proxy(service).Request();
}
```

我們的測試方法執行 Service 類別方向的 Request() 方法。然後，它透過 Proxy 類別
的 Request() 方法執行相同的方法。執行此專案，你應該會看到以下內容：

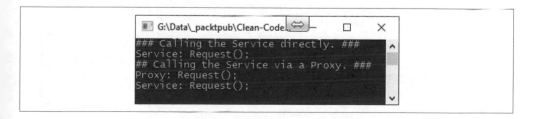

現在，你已經對裝飾器模式和代理模式有一定的了解，現在讓我們看看使用 PostSharp 的 AOP。

使用 PostSharp 的 AOP

AOP 可以與 OOP 一起使用。「**Aspect**」（**切面**）是應用於類別、方法、參數和屬性（property）的「屬性」（attribute），在編譯時，將程式碼編織（weave）到它所應用的類別、方法、參數或屬性之中。這種方法允許將程式的橫切關注點從「業務原始碼」轉移到「類別函式庫」。關注點會在需要的地方被新增為「屬性」（attribute）。然後，編譯器會在執行時編織所需的程式碼。這樣可以使你的業務程式碼小而可讀。在本章中，我們將使用 PostSharp。你可以從這裡下載：`https://www.postsharp.net/download`。

那麼，AOP 如何與 PostSharp 一起使用呢？

你將 PostSharp 程式套件新增到你的專案中。然後，用屬性（attribute）註解程式碼。C# 編譯器將你的程式碼建置為二進制檔案，然後 PostSharp 分析此二進制檔案並注入 Aspect 的實作。儘管在編譯時使用注入的程式碼修改了二進制檔案，但是專案的原始碼保持不變。這表示你可以保持程式碼的優雅、整潔和簡單，進而使長期維護、重用和擴展現有 Codebase 變得更加容易。

PostSharp 有一些非常好的現成模式，可供你使用。這些包括了 Model-View-ViewModel（**MVVM**）、快取、多執行緒、架構驗證等等。不過，好消息是，如果沒有東西可以滿足你的需求，那麼你可以透過擴展 Aspect 框架和／或架構框架來自動化你自己的模式。

使用 Aspect 框架，你可以開發簡單或複合（composite）的 Aspect，將其應用於程式碼並驗證其用法。至於架構框架，你將開發自訂的架構限制。在深入探討橫切關注點之前，讓我們簡單看一下 Aspect 和架構框架的「擴展」。

 編寫 Aspect 和屬性（attribute）時，需要新增 `PostSharp.Redist` NuGet 套件。完成之後，若發現你的屬性和 Aspect 不能用，請以右鍵點擊該專案，然後選擇 **Add PostSharp to Project**。完成此操作後，你的 Aspect 應該就能運作了。

擴展 Aspect 框架

在本節中，我們將開發一個簡單的 Aspect 並將其應用於某些程式碼。然後，我們將驗證此 Aspect 的用法。

開發我們的 Aspect

我們的 Aspect 將是一個簡單的 Aspect，它由單一轉換（transformation）所組成。我們將從「原始的（primitive）Aspect 類別」衍生出我們的 Aspect。然後，我們將覆寫一些被稱為「**建議**」（**advice**）的方法。如果你想知道如何建立一個複合 Aspect，請參閱：https://doc.postsharp.net/complex-aspects。

在方法執行之前和之後的注入行為

OnMethodBoundaryAspect 這個 Aspect 實作了裝飾器模式。在本章的前面，你已經了解如何實作裝飾器模式。藉由這個 Aspect，你可以在執行目標方法之前和之後執行邏輯。下表提供了 OnMethodBoundaryAspect 類別中可用的建議方法：

建議	說明
OnEntry(MethodExecutionArgs)	在任何使用者程式碼「之前」，於開始執行方法時使用。
OnSuccess(MethodExecutionArgs)	在任何使用者程式碼「之後」，於成功執行方法時使用（即回傳時「沒有例外」）。
OnException(MethodExecutionArgs)	在任何使用者程式碼「之後」，於方法執行失敗並帶有例外時使用。等同於 catch 區塊。
OnExit（MethodExecutionArgs）	在方法執行退出時使用，無論該方法是成功或是帶有例外。這個建議會在任何使用者程式碼「之後」執行，以及在目前 Aspect 的 OnSuccess (MethodExecutionArgs) 或 OnException (MethodExecutionArgs) 方法「之後」執行。等同於 finally 區塊。

為了簡單起見，我們將研究所有使用的方法。在我們開始之前，請將 PostSharp 新增到你的專案中。如果你已經下載了 PostSharp，你可以按右鍵點擊你的專案，然後選擇 **Add PostSharp to Project**。之後，新增一個名為 Aspects 的新資料夾到你的專案，然後新增一個名為 LoggingAspect 的新類別：

```
[PSerializable]
public class LoggingAspect : OnMethodBoundaryAspect { }
```

[PSerializeable] 屬性是一個自訂屬性，將其應用於型別時，該屬性會使 PostSharp 生成一個序列化程序（serializer），這個序列化程序將由 PortableFormatter 使用。現在，覆寫 OnEntry() 方法：

```
public override void OnEntry(MethodExecutionArgs args) {
    Console.WriteLine("The {0} method has been entered.",
args.Method.Name);
}
```

OnEntry() 方法在任何使用者程式碼「之前」執行。現在，覆寫 OnSuccess() 方法：

```
public override void OnSuccess(MethodExecutionArgs args) {
    Console.WriteLine("The {0} method executed successfully.",
args.Method.Name);
}
```

使用者程式碼完成之後，OnSuccess() 方法將毫無例外地執行。覆寫 OnExit() 方法：

```
public override void OnExit(MethodExecutionArgs args) {
    Console.WriteLine("The {0} method has exited.", args.Method.Name);
}
```

當使用者方法成功（或失敗）完成並退出時，將執行 OnExit() 方法。它等同於 finally 區塊。最後，覆寫 OnException() 方法：

```
public override void OnException(MethodExecutionArgs args) {
    Console.WriteLine("An exception was thrown in {0}.", args.Method.Name);
}
```

當方法執行失敗並在任何使用者程式碼「之後」出現例外時，將執行 OnException() 方法。它等同於 catch 區塊。

下一步是編寫兩個可以應用 LoggingAspect 的方法。我們將新增 SuccessMethod()：

```
[LoggingAspect]
private static void SuccessfulMethod() {
    Console.WriteLine("Hello World, I am a success!");
}
```

SuccessMethod() 使用 LoggingAspect 並將訊息輸出到控制台。現在，讓我們新增 FailedMethod()：

```
[LoggingAspect]
private static void FailedMethod() {
    Console.WriteLine("Hello World, I am a failure!");
    var x = 1;
    var y = 0;
    var z = x / y;
}
```

FailedMethod() 使用 LoggingAspect 並將訊息輸出到控制台。然後，它執行除以零（division by zero）的運算，進而導致 DivideByZeroException。從 Main() 方法中呼叫這兩個方法，然後執行你的專案。你應該會看到以下輸出：

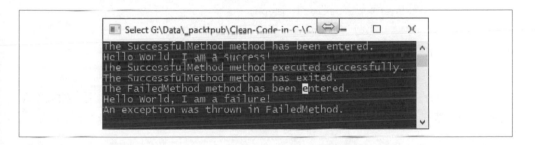

此時，除錯器（debugger）將導致程式退出。就是這樣！如你所見，建立自己的 PostSharp Aspect 來滿足你的需求是一個簡單的過程。現在，我們將考慮新增我們自己的架構限制。

擴展架構框架

架構限制（architectural constraint）是採用自訂設計模式，所有模組都應該遵循。我們將實作一個純量（scalar）限制，以驗證程式碼的元素。

我們的純量限制名為 BusinessRulePatternValidation，它將驗證從「BusinessRule 類別」衍生的任何類別都必須具有一個名為 Factory 的巢狀類別（nested class）。首先，新增 BusinessRulePatternValidation 類別：

```
[MulticastAttributeUsage(MulticastTargets.Class, Inheritance =
MulticastInheritance.Strict)]
public class BusinessRulePatternValidation : ScalarConstraint { }
```

MulticastAttributeUsage 指定此驗證 Aspect 僅適用於被允許的類別和繼承。讓我們覆寫 CodeValidation() 方法：

```
public override void CodeValidation(object target) {
    var targetType = (Type)target;
    if (targetType.GetNestedType("Factory") == null) {
        Message.Write(
            targetType, SeverityType.Warning,
            "10",
            "You must include a 'Factory' as a nested type for {0}.",
            targetType.DeclaringType,
            targetType.Name);
    }
}
```

我們的 CodeValidation() 方法檢查目標物件是否具有巢狀的 Factory 型別。如果不存在 Factory 型別，則將例外訊息寫到輸出視窗。新增 BusinessRule 類別：

```
[BusinessRulePatternValidation]
public class BusinessRule { }
```

BusinessRule 類別為空，且沒有 Factory。它具有我們指派給它的 BusinessRule PatternValidation 屬性，這是架構限制。建置你的專案，你將在輸出視窗中看到該訊息。現在，我們將開始建置可重用的類別函式庫，你可以擴展該類別函式庫並將其用於自己的專案中，以使用 AOP 和裝飾器模式來處理橫切關注點。

專案：橫切關注點的可重用函式庫

在本節中，我們將透過編寫「可重用的函式庫」來處理各種橫切關注點。它的功能有限，但是能為你提供所需的知識，以便根據自己的需要進一步擴展專案。你將建立的類別函式庫會是 .NET 的標準函式庫，因此，它可用於同時針對 .NET Framework 和 .NET Core 的應用程式。你還將建立一個 .NET Framework 控制台應用程式，以查看執行中的函式庫。

首先建立一個名為 CrossCuttingConcerns 的新 .NET 標準類別函式庫。然後，將一個 .NET Framework 控制台應用程式新增到名為 TestHarness 的解決方案之中。從快取開始，我們將新增「可重用的功能」來處理各種關注點。

新增快取關注點

「快取」（caching）是一種儲存技術，可以在存取各種資源時提高效能。使用的「快取」可以是記憶體、檔案系統或資料庫。你使用的快取類型將取決於專案的需求。在我們的範例中，我們將使用記憶體快取，讓事情保持簡單。

將一個名為 Caching 的資料夾新增到 CrossCuttingConcerns 專案之中。然後，新增一個名為 MemoryCache 的類別。將以下 NuGet 套件新增到專案之中：

- PostSharp
- PostSharp.Patterns.Common
- PostSharp.Patterns.Diagnostics
- System.Runtime.Caching

使用以下程式碼更新 MemoryCache 類別：

```
public static class MemoryCache {
    public static T GetItem<T>(string itemName, TimeSpan timeInCache,
Func<T> itemCacheFunction) {
        var cache = System.Runtime.Caching.MemoryCache.Default;
        var cachedItem = (T) cache[itemName];
        if (cachedItem != null) return cachedItem;
        var policy = new CacheItemPolicy {AbsoluteExpiration =
DateTimeOffset.Now.Add(timeInCache)};
        cachedItem = itemCacheFunction();
        cache.Set(itemName, cachedItem, policy);
        return cachedItem;
    }
}
```

GetItem() 方法使用「快取項目的名稱」itemName、「該項目在快取中被保留的時間長度」timeInCache，以及「一呼叫就能將項目放置到快取中的函數」itemCacheFunction（如果尚不存在的話）。將一個新類別新增到 TestHarness 專

案，並將其命名為 TestClass。然後，新增 GetCachedItem() 和 GetMessage() 方法，如下所示：

```
public string GetCachedItem() {
    return MemoryCache.GetItem<string>("Message", TimeSpan.FromSeconds(30),
GetMessage);
}

private string GetMessage() {
    return "Hello, world of cache!";
}
```

GetCachedItem() 方法從快取中取得一個名為 "Message" 的字串。如果它不在快取中，那麼它將透過 GetMessage() 方法在快取中儲存 30 秒鐘。

更新 Program 類別中的 Main() 方法以呼叫 GetCachedItem() 方法，如下所示：

```
var harness = new TestClass();
Console.WriteLine(harness.GetCachedItem());
Console.WriteLine(harness.GetCachedItem());
Thread.Sleep(TimeSpan.FromSeconds(1));
Console.WriteLine(harness.GetCachedItem());
```

第一次呼叫 GetCachedItem() 會將項目儲存在快取中，然後將其回傳。第二次呼叫會從快取中取得該項目並將其回傳。睡眠執行緒（sleeping thread）會使快取變得無效，因此，最後一次呼叫在將項目回傳之前，會將其儲存在快取中。

新增日誌記錄功能

在我們的專案中，日誌記錄（logging）、稽核（auditing）和檢測（instrumentation）過程會將其輸出傳送到文字檔案之中。因此，如果檔案不存在，我們將需要一個類別來管理新增檔案，然後將輸出新增到這些檔案中，並儲存它們。新增一個資料夾到名為 FileSystem 的類別函式庫中。然後，新增一個名為 LogFile 的類別。將此類別設定為 public static 並新增以下成員變數：

```
private static string _location = string.Empty;
private static string _filename = string.Empty;
private static string _file = string.Empty;
```

_location 變數被指派了作為入口組件（Assembly）的資料夾。_filename 變數被指派了帶有檔案副檔名的檔案名稱。我們需要在執行時新增 Logs 資料夾（如果不存在的話）。因此，我們將 AddDirectory() 方法新增到 FileSystem 類別之中：

```
private static void AddDirectory() {
    if (!Directory.Exists(_location))
        Directory.CreateDirectory("Logs");
}
```

AddDirectory() 方法檢查該位置是否存在。如果它不存在，那麼將建立資料夾。接下來，如果檔案不存在，我們需要進行「新增文件」。因此，新增 AddFile() 方法：

```
private static void AddFile() {
    _file = Path.Combine(_location, _filename);
    if (File.Exists(_file)) return;
    using (File.Create($"Logs\\{_filename}")) {


    }
}
```

在 AddFile() 方法中，我們將「位置」和「檔案名稱」結合在一起。如果檔案名稱已經存在，我們將退出該方法；否則，我們將建立檔案。如果不使用 using 敘述句，那麼在建立第一筆記錄時會遇到 IOException，但之後的儲存狀況會很好。因此，透過使用 using 敘述句，我們避免了例外並記錄了資料。現在，我們可以編寫一個將「資料」實際儲存到「檔案」之中的方法。新增 AppendTextToFile() 方法：

```
public static void AppendTextToFile(string filename, string text) {
    _location =
$"{Path.GetDirectoryName(Assembly.GetEntryAssembly()?.Location)}\\
Logs";
    _filename = filename;
    AddDirectory();
    AddFile();
    File.AppendAllText(_file, text);
}
```

AppendTextToFile() 方法採用檔案名稱和文字，並將位置設定為入口組件的位置。然後，確保檔案和資料夾存在。接著，它將文字儲存到指定的檔案之中。現在我們已經處理了檔案日誌記錄功能，接下來，讓我們討論日誌記錄關注點。

新增日誌記錄關注點

大多數應用程式都需要某種形式的日誌記錄。日誌記錄的常用之處是控制台、檔案系統、事件日誌（event log）和資料庫。在我們的專案中，我們僅關注控制台和文字檔案記錄。新增一個名為 Logging 的資料夾到類別函式庫。然後，新增一個名為 ConsoleLoggingAspect 的檔案，並按如下所示對其進行更新：

```
[PSerializable]
public class ConsoleLoggingAspect : OnMethodBoundaryAspect { }
```

[PSerializable] 屬性通知 PostSharp 生成序列化程序，這個序列化程序將由 PortableFormatter 使用。ConsoleLoggingAspect 繼承自 OnMethodBoundaryAspect。OnMethodBoundaryAspect 類別具有一些方法，可以讓我們在某些時候「覆寫」這些方法以新增程式碼，包含在「方法主體執行之前」、「方法主體執行之後」、「方法主體成功執行時」以及「遇到例外時」。我們將「覆寫」這些方法以將訊息輸出到控制台。當涉及除錯（debug），以查看程式碼「是否真正被呼叫」以及程式碼「是否成功完成」或「遇到例外」時，這可能是一個非常有用的工具。我們將從覆寫 OnEntry() 方法開始：

```
public override void OnEntry(MethodExecutionArgs args) {
    Console.WriteLine($"Method: {args.Method.Name}, OnEntry().");
}
```

OnEntry() 方法在我們的方法主體進行之前執行，而且我們的覆寫內容會印出「已執行的方法的名稱」及「它自己的名稱」。接下來，我們將覆寫 OnExit() 方法：

```
public override void OnExit(MethodExecutionArgs args) {
    Console.WriteLine($"Method: {args.Method.Name}, OnExit().");
}
```

OnExit() 方法在我們的方法主體完成執行之後執行，而且我們的覆寫內容會印出「已執行的方法的名稱」及「它自己的名稱」。現在，我們將新增 OnSuccess() 方法：

```
public override void OnSuccess(MethodExecutionArgs args) {
    Console.WriteLine($"Method: {args.Method.Name}, OnSuccess().");
}
```

OnSuccess() 方法在其所應用的方法主體完成之後執行，而且回傳時沒有例外。執行我們的覆寫內容時，它會印出「已執行方法的名稱」及「它自己的名稱」。我們將覆寫的最後一個方法是 OnException() 方法：

```
public override void OnException(MethodExecutionArgs args) {
    Console.WriteLine($"An exception was thrown in {args.Method.Name}.
{args}");
}
```

OnException() 方法在遇到例外時執行，在我們的覆寫內容中，我們印出「方法的名稱」和「參數的物件」。要應用該屬性，請使用 [ConsoleLoggingAspect]。要新增文字檔案日誌記錄 Aspect，請新增一個名為 TextFileLoggingAspect 的類別。除了「覆寫方法」的內容之外，TextFileLoggingAspect 與 ConsoleLoggingAspect是 相 同 的。OnEntry()、OnExit() 和 OnSuccess() 方 法 呼 叫 了 LogFile.AppendTextToFile() 方法，並將內容附加到 Log.txt 檔案之中。OnException() 方法執行相同的操作，只是將內容附加到 Exception.log 檔案。這是 OnEntry() 範例：

```
public override void OnEntry(MethodExecutionArgs args) {
    LogFile.AppendTextToFile("Log.txt", $"\nMethod: {args.Method.
Name},
OnEntry().");
}
```

這就是我們的日誌記錄所處理的。現在，我們將繼續新增例外關注點。

新增例外處理關注點

對於軟體而言，不可避免的是，軟體使用者必然會遇到「例外」。因此，需要某種方式來記錄它們。一般來說，記錄例外的方法是將「錯誤」儲存在使用者系統上的檔案之中，如 Exception.log，這就是我們在本節中要做的。我們將從 OnExceptionAspect類別繼承並將例外資料寫入 Exception.log 檔案，該檔案位於應用程式的 Logs 資料夾中。OnExceptionAspect 將標記的方法包裝在 try/catch 區塊之中。新增一個新資料夾到名為 Exceptions 的類別函式庫中，然後使用以下程式碼新增一個名為ExceptionAspect 的檔案：

```
[PSerializable]
public class ExceptionAspect : OnExceptionAspect {
    public string Message { get; set; }
```

```
    public Type ExceptionType { get; set; }
    public FlowBehavior Behavior { get; set; }

    public override void OnException(MethodExecutionArgs args) {
        var message = args.Exception != null ? args.Exception.Message :
"Unknown error occured.";
        LogFile.AppendTextToFile(
            "Exceptions.log", $"\n{DateTime.Now}: Method: {args.Method},
Exception: {message}"
        );
        args.FlowBehavior = FlowBehavior.Continue;
    }

    public override Type GetExceptionType(System.Reflection.MethodBase
targetMethod) {
        return ExceptionType;
    }
}
```

ExceptionAspect 類別被指派了 [PSerializable] 的 Aspect，並繼承自 OnExceptionAspect。我們具有三個屬性（property）：message、ExceptionType 和 FlowBehavior。message 包含了例外訊息；ExceptionType 包含了遇到的例外類型；而 FlowBehavior 則是當例外出現並被處置時，能決定「原執行」是否繼續，或是該處理程序是否終止。GetExceptionType() 方法回傳了拋出的例外類型。OnException() 方法從建置錯誤訊息開始。然後，它透過呼叫 LogFile.AppendTextToFile() 將例外記錄到檔案之中。最後，將例外行為的流程設定為「繼續」（continue）。

使用 [ExceptionAspect] 的 Aspect 要做的所有事情，就是將其新增為方法的屬性（attribute）。目前我們已討論了例外處理。因此，我們將繼續新增安全性關注點。

新增安全性關注點

「安全性」的需求對於正在處理的專案來說是特定的。最常見的關注點是對使用者進行身分驗證和授權，以存取和使用系統的各個部分。在本節中，我們將使用裝飾器模式，透過「基於角色的方法」來實作安全元件。

「安全性」本身是一個非常大的主題，超出了本書的討論範圍。有很多不錯的 API，例如各種 Microsoft API。更多資訊，請參閱 **https://docs.microsoft.com/en-us/dotnet/standard/security/**。關於 OAuth 2.0，請參閱 **https://oauth.net/code/dotnet/**。我們將讓你選擇並實作自己的安全性方法。在本章中，我們僅使用裝飾器模式新增我們自己的自訂安全性。你可以「以此為基礎」來實作上述任何一種安全性方法。

新增一個名為 Security 的新資料夾，並對其新增一個名為 ISecureComponent 的介面：

```
public interface ISecureComponent {
    void AddData(dynamic data);
    int EditData(dynamic data);
    int DeleteData(dynamic data);
    dynamic GetData(dynamic data);
}
```

我們的安全元件介面包含上述四種方法，這是不言而喻的。dynamic 關鍵字表示可以將「任何類型的資料」作為參數來傳遞，而且可以從 GetData() 方法回傳「任何類型的資料」。接下來，我們需要一個抽象類別來實作該介面。新增一個名為 DecoratorBase 的類別，如下所示：

```
public abstract class DecoratorBase : ISecureComponent {
    private readonly ISecureComponent _secureComponent;

    public DecoratorBase(ISecureComponent secureComponent) {
        _secureComponent = secureComponent;
    }
}
```

DecoratorBase 類別實作了 ISecureComponent。我們宣告一個 ISecureComponent 類型的成員變數，並將其設定為「預設建構函式」。我們需要新增 ISecureComponent 所缺少的方法。新增 AddData() 方法：

```
public virtual void AddData(dynamic data) {
    _secureComponent.AddData(data);
}
```

此方法將取得「任何類型的資料」，然後將其傳遞給「_secureComponent 的 AddData() 方法」的呼叫之中。新增缺少的方法給 EditData()、DeleteData() 和 GetData()。現在，新增一個名為 ConcreteSecureComponent 的類別，該類別實作了 ISecureComponent。對於每種方法，都將一則訊息寫入控制台。對於 DeleteData() 和 EditData() 方法，都回傳 1。對於 GetData()，則回傳 "Hi!"。ConcreteSecureComponent 類別是執行「我們感興趣的安全工作」的類別。

我們需要一種方法，來驗證使用者並取得他們的角色。在執行任何方法之前，角色都會先被檢查。因此，新增以下結構：

```
public readonly struct Credentials {
    public static string Role { get; private set; }

    public Credentials(string username, string password) {
        switch (username)
        {
            case "System" when password == "Administrator":
                Role = "Administrator";
                break;
            case "End" when password == "User":
                Role = "Restricted";
                break;
            default:
                Role = "Imposter";
                break;
        }
    }
}
```

為簡單起見，該結構使用了「使用者名稱」和「密碼」並設定適當的角色。受限制的使用者（Restricted User），他的特權比管理員（Administrator）少。關於安全性的最後一個類別是 ConcreteDecorator 類別。新增此類別，如下所示：

```
public class ConcreteDecorator : DecoratorBase {
    public ConcreteDecorator(ISecureComponent secureComponent) :
base(secureComponent) { }
}
```

ConcreteDecorator 類別繼承了 DecoratorBase 類別。我們的建構函式採用了 ISecureComponent 類型，並將其傳遞給基礎類別。新增 AddData() 方法：

```
public override void AddData(dynamic data) {
    if (Credentials.Role.Contains("Administrator") ||
Credentials.Role.Contains("Restricted")) {
        base.AddData((object)data);
    } else {
        throw new UnauthorizedAccessException("Unauthorized");
    }
}
```

AddMethod() 根據「被允許的 Administrator 和 Restricted 角色」來檢查使用者角色。如果使用者是這些角色之一，那麼 AddData() 方法會在基礎類別中執行；否則，將拋出 UnauthorizedAccessException 例外。其餘方法都遵循相同的模式。覆寫其餘方法，但請確保 DeleteData() 方法只能由「管理員」來執行。

現在，我們將解決我們的安全性問題。將以下這幾行程式碼新增到 Program 類別的頂端：

```
private static readonly ConcreteDecorator ConcreteDecorator = new
ConcreteDecorator(
    new ConcreteSecureComponent()
);
```

我們正在宣告並實例化一個具體的裝飾物件，並傳入具體的安全物件。該物件將在我們的資料方法中被參照。更新 Main() 方法，如下所示：

```
private static void Main(string[] _) {
    // ReSharper disable once ObjectCreationAsStatement
    new Credentials("End", "User");
    DoSecureWork();
    Console.WriteLine("Press any key to exit.");
    Console.ReadKey();
}
```

我們將「使用者名稱」和「密碼」指派給 Credentials 結構。這會讓 Role 被設定。然後，我們呼叫 DoWork() 方法。DoWork() 方法將負責呼叫資料方法。然後，我們暫停，並等待使用者按下任意鍵退出。新增 DoWork() 方法：

```
private static void DoSecureWork() {
    AddData();
    EditData();
    DeleteData();
    GetData();
}
```

DoSecureWork()方法呼叫了「在具體裝飾器上呼叫資料方法」的每一個資料方法。新增 AddData()方法：

```
[ExceptionAspect(consoleOutput: true)]
private static void AddData() {
    ConcreteDecorator.AddData("Hello, world!");
}
```

[ExceptionAspect] 應用於 AddData() 方法。這將確保所有錯誤都被記錄到 Exceptions.log 檔案之中。該參數設定為 true，因此，錯誤訊息也將印在控制台視窗之中。該方法本身在 ConcreteDecorator 類別上呼叫了 AddData() 方法。按照相同的步驟新增其餘方法。然後，執行你的程式碼。你應該會看到以下輸出：

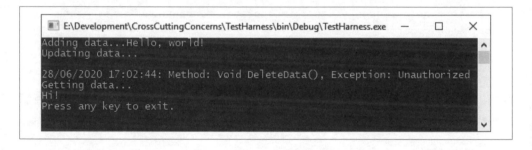

現在，我們有了一個基於角色的有效物件，並帶有例外處理的能力。我們的下一步是實作我們的驗證關注點。

新增驗證關注點

所有使用者輸入的資料都應該被「驗證」（validated），因為它們可能是惡意的、不完整的或格式錯誤的。你需要確保你的資料是整潔的，而且不會造成傷害。為了示範，我們將實作 null 驗證。首先，新增一個名為 Validation 的資料夾到類別函式庫中。接著，新增一個名為 AllowNullAttribute 的新類別：

```
[AttributeUsage(AttributeTargets.Parameter | AttributeTargets.ReturnValue |
AttributeTargets.Property)]
public class AllowNullAttribute : Attribute { }
```

此屬性允許「參數」、「回傳值」和「屬性」（property）為 null。現在，新增
ValidationFlags 列舉（enum）到同名的新檔案中：

```
[Flags]
public enum ValidationFlags {
    Properties = 1,
    Methods = 2,
    Arguments = 4,
    OutValues = 8,
    ReturnValues = 16,
    NonPublic = 32,
    AllPublicArguments = Properties | Methods | Arguments,
    AllPublic = AllPublicArguments | OutValues | ReturnValues,
    All = AllPublic | NonPublic
}
```

這些 flag（旗標）用於確定 Aspect 可以應用於哪些專案之中。接下來，我們將新增一
個名為 ReflectionExtensions 的類別：

```
public static class ReflectionExtensions {
    private static bool IsCustomAttributeDefined<T>(this
ICustomAttributeProvider value) where T
        : Attribute {
        return value.IsDefined(typeof(T), false);
    }

    public static bool AllowsNull(this ICustomAttributeProvider value) {
        return value.IsCustomAttributeDefined<AllowNullAttribute>();
    }

    public static bool MayNotBeNull(this ParameterInfo arg) {
        return !arg.AllowsNull() && !arg.IsOptional &&
!arg.ParameterType.IsValueType;
    }
}
```

如果在此成員上定義了屬性型別（attribute type），那麼 `IsCustomAttributeDefined()` 方法將回傳 true，否則會回傳 false。如果 `[AllowNull]` 屬性已經被應用了，那麼 `AllowsNull()` 方法將回傳 true，否則會回傳 false。`MayNotBeNull()` 方法檢查「是否允許使用 null 值」、「該參數是否可選（optional）」以及「該參數是什麼型別的值」。然後，透過對這些值執行「邏輯 AND 運算」來回傳布林值。現在可以新增 `DisallowNonNullAspect` 了：

```
[PSerializable]
public class DisallowNonNullAspect : OnMethodBoundaryAspect {
    private int[] _inputArgumentsToValidate;
    private int[] _outputArgumentsToValidate;
    private string[] _parameterNames;
    private bool _validateReturnValue;
    private string _memberName;
    private bool _isProperty;

    public DisallowNonNullAspect() : this(ValidationFlags.AllPublic) { }

    public DisallowNonNullAspect(ValidationFlags validationFlags) {
        ValidationFlags = validationFlags;
    }

    public ValidationFlags ValidationFlags { get; set; }
}
```

此類別具有 `[PSerializable]` 屬性（attribute），該屬性用於通知 PostSharp 生成 `PortableFormatter` 的序列化程序。它還繼承了 `OnMethodBoundaryAspect` 類別。然後，我們宣告變數，來將「輸入和輸出參數」儲存為經過驗證的參數名稱、回傳值驗證和成員名稱，並檢查要驗證的項目是否為屬性（property）。預設的建構函式會被配置為「允許」將驗證器應用於所有的公共成員（public member）。我們還有一個採用 `ValidationFlags` 值和 `ValidationFlags` 屬性（property）的建構函式。現在，我們將覆寫 `CompileTimeValidate()` 方法：

```
public override bool CompileTimeValidate(MethodBase method) {
    var methodInformation = MethodInformation.GetMethodInformation(method);
    var parameters = method.GetParameters();

    if (!ValidationFlags.HasFlag(ValidationFlags.NonPublic) &&
!methodInformation.IsPublic) return false;
```

```
    if (!ValidationFlags.HasFlag(ValidationFlags.Properties) &&
methodInformation.IsProperty)
        return false;
    if (!ValidationFlags.HasFlag(ValidationFlags.Methods) &&
!methodInformation.IsProperty) return false;
    _parameterNames = parameters.Select(p => p.Name).ToArray();
    _memberName = methodInformation.Name;
    _isProperty = methodInformation.IsProperty;

    var argumentsToValidate = parameters.Where(p =>
p.MayNotBeNull()).ToArray();

    _inputArgumentsToValidate =
ValidationFlags.HasFlag(ValidationFlags.Arguments) ?
argumentsToValidate.Where(p => !p.IsOut).Select(p => p.Position).
ToArray() : new int[0];

    _outputArgumentsToValidate =
ValidationFlags.HasFlag(ValidationFlags.OutValues) ?
argumentsToValidate.Where(p => p.ParameterType.IsByRef).Select(p =>
p.Position).ToArray() : new int[0];

    if (!methodInformation.IsConstructor) {
        _validateReturnValue =
ValidationFlags.HasFlag(ValidationFlags.ReturnValues) &&
methodInformation.ReturnParameter.MayNotBeNull();
    }

    var validationRequired = _validateReturnValue ||
_inputArgumentsToValidate.Length > 0 || _outputArgumentsToValidate.Length >
0;

    return validationRequired;
}
```

此方法確保在編譯時正確應用 Aspect。如果將 Aspect 應用於錯誤的成員型別，將回傳 false；否則，它會回傳 true。現在，我們覆寫 OnEntry() 方法：

```
public override void OnEntry(MethodExecutionArgs args) {
    foreach (var argumentPosition in _inputArgumentsToValidate) {
        if (args.Arguments[argumentPosition] != null) continue;
```

```
        var parameterName = _parameterNames[argumentPosition];

        if (_isProperty) {
            throw new ArgumentNullException(parameterName,
                $"Cannot set the value of property '{_memberName}' to
null.");
        } else {
            throw new ArgumentNullException(parameterName);
        }
    }
}
```

此方法會檢查「輸入參數」以進行驗證。如果任何參數為 null，將拋出
ArgumentNullException；否則，該方法將退出且不會拋出例外。現在讓我們覆寫
OnSuccess() 方法：

```
public override void OnSuccess(MethodExecutionArgs args) {
    foreach (var argumentPosition in _outputArgumentsToValidate) {
        if (args.Arguments[argumentPosition] != null) continue;
        var parameterName = _parameterNames[argumentPosition];
        throw new InvalidOperationException($"Out parameter
'{parameterName}' is null.");
    }

    if (!_validateReturnValue || args.ReturnValue != null) return;

    if (_isProperty) {
        throw new InvalidOperationException($"Return value of property
'{_memberName}' is null.");
    }
    throw new InvalidOperationException($"Return value of method
'{_memberName}' is null.");
}
```

OnSuccess() 方法檢查「輸出參數」以進行驗證。如果任何參數為 null，將拋出
InvalidOperationException。我們需要做的下一件事是新增 private class 以提取
方法資訊。在右括號的前面，將以下類別新增到 DisallowNonNullAspect 類別的底
部：

```
private class MethodInformation { }
```

將以下三個建構函式新增到 MethodInformation 類別之中：

```
private MethodInformation(ConstructorInfo constructor) :
this((MethodBase)constructor) {
    IsConstructor = true;
    Name = constructor.Name;
}


private MethodInformation(MethodInfo method) : this((MethodBase)method) {
    IsConstructor = false;
    Name = method.Name;
    if (method.IsSpecialName &&
    (Name.StartsWith("set_", StringComparison.Ordinal) ||
    Name.StartsWith("get_", StringComparison.Ordinal))) {
        Name = Name.Substring(4);
        IsProperty = true;
    }
    ReturnParameter = method.ReturnParameter;
}


private MethodInformation(MethodBase method)
{
    IsPublic = method.IsPublic;
}
```

這些建構函式區分了建構函式和方法，並執行了方法的必要初始化。新增以下方法：

```
private static MethodInformation CreateInstance(MethodInfo method) {
    return new MethodInformation(method);
}
```

CreateInstance() 方法根據「傳入的方法的 MethodInfo 資料」建立了 MethodInformation 類別的新實例，然後回傳該實例。新增 GetMethodInformation() 方法：

```
public static MethodInformation GetMethodInformation(MethodBase methodBase)
{
    var ctor = methodBase as ConstructorInfo;
    if (ctor != null) return new MethodInformation(ctor);
    var method = methodBase as MethodInfo;
    return method == null ? null : CreateInstance(method);
}
```

此方法將 methodBase 強制轉換為 ConstructorInfo 並檢查是否為 null。如果 ctor 不是 null，則根據建構函式生成一個新的 MethodInformation 類別；但如果 ctor 是 null，則 methodBase 會被強制轉換為 MethodInfo。如果該方法不為 null，則呼叫 CreateInstance() 方法，並傳入該方法；否則會回傳 null。最後，將以下屬性（property）新增到類別之中：

```
public string Name { get; private set; }
public bool IsProperty { get; private set; }
public bool IsPublic { get; private set; }
public bool IsConstructor { get; private set; }
public ParameterInfo ReturnParameter { get; private set; }
```

這些屬性是「應用了 Aspect 的方法」的屬性。我們已經編寫並完成了驗證的 Aspect。現在，你可以使用驗證器（validator），透過附加 [AllowNull] 屬性來允許 null 值。你可以透過附加 [DisallowNonNullAspect] 來禁止 null。接下來，我們將新增交易關注點。

新增交易關注點

交易（transaction）就是必須「一路執行到完成（completion）或回復（rollback）」的程序（process）。新增一個新資料夾到名為 Transactions 的類別函式庫中，然後新增 RequiresTransactionAspect 類別：

```
[PSerializable]
[AttributeUsage(AttributeTargets.Method)]
public sealed class RequiresTransactionAspect : OnMethodBoundaryAspect {
    public override void OnEntry(MethodExecutionArgs args) {
        var transactionScope = new
TransactionScope(TransactionScopeOption.Required);
        args.MethodExecutionTag = transactionScope;
    }

    public override void OnSuccess(MethodExecutionArgs args) {
        var transactionScope = (TransactionScope)args.MethodExecutionTag;
        transactionScope.Complete();
    }

    public override void OnExit(MethodExecutionArgs args) {
        var transactionScope = (TransactionScope)args.MethodExecutionTag;
```

```
        transactionScope.Dispose();
    }
}
```

OnEntry() 方法會啟動交易；OnSuccess() 方法會完成例外；而 OnExit() 方法則是處理（dispose）交易。要使用 Aspect，請新增 [RequiresTransactionAspect] 到你的方法之中。要記錄任何阻止交易完成的例外，你還可以指派 [ExceptionAspect(consoleOutput: false)] 的 Aspect。接下來，我們將新增資源池關注點。

新增資源池關注點

當建立和銷毀一個物件的多個實例時，資源池（resource pool）是提高效能的好方法。我們將為我們的需求建立一個非常簡單的資源池。新增一個名為 ResourcePooling 的資料夾，然後新增 ResourcePool 類別：

```
public class ResourcePool<T> {
    private readonly ConcurrentBag<T> _resources;
    private readonly Func<T> _resourceGenerator;

    public ResourcePool(Func<T> resourceGenerator) {
        _resourceGenerator = resourceGenerator ??
                             throw new
ArgumentNullException(nameof(resourceGenerator));
        _resources = new ConcurrentBag<T>();
    }

    public T Get() => _resources.TryTake(out T item) ? item :
_resourceGenerator();
    public void Return(T item) => _resources.Add(item);
}
```

此類別建立一個「新的資源生成器」，並將資源儲存在 ConcurrentBag 之中。當請求某個項目時，它會從資源池中發出資源。如果該項目不存在，那麼將會建立它，新增到池中，並發布給呼叫方：

```
var pool = new ResourcePool<Course>(() => new Course()); // Create a new
pool of Course objects.
```

```
var course = pool.Get(); // Get course from pool.
pool.Return(course); // Return the course to the pool.
```

你剛剛看到的程式碼向你展示了如何使用 ResourcePool 類別建立資源池、取得資源，以及將其回傳到資源池中。

新增配置設定關注點

「配置設定」（configuration setting）應該永遠集中化（centralized）。由於桌面應用程式將其「設定」儲存在 app.config 檔案之中，而 Web 應用程式將其「設定」儲存在 Web.config 之中，因此，我們可以使用 ConfigurationManager 來存取應用程式設定。將 System.Configuration.Configuration 的 NuGet 函式庫新增到你的類別函式庫中，並且測試。然後，新增一個名為 Configuration 的資料夾和以下的 Settings 類別：

```
public static class Settings {
    public static string GetAppSetting(string key) {
        return System.Configuration.ConfigurationManager.AppSettings[key];
    }

    public static void SetAppSettings(this string key, string value) {
        System.Configuration.ConfigurationManager.AppSettings[key] = value;
    }
}
```

此類別將在 Web.config 檔案和 App.config 檔案中「取得」並「設定」應用程式的設定。要將類別包含在檔案中，請新增以下 using 敘述句：

```
using static CrossCuttingConcerns.Configuration.Settings;
```

以下程式碼顯示了如何使用這些方法：

```
Console.WriteLine(GetAppSetting("Greeting"));
"Greeting".SetAppSettings("Goodbye, my friends!");
Console.WriteLine(GetAppSetting("Greeting"));
```

使用靜態匯入，你不必包含 class 前綴（prefix）。你可以擴展 Settings 類別，以取得「連接字串」，或在應用程式中進行所需的任何配置。

新增檢測關注點

我們最後一個橫切關注點是「檢測」（instrumentation）。我們使用檢測來分析我們的應用程式，並查看執行方法需要多長時間。新增一個名為 Instrumentation 的資料夾到類別函式庫中，然後新增 InstrumentationAspect 類別，如下所示：

```
[PSerializable]
[AttributeUsage(AttributeTargets.Method)]
public class InstrumentationAspect : OnMethodBoundaryAspect {
    public override void OnEntry(MethodExecutionArgs args) {
        LogFile.AppendTextToFile("Profile.log",
            $"\nMethod: {args.Method.Name}, Start Time: {DateTime.Now}");
        args.MethodExecutionTag = Stopwatch.StartNew();
    }

    public override void OnException(MethodExecutionArgs args) {
        LogFile.AppendTextToFile("Exception.log",
            $"\n{DateTime.Now}: {args.Exception.Source} -
{args.Exception.Message}");
    }

    public override void OnExit(MethodExecutionArgs args) {
        var stopwatch = (Stopwatch)args.MethodExecutionTag;
        stopwatch.Stop();
        LogFile.AppendTextToFile("Profile.log",
            $"\nMethod: {args.Method.Name}, Stop Time: {DateTime.Now},
Duration: {stopwatch.Elapsed}");
    }
}
```

如你所見，檢測 Aspect 僅應用於方法、記錄該方法的開始和結束時間，並將配置檔案資訊記錄到 Profile.log 檔案之中。如果遇到例外，則將該例外記錄到 Exception.log 檔案之中。

現在，我們有了一個功能強大且可重用的「橫切關注點」函式庫。讓我們總結一下我們在本章中學到的知識。

小結

我們已經學到了一些有價值的資訊。我們首先討論了裝飾器模式，然後是代理模式。代理模式提供的物件可以取代「客戶端使用的真實服務物件」。proxy 可接收客戶的請求，執行必要的工作，然後將請求傳遞給服務物件。由於 proxy 與「它們所替代的服務」共享相同的介面，因此它們是可互換的。

在介紹了代理模式之後，我們接著探討 AOP 如何與 PostSharp 一起使用。我們看到了如何同時使用 Aspect 和屬性（attribute）來「裝飾」程式碼，以便在編譯時「注入」程式碼以執行所需的操作，例如：例外處理、日誌記錄、稽核和安全性。我們藉由開發自己的 Aspect 來擴展 Aspect 框架，並研究如何使用 PostSharp 和裝飾器模式來解決配置管理、日誌記錄、稽核、安全性、驗證、例外處理、檢測、交易、資源池、快取、執行緒和同步。

在下一章中，我們將研究「如何使用工具」來幫助你提升程式碼品質。但是在繼續閱讀之前，讓我們測試一下你學到的知識吧。

練習題

1. 橫切關注點是什麼？ AOP 代表什麼？
2. Aspect 是什麼？如何應用它？
3. 屬性（attribute）是什麼？如何應用它？
4. Aspect 和屬性（attribute）如何協同工作？
5. 建置過程如何與各個 Aspect 協同工作？

延伸閱讀

- PostSharp 的首頁：https://www.postsharp.net/

12

使用工具以提升程式碼品質

作為程式設計師，提升程式碼品質是你的首要考量之一。提升程式碼品質需要使用各種工具。用於改善你的程式碼並加快開發速度的工具包括「程式碼指標」（code metrics）、「快速操作」（quick action）、JetBrains dotTrace 分析器（profiler）、JetBrains ReSharper 和 Telerik JustDecompile。

以下是本章要完成的主要工作，包含以下主題：

- 定義高品質的程式碼
- 執行程式碼清理（cleanup）及計算「程式碼指標」
- 執行程式碼分析（code analysis）
- 使用「快速操作」
- 使用 JetBrains dotTrace 分析器
- 使用 JetBrains ReSharper
- 使用 Telerik JustDecompile

讀完本章，你將取得以下技能：

- 使用「程式碼指標」，衡量軟體的複雜性和可維護性
- 使用「快速操作」，透過單一命令進行更改
- 使用 JetBrains dotTrace 對程式碼進行效能分析並分析瓶頸
- 使用 JetBrains ReSharper 重構程式碼
- 使用 Telerik JustDecompile 反編譯程式碼並生成解決方案

技術要求

- 本書的原始碼：https://github.com/PacktPublishing/Clean-Code-in-C-
- Visual Studio 2019 Community Edition 或更高版本：https://visualstudio.microsoft.com/downloads/
- Telerik JustDecompile：https://www.telerik.com/products/decompiler.aspx
- JetBrains ReSharper Ultimate：https://www.jetbrains.com/resharper/download/#section=resharper-installer

定義高品質的程式碼

良好的程式碼品質是相當重要的軟體屬性。壞品質程式碼可能導致財務損失、時間和精力的浪費，甚至死亡。高標準的程式碼將具有 **PASSMADE** 的品質：Performance（效能）、Availability（可用性）、Security（安全性）、Scalability（可擴充性）、Maintainability（可維護性）、Accessibility（輔助性，又譯無障礙）、Deployability（可部署性）和 Extensibility（可擴展性）。

具效能的程式碼是很小的，只會執行所需的操作，而且速度非常快。具效能的程式碼不會使系統停滯不前。使系統陷入癱瘓的原因包含了「檔案的輸入／輸出（input/output，I/O）操作」、「記憶體使用情況」和「中央處理器（central processing unit，CPU）使用情況」。效能低下的程式碼是「重構」的候選者。

可用性代表軟體在「要求的效能水準」上是連續可用的。可用性是「**軟體執行的時間**」（time the software is functional，**tsf**）與「**預期執行的總時間**」（total time it is expected to function，**ttef**）之間的比率，舉例來說，tsf = 700、ttef = 744 代表可用性為 700/744 = 0.9409 = 94.09%。

安全的程式碼是可以正確驗證輸入，以防止「無效資料格式」、「無效範圍資料」和「惡意攻擊」，並且完全驗證和授權其使用者的程式碼。安全的程式碼也是容錯（fault-tolerant）的程式碼。舉例來說，如果你在將錢從一個帳戶轉移到另一個帳戶的過程中遭遇系統當機（crash），那麼此操作應確保資料完整，而且沒有從相關帳戶中取走任何款項。

可擴充的程式碼是可以安全處理「使用系統的使用者數量呈指數成長」的程式碼，而不會導致系統停頓下來。因此，無論軟體每小時處理一個請求還是每小時處理一百萬個請求，程式碼的效能都不會降低，也不會因為過多的負載而導致停機（downtime）。

可維護性指的是「修復錯誤」和「新增新功能」時有多麼容易。可維護的程式碼應井井有條，易於閱讀。應該具有低耦合度和高內聚性，以便可以輕鬆地維護和擴展程式碼。

無障礙的程式碼是讓「能力有限的人」根據自己的需求輕鬆修改和使用的程式碼。範例包括具有高對比度的使用者介面、針對閱讀障礙者和視覺障礙者所設計的朗讀程式（narrator）等等。

可部署性著重在軟體的使用者——這些使用者是獨立使用者、遠端存取使用者還是本地網路使用者？無論使用者是哪種類型，該軟體都應易於部署且沒有任何問題。

可擴展性指的是透過「新增新功能」來擴展應用程式有多麼容易。「義大利麵條式的程式碼」和「低內聚性的高度耦合程式碼」使此操作變得非常困難，且容易出錯。這樣的程式碼很難閱讀和維護，且不容易擴展。因此，可擴展的程式碼是易於閱讀、易於維護、也因此易於新增新功能的程式碼。

從高品質程式碼的 PASSMADE 要求中，你可以輕鬆推斷，未能滿足這些要求可能引起的各種問題。無法滿足這些要求將導致效能不佳的程式碼，而這些程式碼會變得令人沮喪且無法使用。客戶會因停機時間增加而感到煩惱；駭客將利用不安全程式碼中的漏洞；隨著更多使用者被新增到系統中，該軟體將呈現指數級降級（degrade exponentially）；程式碼可能會變得很難修復或擴展，且在某些情況下會完全無法修復或擴展；能力有限的使用者因為自身的限制，將無法修改軟體；而部署將是配置惡夢。

「程式碼指標」（code metrics）能挽救此情勢。「程式碼指標」讓開發人員能夠衡量程式碼的複雜性和可維護性，進而幫助我們確定可重構的程式碼。

借助快速操作，你可以使用單一命令來重構 C# 程式碼，例如將程式碼提取到其自身的方法之中。JetBrains dotTrace 允許你分析程式碼並查詢效能瓶頸。此外，JetBrains ReSharper 是 Visual Studio 擴充套件，讓你能夠分析程式碼品質並檢測程式碼「臭味」，強制執行程式碼撰寫標準並重構程式碼。Telerik JustDecompile 可以幫助你反

編譯現有程式碼以進行故障排除，並從中建立**中介語言**（Intermediate Language，**IL**）、C# 和 VB.NET 專案。如果你不再擁有原始碼而且需要維護或擴展已編譯的程式碼，這將非常有幫助。你甚至可以為已編譯的程式碼生成 debug 符號。

讓我們從「程式碼指標」開始，更深入地研究剛才所提到的工具。

執行程式碼清理及計算程式碼指標

在研究如何收集「程式碼指標」之前，我們首先需要知道它們是什麼，以及為什麼它們對我們有用。「程式碼指標」主要與軟體複雜性和可維護性有關。它們幫助我們了解如何改善原始碼的可維護性並降低原始碼的複雜性。

Visual Studio 2019 為你計算的「程式碼指標」包括以下內容：

- **可維護性指數**（**Maintainability Index**）：程式碼可維護性是**應用程式生命週期管理**（Application Lifecycle Management，**ALM**）的重要組成部分。在軟體使用壽命到期之前，必須對其進行維護。Codebase 維護的難度越大，在需要完全置換之前，原始碼的壽命就越短。與維護現有系統相比，編寫新軟體來置換故障系統要花費更多的時間，而且成本更高。程式碼可維護性的度量計算被稱作「可維護性指數」。該值是 0 到 100 之間的整數值。以下是「可維護性指數」的等級、顏色及其涵義：
    - » 任何「大於或等於 20」的值具有「綠色」等級的良好可維護性。
    - » 中等程度的可維護程式碼則在「10 到 19 之間」，具有「黃色」等級。
    - » 任何「低於 10」的值則具有「紅色」等級，表示很難維護。
- **循環複雜度**（**Cyclomatic Complexity**）：也被稱作「程式碼複雜度」，這是指軟體中的各種程式碼路徑。路徑越多，軟體越複雜。軟體越複雜，測試和維護就越困難。複雜的程式碼可能導致發布更多易於出錯的軟體，並使維護和擴展軟體變得困難。因此，建議將「程式碼複雜度」降至最低。
- **繼承深度**（**Depth of Inheritance**）：「繼承深度」和「類別耦合」這兩個指標受到熱門程式設計範式「物件導向程式設計」（OOP）的影響。使用 OOP，類別可以繼承其他類別。被繼承的類別被稱為基礎類別（base class）。從基礎類別繼承的類別被稱為子類別（subclass）。相互繼承的類別數量指標，就是「繼承深度」。

繼承的等級越深，如果在基礎類別之一中進行了某些更改，則衍生類別中出現錯誤的機會就越大。理想的「繼承深度」是 1。

- **類別耦合**（**Class Coupling**）：OOP 允許「類別耦合」。當類別被「一個參數、一個區域變數、一個回傳的型別、一個方法呼叫、一個泛型（generic）或樣板實例化、基礎類別、介面實作、在附加型別上定義的欄位，以及屬性修飾」直接參照時，將發生「類別耦合」。

「類別耦合」這個程式碼指標確定類別之間的耦合等級。為了使程式碼更易於維護和擴展，應將「類別耦合」保持在絕對最低限度（absolute minimum）。在 OOP 中，實作此目標的一種方法是使用「基於介面的程式設計」。這樣一來，你可以避免直接存取類別。這種程式設計方法的好處是，只要類別實作相同的介面，就可以將它們交換進入和交換出去（swap classes in and out）。品質差的程式碼具有較高的耦合度和較低的內聚力；品質好的程式碼具有較低的耦合度和較高的內聚力。

 理想情況下，軟體應具有較高的內聚力和較低的耦合度，因為它會使程式更易於測試、維護和擴展。

- **原始碼行數**（**Lines of Source Code**）：原始碼行的完整計數（包括空行），由原始碼行指標來衡量。
- **可執行程式碼行數**（**Lines of Executable Code**）：可執行程式碼中的操作度量，由可執行程式碼指標來衡量。

現在你已經了解什麼是「程式碼指標」，還有 Visual Studio 2019 16.4 及更高版本中可用的度量標準，是時候查看它們的實際應用了，如下所示：

1. 在 Visual Studio 中打開所需的任何專案。
2. 以滑鼠右鍵點擊專案。
3. 選擇 **Analyze and Code Cleanup | Run Code Cleanup (Profile 1)**，如以下螢幕截圖所示：

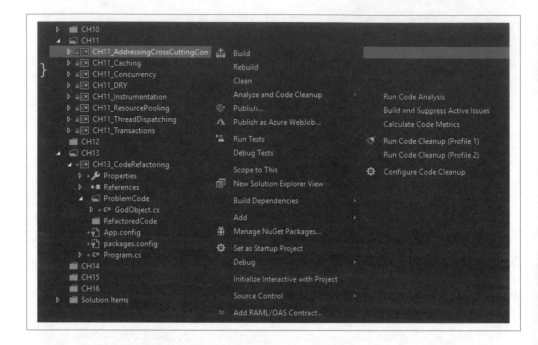

4. 現在，選擇 **Calculate Code Metrics**。

5. 出現 **Code Metrics Results** 視窗，如以下螢幕截圖所示：

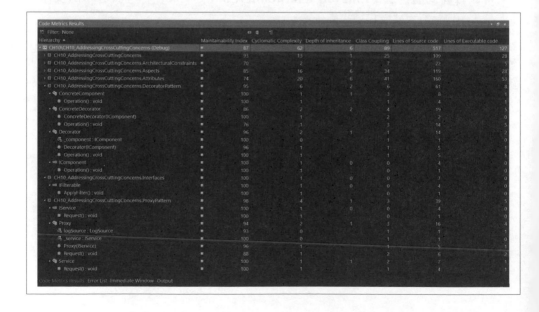

從螢幕截圖中可以看到,我們所有的類別、介面和方法都用「綠色」指示器標記。這表示所選專案是可維護的專案。如果這些當中的任何一條被標記為「黃色」或「紅色」,就需要找出它們並對其進行重構,使其變為「綠色」。好了,我們已經介紹了「程式碼指標」,因此自然而然地,我們繼續討論程式碼分析。

執行程式碼分析

為了幫助開發人員識別其原始碼中的潛在問題,Microsoft 提供了「**Code Analysis**（程式碼分析）工具」作為 Visual Studio 的一部分。**Code Analysis** 執行靜態原始碼分析。該工具將識別「設計缺陷」、「全球化（globalization）問題」、「安全問題」、「效能問題」和「互通性（interoperability）問題」。

選擇 **CH11_AddressingCrossCuttingConcerns** 專案。然後,從 **Project** 選單中,選擇 **Project |CH11_AddressingCrossCuttingConcerns | Properties**。在此專案的屬性頁面上,選擇 **Code Analysis**,如以下螢幕截圖所示:

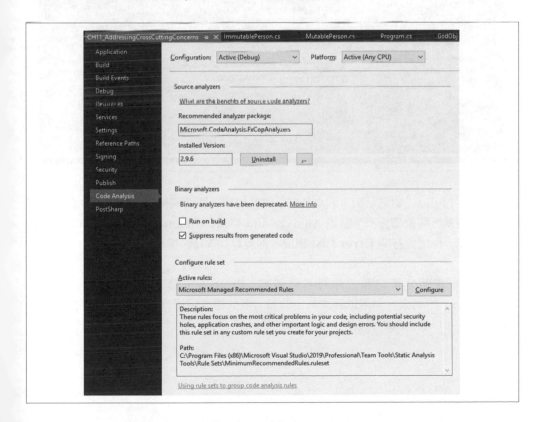

如前面的螢幕截圖所示，如果你發現你沒有安裝推薦的分析器套件，請點擊 **Install** 進行安裝。安裝後，版本編號將顯示在已安裝的版本框框中。以我的情形來說是版本 **2.9.6**。預設情況下，使用中的規則（Active rules）是 **Microsoft Managed Recommended Rules**。如說明（Description）中所示，此規則集的位置為 **C:\ Program Files (x86)\Microsoft Visual Studio\2019\Professional\TeamTools\ Static Analysis Tools\Rule Sets\MinimumRecommendedRules.ruleset**。開啟檔案。Visual Studio 工具視窗，如下所示：

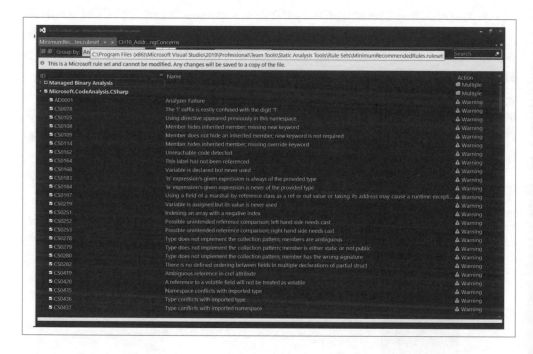

如前所示，你可以「勾選」和「取消勾選」這些規則。關閉視窗時，將提示你儲存所有的更改。要執行程式碼分析，請到 **Analyze and Code Cleanup | Code Analysis**。為了查看結果，你需要打開 **Error List** 視窗。你可以從 **View** 選單中打開它。

在執行了程式碼分析之後，你將看到錯誤（Errors）、警告（Warnings）和訊息（Messages）的列表。你可以解決其中的每一個問題，以提升軟體的整體品質。以下螢幕截圖中可以看到這些範例：

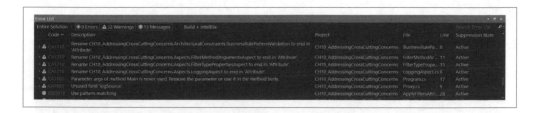

從前面的螢幕截圖中，你可以看到 CH11_AddressingCrossCuttingConcerns 專案具有「32 則警告」和「13 則訊息」。如果我們好好處理警告和訊息，我們可以將它們降為 0 則訊息和 0 則警告。既然你已經理解如何使用「程式碼指標」來查看軟體的可維護性，也已經對其進行分析並查看可以進行哪些改進，讓我們接著討論「快速操作」吧。

使用快速操作

我喜歡使用的另一個好用工具是 **Quick Action**（快速操作）工具。「快速操作」會以螺絲起了 🔧、燈泡 💡 或錯誤燈泡 💡 的圖案呈現在一行程式碼之前，你可以透過「快速操作」使用單一命令來生成程式碼、重構程式碼、平定（suppress）警告、執行程式碼修復以及新增 using 敘述句。

由於 CH11_AddressingCrossCuttingConcerns 專案包含了「32 則警告」和「13 則訊息」，因此我們可以使用該專案來查看正在執行的「快速操作」。請看以下畫面：

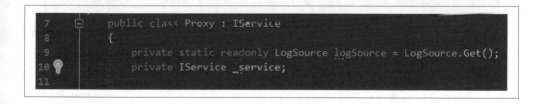

前面的螢幕截圖顯示「第 10 行」有一個燈泡。如果點擊燈泡，會彈出以下選單：

```
1   Add readonly modifier                          ▶  ⓘ IDE0044  Make field readonly
1   Encapsulate field: '_service' (and use property)     ...
1   Encapsulate field: '_service' (but still use field)  private static readonly LogSource logSource = LogSource.Get
                                                         private IService _service;
1   Suppress or Configure issues                   ▶     private readonly IService _service;
17      ⊟          public void Request()                 ...
18                 {
19                     Console.WriteLine("Proxy: Requ    Preview changes
20                     _service.Request();              Fix all occurrences in: Document | Project
21                 }                                     | Solution
22          }
```

如果點擊 **Add readonly modifier**（新增唯讀修飾詞），「readonly 存取修改器」將
被置於「私有存取修改器」之後。你可以自己動手使用「快速操作」來修改程式碼。
一旦掌握它，這將非常簡單。體驗了「快速操作」之後，讓我們繼續看看 JetBrains
dotTrace 分析器。

使用 JetBrains dotTrace 分析器

JetBrains dotTrace 分析器（profiler）是 JetBrains ReSharper Ultimate 的一部分。
由於我們將同時使用這兩種工具，因此建議你在繼續閱讀之前先下載並安裝 JetBrains
ReSharper Ultimate。

> 如果你還沒有 JetBrains，你可以使用它的試用版。有適用於
> Windows、macOS 和 Linux 的版本。

JetBrains dotTrace 分析工具可與 Mono、.NET Framework 和 .NET Core 配合使用。
分析器支援所有應用程式類型，你可以使用分析器來「分析」和「追蹤」Codebase 中
的效能問題。分析器將協助你找出導致「100% CPU 使用率」、「100% 磁碟 I/O」、
「使記憶體最大化」或「遇到溢位例外（overflow exception）」等問題的根源。

許多應用程式會執行 **HTTP 請求**。分析器將「分析」應用程式是如何處理這些請求
的，且將對資料庫上的 **SQL 查詢**執行相同的操作。你可以對靜態方法和單元測試進行
概要分析，並在 Visual Studio 中查看結果。你還可以使用一個獨立的版本。

有四個基本的分析選項：**Sampling**（取樣）、**Tracing**（追蹤）、**Line-by-Line**（逐行）和 **Timeline**（時間軸）。第一次開始查看應用程式的效能時，你可能會決定使用 **Sampling**，它提供了呼叫時間（call time）的準確度量。**Tracing** 和 **Line-by-Line** 提供了更詳細的效能分析，但它們確實為「要分析的程式」增加了更多成本（記憶體和 CPU 使用率）。**Timeline** 類似於 **Sampling**，並隨著時間收集「應用程式事件」（application event）。在它們之間，沒有無法追蹤和解決的問題。

進階的分析選項包括了「即時效能計數器」、「執行緒時間」、「即時 CPU 指令」和「執行緒週期時間」。「即時效能計數器」（real-time performance counter）測量了方法的「進入」和「退出」之間的時間。「執行緒時間」（thread time）用於衡量執行緒的執行時間。基於 CPU 暫存器（Register），「即時 CPU 指令」（real-time CPU instructions）提供了方法的「進入」和「退出」的準確時間。

分析器可以附加到「正在執行的 .NET Framework 4.0（或更高版本）」或「.NET Core 3.0（或更高版本）應用程式和處理程序」、「分析本地應用程式」以及「分析遠端應用程式」。這些包括了：獨立的應用程式；.NET Core 應用程式；**IIS**（Internet Information Services，網路資訊服務）託管的 Web 應用程式；IIS Express 託管的應用程式；.NET Windows 服務和 Windows Communication Foundation（**WCF**）服務；Windows Store 和 Universal Windows Platform（**UWP**）應用程式；任何 .NET 處理程序（在你執行分析 session 後啟動）；基於 Mono 的桌面或控制台應用程式；Unity 編輯器或獨立的 Unity 應用程式。

要從選單中存取 Visual Studio 2019 中的分析器，請選擇 **Extensions | ReSharper | Profile | Show Performance Profiler**。在以下螢幕截圖中，你可以看到尚未進行任何分析。另外，目前選擇的「要進行分析的專案」設定為 **Basic CH3**，分析類型設定為 **Timeline**。我們將透過擴展 **Timeline** 下拉式功能並選擇 **Sampling**，來使用 **Sampling** 對 **CH3** 進行分析，進而對我們的專案進行分析，如以下螢幕截圖所示：

如果要取樣（sample）其他專案，只需展開 **Project** 下拉式列表，然後選擇要分析的專案。該專案將會被建置，並啟動分析器。然後，你的專案將會執行並關閉。結果將顯示在 dotTrace 分析應用程式中，如下所示：

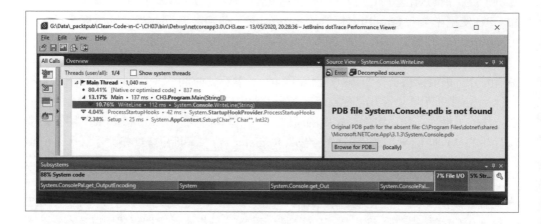

從前面的螢幕截圖中，你可以看到正在顯示四個執行緒中的第一個。這是我們程式的執行緒。其他執行緒用於支援處理程序（supporting process），這些處理程序讓「我們的程式」能夠與負責退出程式並清理系統資源的「終結器執行緒」（finalizer thread）一起執行。

左側的 **All Calls** 選單項目包括以下內容：

- **Thread Tree**
- **Call Tree**
- **Plain List**
- **Hot Spots**

目前選項選擇了 **Thread Tree**（執行緒樹）。讓我們在以下螢幕截圖中查看展開的
Call Tree（呼叫樹）：

分析器為你顯示程式碼的完整 **Call Tree**，其中包括「系統程式碼」以及「你自己的程
式碼」。你可以看到執行呼叫所用時間的百分比。這讓你可以識別任何「長時間」執行
的方法並加以解決。

現在，我們來看一下 **Plain List**（普通列表）。從下方的 **Plain List** 視圖中可以看到，
我們可以根據以下條件對其進行分組：

- **None**
- **Class**
- **Namespace**
- **Assembly**

你可以在以下螢幕截圖中看到上述條件：

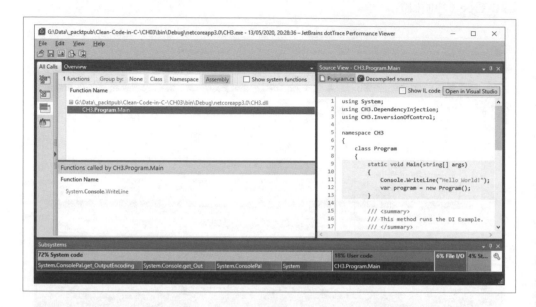

點擊列表中的項目時，可以查看該方法所在類別的原始碼。這很有用，因為你可以看到問題所在的程式碼以及需要執行的操作。我們將看到的最後一個取樣分析螢幕截圖是 **Hot Spots** 視圖，如下所示：

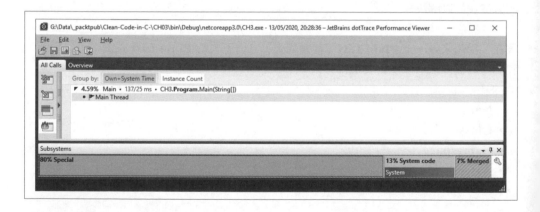

分析器顯示，作為我們程式碼起點的 **Main Thread**（主執行緒）僅佔用 **4.59%** 的處理時間。如果點擊根目錄，則 **18%** 的程式碼是我們的使用者程式碼，而 **72%** 的程式碼是系統程式碼，如下所示：

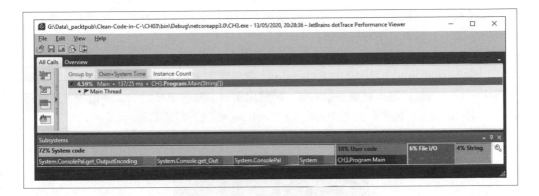

我們只觸及了此分析工具的表面。還有更多功能，我鼓勵你自己嘗試一下。本章的主要目的是向你介紹可用的工具。

 更多關於如何使用 JetBrains dotTrace 的資訊，請參考：
`https://www.jetbrains.com/profiler/documentation/documentation.html`。

接下來，讓我們看看 JetBrains ReSharper。

使用 JetBrains ReSharper

在本節中，我們將研究 JetBrains ReSharper 如何幫助你改善程式碼。ReSharper 是一個非常廣泛的工具，就像分析器一樣，它也是 ReSharper 的 Ultimate 版本的一部分，我們不會深入探討，但希望你對工具的涵義和功能有所了解，並提升你的 Visual Studio 寫程式體驗。以下是使用 ReSharper 的一些好處：

- 使用 ReSharper，你可以對程式碼品質進行分析。
- 它將提供一些選項來改善你的程式碼，消除程式碼「臭味」並解決 coding 問題。
- 使用導覽系統，你可以完全走訪（traverse）你的解決方案，並跳到任何感興趣的項目。你有許多不同的輔助程序（helper），包括擴充 IntelliSense、程式碼重組等。
- ReSharper 的服務可提供「本地化」或「解決方案範圍內」的重構優勢。
- 你還可以使用 ReSharper 生成原始碼，例如基礎類別（base class）和超類別（superclasses）以及內嵌方法（inline method）。

- 在這裡，可以按照你公司的 coding 策略來清理程式碼，以消除「未使用的匯入內容」及「其他未使用的程式碼」。

你可以從 Visual Studio 2019 的 **Extensions** 選單存取 **ReSharper** 選單。在程式碼編輯器中，於一段程式碼上點擊滑鼠右鍵，將跳出帶有適當選單項目的文字選單。文字選單中的 **ReSharper** 選單項目是 **Refactor This...**，如以下螢幕截圖所示：

現在，從 Visual Studio 2019 選單中執行 **Extensions | ReSharper | Inspect | Code Issues in Solution**。ReSharper 將處理該解決方案，然後顯示 **Inspection Results**（檢驗結果）視窗，如下所示：

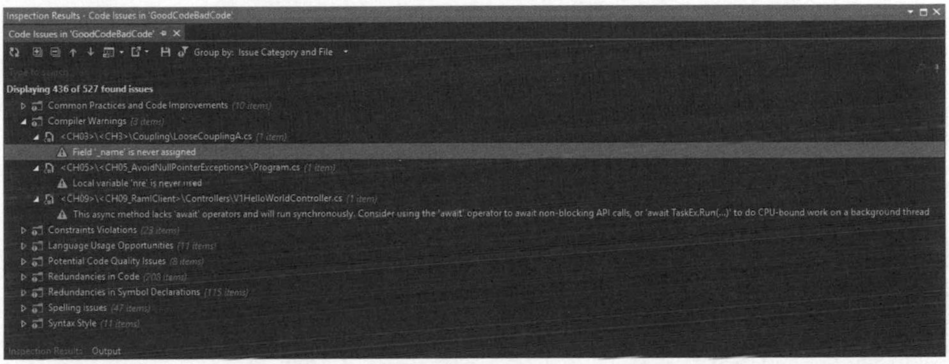

正如你在前面的螢幕截圖中所看到的，ReSharper 發現了我們程式碼中的 **527** 個問題，並顯示了其中的 **436** 個。這些問題包括常規做法和程式碼改進、編譯器警告、違反限制（constraint violation）、語言使用機會（language usage opportunities）、潛在的程式碼品質問題、程式碼中的冗餘（redundancy）、符號宣告中的冗餘、拼寫問題和語法樣式。

如果我們展開 **Compiler Warnings**（編譯器警告），會發現存在三個問題，如下所示：

- _name 欄位沒有被指派值。
- nre 區域變數沒有被使用到。
- 此 async 方法缺少 await 運算子，將同步執行。使用 await 運算子以等待「非阻斷（non-blocking）的 API 呼叫」，或者使用 await TaskEx.Run(...) 在後台執行緒上執行 CPU 綁定的工作。

這些問題是未被指派或未被使用的「變數宣告」，以及「async 方法」缺少 await 運算子以等待同步執行。如果點擊第一個警告，它將帶你到從未指派的程式碼行。檢視該類別，你可以看到該「字串」已被宣告並使用，但從未被指派。因為我們檢查「字串」是否包含 string.Empty，所以可以將該值指派給該宣告。因此，更新的程式碼行將如下所示：

```
private string _name = string.Empty;
```

由於 _name 變數仍被高亮度顯示（highlight），因此我們可以暫留（hover）在此，看看問題出在哪裡。Quick Action 通知我們 _name 變數可以被標記為唯讀。讓我們新增 readonly 修飾詞（modifier）。因此，該程式碼行現在變成：

```
private readonly string _name = string.Empty;
```

如果點擊更新按鈕 🔄 ，我們將發現找到的問題數量為 **526**。但是，我們修復了兩個問題。那麼，數字應該是 **525** 囉？嗯，並非如此。我們解決的第二個問題不是 ReSharper 提出的問題，而是 Visual Studio Quick Actions 提出的一項改進。因此，ReSharper 將顯示「它所檢測到的問題」的正確數目。

讓我們看一下 LooseCouplingB 類別的潛在程式碼品質問題。ReSharper 報告此方法中可能的 System.NullReferenceException。首先，讓我們看一下程式碼，如下所示：

```
public LooseCouplingB()
{
    LooseCouplingA lca = new LooseCouplingA();
    lca = null;
    Debug.WriteLine($"Name is {lca.Name}");
}
```

當然，System.NullReferenceException 確實正盯著我們看。我們將檢視 LooseCouplingA 類別，以確認應將哪些成員設定為 null。另外，要設定的成員是 _name，如以下程式碼段落所示：

```
public string Name
{
    get => _name.Equals(string.Empty) ? StringIsEmpty : _name;

    set
    {
        if (value.Equals(string.Empty))
            Debug.WriteLine("Exception: String length must be greater than zero.");
    }
}
```

但是，_name 正被檢查是否為空。所以實際上，程式碼應該將 _name 設定為 string. Empty。因此，我們在 LooseCouplingB 中修改的建構函式如下：

```
public LooseCouplingB()
{
    var lca = new LooseCouplingA
    {
        Name = string.Empty
    };
    Debug.WriteLine($"Name is {lca.Name}");
}
```

現在，如果更新 **Inspection Results** 視窗，問題列表將減少 5 個，因為除了正確指派 Name 屬性之外，我們還利用了「語言使用機會」來簡化實例化和初始化，這些都被 ReSharper 檢測到。試一試該工具，試著消除在 **Inspection Results** 視窗中發現的問題。

ReSharper 還可以生成「依賴關係圖」（dependency diagram）。要為我們的解決方案生成「依賴關係圖」，請選擇 **Extensions | ReSharper | Architecture | Show Project Dependency Diagram**。這將會顯示我們解決方案的「專案依賴關係圖」。名為 CH06 的黑色容器框框是名稱空間，帶有 CH06_ 前綴的灰色／藍色框框則是專案，如下所示：

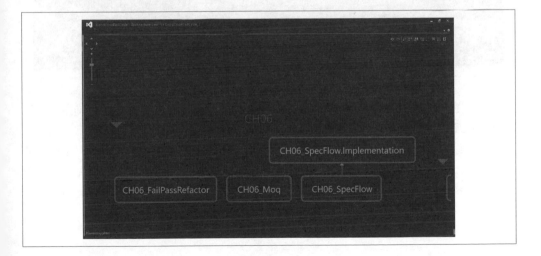

從 CH06 名稱空間的「專案依賴關係圖」中可以看出，CH06_SpecFlow 和 CH06_SpecFlow.Implementation 之間存在著專案依賴關係。同樣地，你也可以使用 ReSharper 生成「型別依賴關係圖」。選擇 **Extensions | ReSharper | Architecture | Type Dependencies Diagram**。

如果我們在 CH11_AddressingCrossCuttingConcerns 專案中為 ConcreteClass 生成關係圖，則圖會被生成，但最初將僅顯示 ConcreteComponent 類別。以滑鼠右鍵點擊圖上的 ConcreteComponent 框，然後選擇 **Add All Referenced Types**。你將看到新增了 ExceptionAttribute 類別和 IComponent 介面。以滑鼠右鍵點擊 ExceptionAttribute 類別，然後選擇 **Add All Referenced Types**，最後會得到以下結果：

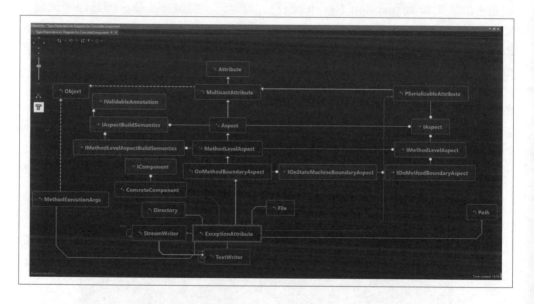

這個工具的真正美妙之處在於你可以按名稱空間對「邏輯示意圖元素」進行排序。這對於具有多個「大型專案」和「深層巢狀名稱空間」的大規模解決方案來說非常有用。雖然我們可以使用滑鼠右鍵點擊程式碼並跳到項目的宣告，這是很好的做法，但是你卻無法從視覺上看到「正在從事的專案」的整體佈局，而這就是為什麼這項工具可以真正派上用場。以下範例是按名稱空間組織的型別化依賴關係圖：

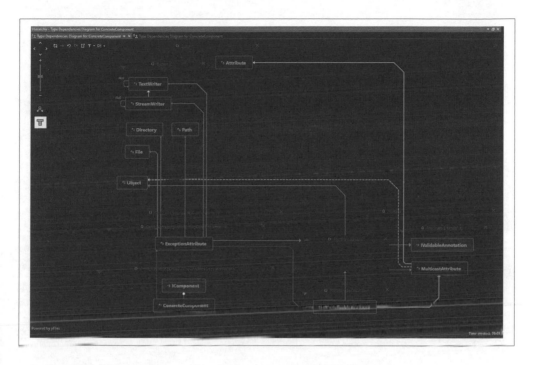

很多時候，我可以在日常工作中善加利用諸如此類的圖表。此圖是技術文件，可幫助開發人員找到解決複雜問題的方法。他們將能夠看到哪些名稱空間可用，以及所有內容如何相互連結。這將使開發人員具有正確知識，即他們在執行「新開發」時應將「新的類別、列舉和介面」放置在何處，且在執行「維護」時，他們也知道哪裡可以找到「物件」。這張圖還有助於尋找「重複的名稱空間、介面和物件名稱」。

現在，讓我們看一下覆蓋率（Coverage）。請按如下進行：

1. 選擇 **Extensions | ReSharper | Cover | Cover Application**。
2. 你會看到 **Coverage Configuration**（覆蓋率配置）對話框，而預設選項為 **Standalone**（獨立）。
3. 選擇你的可執行檔案。
4. 你可以從 bin 資料夾中選擇一個 .NET app。
5. 以下螢幕截圖顯示了 **Coverage Configuration** 對話框：

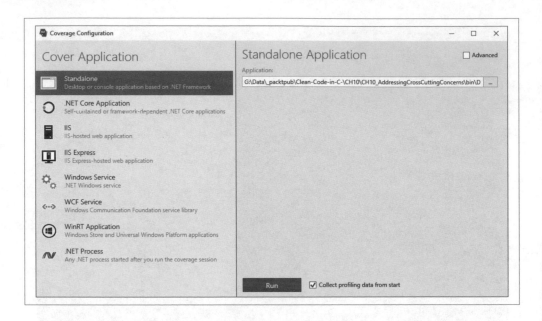

6. 點擊 **Run** 按鈕以啟動應用程式並收集分析資料。ReSharper 將顯示以下對話框：

然後，該應用程式將會執行。當應用程式執行時，覆蓋率分析器（coverage profiler）將收集資料。我們選擇的可執行檔案是一個控制台應用程式，它顯示以下資料：

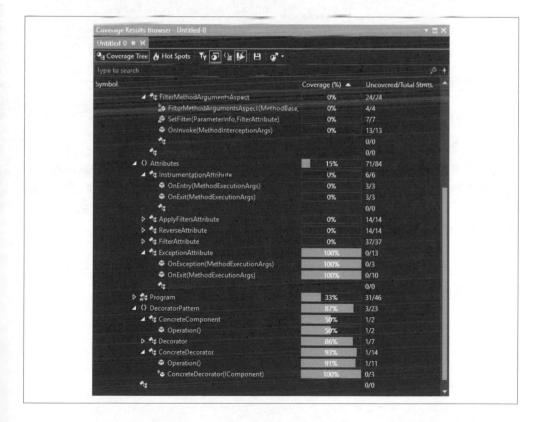

7. 點擊控制台視窗，然後按任意鍵退出。覆蓋率對話框將會消失，然後儲存將被初始化。最後，將會顯示 **Coverage Results Browser** 視窗，如下所示：

這個視窗包含了真正有用的資訊。它提供了視覺指示器（visual indicator），「沒有被呼叫的程式碼」被標記為「紅色」，「已執行的程式碼」被標記為「綠色」。使用此資訊，你可以查看程式碼是否為可以刪除的「無效程式碼」；或是因為系統路徑而未被執行（但仍然需要執行）；或者「出於測試目的」而被註解掉；或者因為開發人員忘記將呼叫新增到「正確的位置」而未被呼叫；或者是「條件檢查」不正確。

要跳到感興趣的項目，只需對該項目點擊兩下，然後你將跳到你感興趣的特定程式碼。我們的 Program 類別僅覆蓋 33% 的程式碼。因此，讓我們對 Program 點兩下，看看會有什麼問題。結果輸出顯示在以下程式碼區塊中：

```
static void Main(string[] args)
{
    LoggingServices.DefaultBackend = new ConsoleLoggingBackend();
    AuditServices.RecordPublished += AuditServices_RecordPublished;
    DecoratorPatternExample();
    //ProxyPatternExample();
    //SecurityExample();

    //ExceptionHandlingAttributeExample();

    //SuccessfulMethod();
    //FailedMethod();

    Console.ReadKey();
}
```

從程式碼中可以看到，之所以沒有覆蓋我們的某些程式碼，是因為出於測試目的，對程式碼的呼叫已被註解掉。我們可以按原樣保留程式碼（在這種情況下，我們將這樣做）。但是，你也可以刪除「無效程式碼」或透過刪除「註解」來恢復程式碼。現在，你知道為什麼該程式碼沒有被覆蓋了。

我們介紹 ReSharper，也探討一些工具，可以幫助你編寫良好、整潔的 C# 程式碼。現在該看看我們的下一個工具：Telerik JustDecompile。

使用 Telerik JustDecompile

我已經多次使用 Telerik JustDecompile，例如：追蹤第三方函式庫中的錯誤、恢復遺失的重要專案原始碼、檢查組件混淆（assembly obfuscation）的強度，以及用於學習目的。我強烈推薦這個工具，因為多年來它已經多次證明了它的價值。

反編譯引擎是開放原始碼的，你可以在這裡取得原始碼：https://github.com/telerik/justdecompileengine，你也可以自由地為該專案做出貢獻並為其編寫自己的擴充套件。你可以從 Telerik 網站下載 Windows Installer：https://www.telerik.com/products/decompiler.aspx。所有原始碼都是完全可導覽的（navigable）。該反編譯器可以作為「獨立應用程式」或「Visual Studio 擴充套件」來使用。你可以從反編譯的組件中建立 VB.NET 或 C# 專案，並從反編譯的組件中提取並儲存資源。

下載並安裝 Telerik JustDecompile。然後，我們將進行反編譯處理程序，並從組件中生成一個 C# 專案。在安裝過程中可能會提示你安裝其他工具，但是你可以從 Telerik 中取消勾選其他產品。

執行 Telerik JustDecompile 獨立應用程式。找到一個 .NET 組件，然後將其拖到 Telerik JustDecompile 的左邊窗格中。它將會反編譯程式碼，並在左側顯示程式碼樹（code tree）。如果選擇左側的項目，則程式碼會顯示在右側，如螢幕截圖所示：

如你所見，反編譯處理程序很快，而且在反編譯我們組件的部分做得很好。反編譯並不是完美的，但是在大多數情況下，反編譯是可以完成的。進行如下：

1. 在「**Plugins** 選單項目」右側的下拉式選單中，選擇 **C#**。
2. 點擊 **Tools | Create Project**。
3. 有時會提示你選擇「要鎖定的 .NET 版本」；其他時候則不會。
4. 然後將會詢問你要將專案儲存在何處。
5. 接著將專案寫入該位置。

你可以在 Visual Studio 中打開此專案並對其進行處理。如果遇到任何問題，Telerik 會將問題記錄在你的程式碼中並提供電子郵件。你隨時可以將遇到的任何問題透過電子郵件發送給他們。他們善於回應和解決問題。

好了，我們已經完成了對工具的探討，現在讓我們總結學到的知識。

小結

「程式碼指標」為我們提供了幾種衡量程式碼品質的方法，我們也討論了生成它們的難易程度。「程式碼指標」包括「行數（包含空行）與可執行程式碼行數」、「循環複雜度」、「內聚和耦合程度」以及「程式碼的可維護性」。重構的程式碼以「綠色」表示良好，「黃色」表示在理想情況下需要重構，而「紅色」表示確實需要重構。

我們看到為專案提供「靜態程式碼分析」並查看結果是多麼容易。我們查看並修改規則集（rulesets），這些規則集用於管理「要分析的內容」和「未分析的內容」。然後，你體驗了「快速操作」，並了解我們如何執行 bug 修復、新增 using 敘述句，以及使用單一命令重構程式碼。

接著，我們使用 JetBrains dotTrace 分析器來測量應用程式的效能、尋找瓶頸，並識別佔用最多處理時間的「飢餓方法」（hungry methods）。我們也研究了 JetBrains ReSharper，這個工具讓我們能夠檢查程式碼中的各種問題和潛在的改進。我們識別了其中的幾個並進行了必要的修改，我們看到使用此工具改進程式碼是多麼容易。我們還說明如何為「依賴關係」和「型別依賴關係」建立架構圖。

最後，我們研究了 Telerik JustDecompile，這是一個非常有用的工具，可用於反編譯組件（assembly）並從中以 C# 或 VB.NET 生成專案。當遇到錯誤或需要擴展程式時，將會非常有幫助，但是你再也無法存取現有的原始碼。

在接下來的討論中，我們將關注程式碼以及如何重構它。現在，讓我們透過以下問題測試你學到的知識，你也可以透過「延伸閱讀」來做更進一步的研讀。

練習題

1. 「程式碼指標」是什麼？為什麼我們要使用它們？
2. 請列出六個「程式碼指標」度量。
3. 程式碼分析是什麼？為什麼有用？
4. 「快速操作」是什麼？
5. JetBrains dotTrace 的用途是什麼？
6. JetBrains ReSharper 的用途是什麼？
7. 為什麼使用 Telerik JustDecompile 來反編譯組件？

延伸閱讀

- Microsoft 官方文件，關於「程式碼指標」：https://docs.microsoft.com/cn-us/visualstudio/code-quality/code-metrics-values?view=vs-2019
- Microsoft 官方文件，關於 Quick Actions（快速操作）：https://docs.microsoft.com/en-us/visualstudio/ide/quick-actions?view=vs-2019
- JetBrains dotTrace 分析器：https://www.jetbrains.com/profiler/

13

重構C#程式碼：
識別程式碼臭味

在本章中，我們將研究「有問題的程式碼」（problem code）以及如何重構它。業界普遍將「有問題的程式碼」稱為**程式碼臭味（code smell）**。它是可以編譯、執行並完成應做工作的程式碼。它之所以被認為是「有問題的程式碼」，是因為它變得不可讀、本質上很複雜，讓 Codebase 變得難以維護或進一步擴展。這種程式碼應在可行的情況下盡快進行重構。這是技術債（technical debt），從長遠來看，如果你不加以解決，它將使該專案付出代價。發生這種情況時，你將面臨「昂貴的重新設計」與「從頭開始編寫應用程式」等問題。

那麼什麼是「重構」（refactoring）呢？重構是取得可用的現有程式碼並重寫它，以使程式碼變得整潔的過程。正如你已經發現的，整潔的程式碼易於閱讀、易於維護和易於擴展。

在本章中，我們將介紹以下主題：

- 識別應用程式等級的程式碼臭味，以及我們該如何處理它們
- 識別類別等級的程式碼臭味，以及我們該如何處理它們
- 識別方法等級的程式碼臭味，以及我們該如何處理它們

讀完本章之後，你將取得以下技能：

- 識別不同種類的程式碼臭味
- 了解為什麼將程式碼視為程式碼臭味
- 重構程式碼臭味，使它們成為 clean code

我們將從「應用程式等級的程式碼臭味」開始研究如何重構程式碼臭味。

技術要求

本章需要滿足以下先決條件：

- Visual Studio 2019
- PostSharp

你可以在這裡找到本章的程式碼檔案：`https://github.com/PacktPublishing/Clean-Code-in-C-/tree/master/CH13`。

應用程式等級的程式碼臭味

應用程式等級（application-level）的程式碼臭味，是分散在應用程式中並影響每一層的「有問題程式碼」。無論你身處軟體的哪一層，都將反覆看到具有相同問題的程式碼。如果你現在不解決這些問題，那麼你會發現，你的軟體將開始緩慢而痛苦地死亡。

在本節中，我們將研究應用程式等級的程式碼臭味，以及我們該如何移除它們。讓我們從「Boolean 盲性」開始。

Boolean 盲性

Boolean 資料盲性（data blindness）指的是由函數決定的「資訊遺失」（information loss），而這些函數是針對 Boolean 值起作用的。使用更好的結構能夠提供更好的介面和類別（來保留資料），進而讓運用資料成為更愉快的體驗。

讓我們透過以下程式碼範例看一下 **Boolean 盲性**的問題：

```
public void BookConcert(string concert, bool standing)
{
    if (standing)
    {
        // Issue standing ticket.
    }
    else
    {
        // Issue sitting ticket.
    }
}
```

這個方法使用一個字串作為演唱會（concert）名稱，並使用一個 Boolean 值表示這個人是站立還是坐下。現在我們將呼叫程式碼，如下所示：

```
private void BooleanBlindnessConcertBooking()
{
    var booking = new ProblemCode.ConcertBooking();
    booking.BookConcert("Solitary Experiments", true);
}
```

如果剛接觸該程式碼的人看到了 BooleanBlindnessConcertBooking() 方法，你認為他們會本能地知道 true 代表什麼嗎？我覺得不行。他們將看不見它的涵義。於是，他們不得不使用 IntelliSense 或定位（locate）所參照的方法，來尋找它的涵義。這就是 Boolean 盲性。那麼我們該如何治療這種盲性呢？

一個簡單的解決方案是用列舉（enum）取代 Boolean。讓我們從新增名為 TicketType 的列舉開始：

```
[Flags]
internal enum TicketType
{
    Seated,
    Standing
}
```

我們的列舉確定了兩種票券類型：Seated 和 Standing。現在讓我們新增 ConcertBooking() 方法：

```
internal void BookConcert(string concert, TicketType ticketType)
{
    if (ticketType == TicketType.Seated)
    {
        // Issue seated ticket.
    }
    else
    {
        // Issue standing ticket.
    }
}
```

以下程式碼顯示了如何呼叫新重構的程式碼：

```
private void ClearSightedConcertBooking()
{
    var booking = new RefactoredCode.ConcertBooking();
    booking.BookConcert("Chrom", TicketType.Seated);
}
```

現在，如果有新人出現並檢視了這段程式碼，他們將會看到我們正在預訂一場演唱會，我們想要觀賞的是 Chrom 樂團，而且我們想要坐票。

組合爆炸

組合爆炸（**combinatorial explosion**）是由不同程式碼使用「不同參數組合」卻執行同一事物的「副產品」（by-product）。讓我們看一個數字相加的範例：

```
public int Add(int x, int y)
{
    return x + y;
}

public double Add(double x, double y)
{
    return x + y;
}
```

```
public float Add(float x, float y)
{
    return x + y;
}
```

在這裡,我們有三種數字相加的方法,其回傳型別和參數都不同。有沒有更好的辦法?有的,可以使用泛型(generics)。透過使用泛型,你可以擁有一種能夠處理不同型別的單一方法。因此,我們將使用泛型來解決加法問題。這會讓我們擁有一個單一的加法方法,該方法可以接受整數(integer)、雙精度浮點數(double)或浮點數(float)。讓我們看看新方法:

```
public T Add<T>(T x, T y)
{
    dynamic a = x;
    dynamic b = y;
    return a + b;
}
```

透過「指派給 T 的特定型別」呼叫這個泛型方法,它會執行加法並回傳結果。要將不同的 .NET 型別相加僅需要一種方法版本。為了呼叫 int、double 和 float 值的程式碼,我們將執行以下操作:

```
var addition = new RefactoredCode.Maths();
addition.Add<int>(1, 2);
addition.Add<double>(1.2, 3.4);
addition.Add<float>(5.6f, 7.8f);
```

我們消除了三種方法並用單一方法取代它們,這個單一方法能夠執行相同的任務。

人為複雜性

當你可以使用簡單的架構來開發程式碼,但卻實作出進階且相當複雜的架構時,這就是所謂的「**人為複雜性**」(**contrived complexity**)。不幸的是,我曾在這樣的系統上工作,這真是令人痛苦萬分,也是壓力的來源。使用這種系統的時候,你會發現,它們往往有很高的人員流動率。它們缺乏文件,似乎沒有人了解這個系統,也沒有人有能力回答新進人員的問題——而這些新進人員就是必須學習該系統,以便維護和擴展該系統的可憐蟲。

我給所有超級聰明的軟體架構師的建議是，當涉及軟體時，請實踐 **KISS**（Keep It Simple, Stupid，請保持簡單和愚蠢）。請記住，永久工作和終身僱用的日子現在已成為過去式。通常，相較於對企業展現忠誠，程式設計師們更傾向於追逐財富。因此，在企業依賴軟體來取得收入的同時，你需要的系統是容易理解的、容易讓新人快速上手的、容易維護和擴展的。捫心自問：當你或相關人員都出走，去尋找新的機會時（**譯者注：跳槽**），你所負責的系統，接手的新進人員可以快速上手嗎？還是他們只能孤軍奮鬥，不斷累積煩惱和壓力？

也請記住，如果團隊中只有一個人了解該系統，但他卻不幸過世、搬家、跳槽或退休，那麼你和團隊的其他成員該怎麼辦？不僅如此，企業又該何去何從？

KISS 的必要性真的值得再三強調。建立複雜系統卻不撰寫文件記錄和共享架構知識的唯一私心，就是你想脅迫企業，必須讓你待在其中，否則你要讓它好看。請不要這樣做。以我的經驗，系統越複雜，死亡的速度越快，也必然需要重寫。

在「**第 12 章**」中，你學習了如何使用 Visual Studio 2019 工具探索「循環複雜度」和「繼承深度」。你還學習了如何使用 ReSharper 生成依賴關係圖。請使用這些工具來發現程式碼中的問題區域，然後專注於這些區域。也請將「循環複雜度」降至 10 或更小，並將所有物件的「繼承深度」降低到不大於 1。

然後，確保所有類別僅執行它們要執行的任務，並專注讓方法保持精簡。一個好的經驗法則是：每個方法最多只能包含 10 行程式碼。至於方法參數，請將「冗長參數列表」（long parameter list）置換為「參數物件」（parameter object）。在有很多 out 參數的地方，重構該方法以回傳 tuple（元組）或物件。識別所有的多執行緒，並確保所存取的程式碼是執行緒安全的。你已經在「**第 9 章**」中看到了如何使用「不可變物件」置換「可變物件」，以提高執行緒安全性。

另外，請留意 Quick Tips 圖示。這些圖示通常代表，建議對它們「高亮度顯示（highlight）的程式碼行」」進行「一鍵式重構」（one-click refactoring）。我建議你使用它們，這些都已在「**第 12 章**」中討論過。

接下來要討論的程式碼臭味是 Data Clump（資料泥團）。

Data Clump

Data Clump（資料泥團）是指當你看到「相同的欄位」同時出現在「不同的類別和參數列表」中的情況。它們的名稱經常遵循相同的模式。這通常是系統缺少「類別」的跡象。系統複雜性的降低，將透過識別「遺失的類別」並對其進行一般化（generalize）來達成。不要因為一個類別可能很小而忽略了這個事實，也不要認為一個類別是不重要的。如果需要一個類別來簡化程式碼，請新增它。

除臭劑註解

當註解使用漂亮的詞彙來替「壞程式碼」解釋時，這被稱為「**除臭劑註解**」（**deodorant comment**）。如果程式碼不好，請重構它，讓它變好並刪除註解。如果你不知道如何進行重構並讓它變好，請尋求幫助。如果沒有人可以協助你，你可以將你的程式碼發布到 Stack Overflow 上。該網站上有一些非常優秀的程式設計師可以為你提供真正的幫助。只要確保在發布時遵守規則！

重複的程式碼

「**重複的程式碼**」（**Duplicate Code**）就是出現不只一次的程式碼。由「重複的程式碼」所引起的問題包括了每次重複就會增加的維護成本。當開發人員修復一段程式碼時，就會耗費業務時間和金錢。修復 1 個錯誤是「技術債（程式設計師的薪水）× 1」，但如果該程式碼重複 10 次，就是技術債 × 10。因此，重複的程式碼越多，維護成本就越高。再來就是得在多個位置修復同一問題的無聊情況。此外，進行錯誤修復的程式設計師可能會忽略重複的事實。

最好要重構「重複的程式碼」，以便僅存在一個程式碼副本。通常，最簡單的方法是將其新增到目前專案的「新可重用類別」（new reusable class）之中，並將其放置在類別函式庫（class library）。在類別函式庫中放置「可重用程式碼」的好處是其他專案可以使用同一個檔案。

> 目前，最好使用 .NET Standard 類別函式庫來建置可重用的程式碼。原因是 Windows、Linux、macOS、iOS 和 Android 上的所有 C# 專案類型都可以存取 .NET Standard 函式庫。

刪除樣板程式碼（boilerplate code）的另一種方法是使用 AOP（切面導向程式設計）。我們已經討論過 AOP。你實際上是將樣板程式碼移動到一個 Aspect。然

後，Aspect 將裝飾它所應用的方法。當方法被編譯之後，樣板程式碼會被編入到位
（weaved into place）。這使得你只能在方法「內部」編寫滿足業務要求的程式碼。
應用於該方法的 Aspect 隱藏了必要的程式碼，但不是業務要求的一部分。這種 coding
技術佳又整潔，而且效果很好。

如前所述，你還可以使用裝飾器模式（decorator pattern）來編寫裝飾器。裝飾器以這
樣的方式包裝具體的類別操作：你可以新增新程式碼而不影響程式碼的預期操作。一個
簡單的範例就是將操作包裝在 try/catch 區塊之中，如「第 11 章」所示。

遺失的意圖

如果你不容易理解原始碼的意圖，那麼它就遺失了它的意圖（lost its intent）。
首先要做的是查看名稱空間和類別名稱，這些應該要指出類別的目的。然後，檢查類別
的內容，並尋找看起來不合適的程式碼。識別出這種程式碼後，請重構程式碼並將其放
置在正確位置。

接下來要做的是查看每一種方法。它們是只好好做一件事，還是不怎麼樣地做很多件
事？如果是後者，請重構它們。對於大型方法，尋找可以提取到方法中的程式碼。請專
注在讓該類別的程式碼讀起來像一本書一樣。接著繼續重構程式碼，直到意圖清楚為
止，而且只有「類別中的內容」才需要在類別之中。

不要忘了使用「第 12 章」中所學的工具。「變數的突變」亦是程式碼臭味，我們接下
來將介紹它。

變數的突變

變數的突變（mutation）表示它們難以理解和推理。這會使它們難以重構。

可變的變數（mutable variable）是透過「不同的操作」多次更改的變數。這使得推論
「為什麼是這個值」變得更加困難。不僅如此，由於變數是從「不同的操作」中突變而
來的，這使得很難將程式碼片段提取到其他「更小且更易讀的方法」之中。可變的變數
還可能需要進行更多檢查，進而增加了程式碼的複雜性。

把一小段程式碼提取到方法之中，藉此重構它們。如果存在很多分支（branching）和迴圈（looping），請看看是否存在一種更簡單的方法來消除複雜性。如果使用多個 out 值，請考慮回傳一個物件或 tuple。請著重在刪除變數的可變性，使其更易於推理，並了解「為什麼它是該值」以及「從何處設定它」。請記住，儲存變數的方法越小，越容易確定在何處設定變數以及探究其原因。

請看下面的例子：

```
[InstrumentationAspect]
public class Mutant
{
    public int IntegerSquaredSum(List<int> integers)
    {
        var squaredSum = 0;
        foreach (var integer in integers)
        {
            squaredSum += integer * integer;
        }
        return squaredSum;
    }
}
```

該方法採用整數列表。它會走訪這些整數，將它們平方，然後將它們新增到「當方法結束時」回傳的 squaredSum 變數之中。請注意迭代（iteration），而且每次迭代都會更新區域變數。我們可以使用 LINQ 來改進。以下程式碼顯示了改進的重構版本：

```
[InstrumentationAspect]
public class Function
{
    public int IntegerSquaredSum(List<int> integers)
    {
        return integers.Sum(integer => integer * integer);
    }
}
```

在新版本中，我們使用 LINQ。之前提過，LINQ 使用了函數式程式設計。如你所見，沒有迴圈，也沒有區域變數會被突變。

編譯並執行該程式，你將看到以下內容：

```
E:\_Book\Source Code\Clean-Code-in-C-\CH13\CH13_CodeRefactori...    —    □    ×
The sum of the integers 1, 2, 3, 4, 5, 6, 7, 8, 9 squared is 285.
The sum of the integers 1, 2, 3, 4, 5, 6, 7, 8, 9 squared is 285.
Press any key to exit.
```

兩種版本的程式碼都產生相同的輸出。

你會注意到，這兩種版本的程式碼都應用了 [InstrumentationAspect]。我們在「**第11 章**」中把這個 Aspect 新增到了可重用的函式庫中。當執行程式碼時，你將在 Debug 資料夾中找到一個 Logs 資料夾。在記事本中打開 Profile.log 檔案，你將看到以下輸出：

```
Method: IntegerSquaredSum, Start Time: 01/07/2020 11:41:43
Method: IntegerSquaredSum, Stop Time: 01/07/2020 11:41:43, Duration:
00:00:00.0005489
Method: IntegerSquaredSum, Start Time: 01/07/2020 11:41:43
Method: IntegerSquaredSum, Stop Time: 01/07/2020 11:41:43, Duration:
00:00:00.0000027
```

此輸出顯示了 ProblemCode.IntegerSquaredSum() 方法是最慢的版本，執行時間為 **548.9** 奈秒（nanosecond）。而 RefactoredCode.IntegerSquaredSum() 方法則快得多，只需 **2.7** 奈秒即可執行。

透過重構該迴圈以使用 LINQ，我們避免了區域變數的突變。而且，我們還把處理計算所需的時間減少了 **546.2** 奈秒。這樣小的改進對人眼來說並不明顯。但是，如果你對巨量資料執行這樣的計算，那麼你將體驗到明顯的不同。

現在我們將討論「奇怪的解決方案」。

奇怪的解決方案

當你在整個原始碼中看到以不同方式解決的問題時，這就是「**奇怪的解決方案**」（**oddball solution**）。之所以會發生這種情況，是因為不同的程式設計師擁有自己的

程式設計風格，而且沒有製定任何標準。對系統的無知（ignorance）也可能導致這種情況，亦即程式設計師沒有意識到某個解決方案已然存在。

重構「奇怪的解決方案」的方法之一是編寫一個新類別，其中包含以不同方式重複出現的行為。將此行為以最整潔、最高效率的方式新增到類別之中。然後，用「新重構的行為」取代「奇怪的解決方案」。

你還可以使用 **Adapter Pattern**（轉接器模式）來組合不同的系統介面：

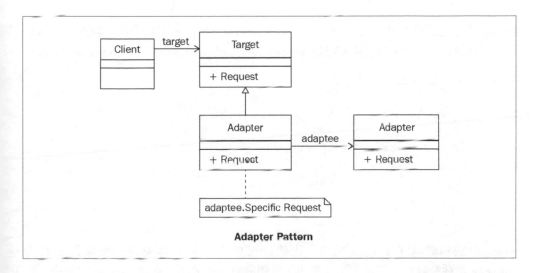

Adapter Pattern

`Target` 類別是客戶端使用的特定領域（domain-specific）介面。需要調整的現有介面是 `Adaptee`。`Adapter` 類別使 `Adaptee` 類別「適應」（adapt）於 `Target` 類別。最後，`Client` 類別傳達（communicate）符合 `Target` 介面的物件。讓我們實作 Adapter Pattern。新增一個名為 `Adaptee` 的新類別：

```
public class Adaptee
{
    public void AdapteeOperation()
    {
        Console.WriteLine($"AdapteeOperation() has just executed.");
    }
}
```

Adaptee 類別非常簡單。它包含一個名為 AdapteeOperation() 的方法，該方法將訊息輸出到控制台。現在新增 Target 類別：

```
public class Target
{
    public virtual void Operation()
    {
        Console.WriteLine("Target.Operation() has executed.");
    }
}
```

Target 類別也非常簡單，而且包含一個名為 Operation() 的虛擬方法，該方法將訊息輸出到控制台。現在，我們將新增把 Target 和 Adaptee 連接在一起的 Adapter 類別：

```
public class Adapter : Target
{
    private readonly Adaptee _adaptee = new Adaptee();

    public override void Operation()
    {
        _adaptee.AdapteeOperation();
    }
}
```

Adapter 類別繼承了 Target 類別。我們接著建立一個成員變數，來儲存我們的 Adaptee 物件並對其進行初始化。然後，我們只有一個方法，它是 Target 類別的「已覆寫 Operation() 方法」。最後，我們將新增 Client 類別：

```
public class Client
{
    public void Operation()
    {
        Target target = new Adapter();
        target.Operation();
    }
}
```

Client 類別具有一個名為 Operation() 的方法。這個方法建立一個新的 Adapter 物件，並將其指派給 Target 變數。然後，它在 Target 變數上呼叫 Operation() 方法。如果呼叫新的 Client().Operation() 方法並執行程式碼，將會看到以下輸出：

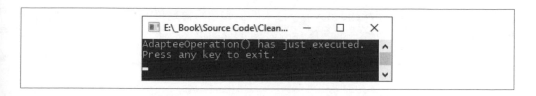

你可以從螢幕截圖中看到，執行的方法是 `Adaptee.AdapteeOperation()` 方法。既然你已經成功學習了如何實作 Adapter Pattern 來解決「奇怪的解決方案」，讓我們繼續研究 Shotgun Surgery（霰彈槍手術）吧。

Shotgun Surgery

為了做「單一變更」而需要更改很多個類別，這就是 **Shotgun Surgery（霰彈槍手術）**。因為發生了數次意見分歧的修改，使得程式碼過度地重構了。這個程式碼臭味增加了「引入 bug」的可能性，例如：因為遺漏某個修改而導致了 bug。你同時還增加了「合併衝突」（merge conflict）的可能性，因為程式碼需要在很多地方進行更改，以至於程式設計師最終會「互相踩到別人的腳」。程式碼變得錯綜複雜，導致程式設計師認知超載。由於軟體的性質，新程式設計師的學習曲線也會變得很陡峭（**譯者注：** a steep learning curve，即新程式設計師將難以入門）。

「版本控制歷史記錄」將提供隨著時間對軟體做出修改的歷史記錄。每次新增新功能或遇到 bug 時，這可以幫助你識別所有更改的區域。一旦確定了這些區域，你就可以將修改內容移到 Codebase 更局部的區域（more localized area）。這樣一來，當需要更改時，你只需要專注程式的一個區域，而不必關注多個區域。這會讓專案的維護變得容易許多。

「重複的程式碼」是合適的重構候選對象，可被重構成「適當命名的單一類別」並放置在正確的名稱空間之中。另外，請考量應用程式的所有不同層。它們真的有必要嗎？事情可以簡化嗎？在資料庫驅動（database-driven）的應用程式中，是否真的需要 DTO、DAO、領域物件等等？可以透過任何方式簡化資料庫存取嗎？這些都只是為了減少 Codebase 大小的想法，以減少為了更改而必須修改的區域數。

其他要看的是耦合（coupling）和內聚（cohesion）的等級。耦合需要保持在絕對的最小值（absolute minimum）。實作這件事的方法之一是透過建構函式、屬性和方法來

注入依賴項（to inject dependency）。注入的依賴項將會是特定的介面型別。我們將編寫一個簡單的範例。新增一個名為 IService 的介面：

```
public interface IService
{
    void Operation();
}
```

該介面包含一個名為 Operation() 的方法。現在，新增一個實作了 IService 的名為 Dependency 的類別：

```
public class Dependency : IService
{
    public void Operation()
    {
        Console.WriteLine("Dependency.Operation() has executed.");
    }
}
```

Dependency 類別實作了 IService 介面。在 Operation() 方法中，一則訊息被輸出到控制台。現在，讓我們新增 LooselyCoupled 類別：

```
public class LooselyCoupled
{
    private readonly IService _service;

    public LooselyCoupled(IService service)
    {
        _service = service;
    }

    public void DoWork()
    {
        _service.Operation();
    }
}
```

如你所見，建構函式採用一個 IService 型別並將其儲存在成員變數之中。對 DoWork() 的呼叫將會呼叫 IService 型別內的 Operation() 方法。LooselyCoupled 類別就是鬆散耦合的，很容易測試。

藉由減少耦合，可以使類別更易於測試；藉由刪除「不屬於類別的程式碼」並將其放置在其所屬位置，可以提高應用程式的可讀性、可維護性和可擴展性。你可以減緩新手的學習曲線，且在執行維護或進行新開發時，也不太會出現 bug。

現在讓我們看一下「解決方案四散」。

解決方案四散

在不同的方法、類別甚至函式庫中所實作的單一職責，會遭遇「解決方案四散」（solution sprawl）的困擾。這會使程式碼真正難以閱讀和理解。結果是程式碼變得難以維護和擴展。

要解決此問題，請將單一職責的實作內容移到同一個類別中。這樣一來，程式碼在一個位置即可完成所需的工作。這會使程式碼易於閱讀和理解。而結果就是可以輕鬆維護和擴展的程式碼。

不受控制的副作用

不受控制的副作用（uncontrolled side effect）是那些在生產環境中出現的「醜」問題，因為品質保證測試（quality assurance test）無法捕捉到它們。遇到這些問題時，唯一的選擇就是重構程式碼，使其可以完全測試，而且在 debug 過程中可以檢視變數，以確保變數有被正確設定。

一個很好的例子是「以參照來傳遞值」（pass value by reference）。想像一下，有兩個執行緒，它們透過參照一個修改「人員物件」（person object）的方法來傳遞「人員物件」。副作用是，除非採用適當的鎖定機制，否則每個執行緒都可以修改另一個執行緒的「人員物件」，進而使資料無效。你在「**第 8 章**」中看到了一個可變物件的範例。

至此結束了我們對「應用程式等級的程式碼臭味」的討論。現在我們將繼續研究「類別等級的程式碼臭味」。

類別等級的程式碼臭味

類別等級（class-level）的程式碼臭味是所討論類別的本地化問題（localized problems）。這些能夠困擾類別的問題包含了循環複雜度和繼承深度、高耦合性和低內聚性之類的問題。在編寫類別時，你應該著重的是要讓類別保持小巧和實用。類別中的方法實際上應該就在那裡，而且應該要很小；僅在類別上做需要做的事情——不多也不少；努力消除類別的依賴性，並讓你的類別可被測試；刪除應該放在其他位置的程式碼。在本節中，我們從「循環複雜度」開始，探討類別等級的程式碼臭味以及如何重構它們。

循環複雜度

當一個類別具有大量分支和迴圈時，其循環複雜度（cyclomatic complexity）會增加。理想情況下，程式碼循環複雜度的值應在 1 到 10 之間。這種程式碼簡單且沒有風險。循環複雜度為 11 到 20 的程式碼很複雜，但風險低。當程式碼的循環複雜度在 21 到 50 之間時，由於程式碼太複雜並為你的專案帶來中等風險，因此需要留意。循環複雜度超過 50 的程式碼具有很高的風險，而且無法測試。值大於 50 的程式碼則必須立即進行重構。

重構的目標是使循環值降至 1 到 10 之間。可以從置換 switch 敘述句開始，然後再置換 if 表達式。

用工廠模式置換 switch 敘述句

在本節中，你將看到如何使用工廠模式（factory pattern）置換 switch 敘述句。首先，我們需要一個報告列舉（report enum）：

```
[Flags]
public enum Report
{
    StaffShiftPattern,
    EndofMonthSalaryRun,
    HrStarters,
    HrLeavers,
    EndofMonthSalesFigures,
    YearToDateSalesFigures
}
```

[Flags] 屬性（attribute）讓我們能夠提取列舉的名稱。而 Report 列舉提供了報告列
表。現在讓我們新增 switch 敘述句：

```csharp
public void RunReport(Report report)
{
    switch (report)
    {
        case Report.EndofMonthSalaryRun:
            Console.WriteLine("Running End of Month Salary Run Report.");
            break;
        case Report.EndofMonthSalesFigures:
            Console.WriteLine("Running End of Month Sales Figures
Report.");
            break;
        case Report.HrLeavers:
            Console.WriteLine("Running HR Leavers Report.");
            break;
        case Report.HrStarters:
            Console.WriteLine("Running HR Starters Report.");
            break;
        case Report.StaffShiftPattern:
            Console.WriteLine("Running Staff Shift Pattern Report.");
            break;
        case Report.YearToDateSalesFigures:
            Console.WriteLine("Running Year to Date Sales Figures
Report.");
            break;
        default:
            Console.WriteLine("Report unrecognized.");
            break;
    }
}
```

我們的方法接受報告（report），然後決定要執行的報告。當我在 1999 年以初級 VB6
程式設計師的身分開始工作時，我負責從頭開始為 Thomas Cook、ANZ、BNZ、
Vodafone 和一些其他大公司建立「報告生成器」（report generator）。有很多的報
告，而我負責撰寫一個大型的 case 敘述句，在此濃縮成上述這個範例。但是我的系統
確實執行良好。然而，按照今天的標準，執行相同程式碼的方法還有很多，而我做事情
的方式也會大不相同。

讓我們使用工廠方法來執行我們的報告，而無需使用 switch 敘述句。新增一個名為 IReportFactory 的檔案，如下所示：

```
public interface IReportFactory
{
    void Run();
}
```

IReportFactory 介面只有一種名為 Run() 的方法。實作類別將使用這個方法來執行其報告。我們將僅新增一個名為 StaffShiftPatternReport 的報告類別，該類別實作了 IReportFactory：

```
public class StaffShiftPatternReport : IReportFactory
{
    public void Run()
    {
        Console.WriteLine("Running Staff Shift Pattern Report.");
    }
}
```

StaffShiftPatternReport 類別實作了 IReportFactory 介面。已實作的 Run() 方法將訊息輸出到螢幕上。新增一個名為 ReportRunner 的報告：

```
public class ReportRunner
{
    public void RunReport(Report report)
    {
        var reportName =
$"CH13_CodeRefactoring.RefactoredCode.{report}Report,
CH13_CodeRefactoring";
        var factory = Activator.CreateInstance(
            Type.GetType(reportName) ?? throw new
InvalidOperationException()
        ) as IReportFactory;
        factory?.Run();
    }
}
```

ReportRunner 類別具有一個名為 RunReport 的方法。它接受 Report 型別的參數。由於 Report 是具有 [Flags] 屬性的列舉，因此我們可以取得 report 列舉的名稱。我們

使用它來建置報告的名稱。然後，我們使用 Activator 類別建立報告的實例。如果在取得型別時 reportName 回傳了 null，那麼 InvalidOperationException 會被拋出。工廠會被強制轉換為 IReportFactory 型別。接著，我們在工廠上呼叫 Run 方法來生成報告。

這段程式碼絕對比「很長的 switch 敘述句」要好得多。我們需要知道如何提高 if 敘述句中條件檢查的可讀性，讓我們接著討論。

在 if 敘述句中提高條件檢查的可讀性

if 敘述句可以破壞單一職責和開放封閉原則。請參見以下範例：

```
public string GetHrReport(string reportName)
{
    if (reportName.Equals("Staff Joiners Report"))
        return "Staff Joiners Report";
    else if (reportName.Equals("Staff Leavers Report"))
        return "Staff Leavers Report";
    else if (reportName.Equals("Balance Sheet Report"))
        return "Balance Sheet Report";
}
```

GetReport() 類別具有三項職責：員工到職報告（Staff Joiners Report）、員工離職報告（Staff Leavers Report）和資產負債表報告（Balance Sheet Report）。這破壞了 SRP，因為該方法僅應與 HR 報告有關，但它卻回傳了 HR 和財務報告。就開放封閉原則而言，每次需要新報告時，我們都必須擴展此方法。讓我們重構該方法，以便我們不再需要 if 敘述句。新增一個名為 ReportBase 的新類別：

```
public abstract class ReportBase
{
    public abstract void Print();
}
```

在這裡，ReportBase 類別是帶有抽象 Print() 方法的抽象類別。我們將新增 NewStartersReport 類別，該類別繼承了 ReportBase 類別：

```
internal class NewStartersReport : ReportBase
{
    public override void Print()
    {
```

```
        Console.WriteLine("Printing New Starters Report.");
    }
}
```

NewStartersReport 類別繼承了 ReportBase 類別並覆寫了 Print() 方法。Print() 方法將訊息輸出到螢幕上。現在，我們將新增 LeaversReport 類別，該類別的內容幾乎相同：

```
public class LeaversReport : ReportBase
{
    public override void Print()
    {
        Console.WriteLine("Printing Leavers Report.");
    }
}
```

LeaversReport 繼承了 ReportBase 類別並覆寫 Print() 方法。Print() 方法將訊息輸出到螢幕上。現在，我們可以呼叫報告了，如下所示：

```
ReportBase newStarters = new NewStartersReport();
newStarters.Print();

ReportBase leavers = new LeaversReport();
leavers.Print();
```

這兩個報告均繼承了 ReportBase 類別，因此可以實例化並將其指派給 ReportBase 變數。接著可以在變數上呼叫 Print() 方法，然後正確的 Print() 方法將被執行。現在該程式碼遵守了單一職責原則和開放封閉原則。

接下來，讓我們看看 Divergent Change。

Divergent Change

當你需要在一個位置進行更改，卻發現自己不得不更改許多不相關的方法時，這就是 **Divergent Change**（發散式修改）。Divergent Change 發生在一個類別內，這是類別結構不良的結果。複製和貼上程式碼是導致此問題的另一個原因。

要解決此問題，請將引起問題的程式碼移到其自身的類別中。如果行為和狀態在類別之間共享，請考慮適當使用基礎類別（base class）和子類別（subclass）來實作繼承。

解決 Divergent Change 相關問題的好處包括了更容易維護，因為「修改」將會位於一個單一位置。這讓支援應用程式變得更得心應手。它還會從系統中刪除重複的程式碼，這剛好是我們將要討論的下一件事。

Downcasting

將基礎類別強制轉換為其子類別之一時，這被稱為 **Downcasting（向下轉型）**。這顯然是一種程式碼臭味，因為基礎類別不應該知道繼承它的類別。舉例來說，考慮 Animal 基礎類別。任何型別的動物都可以繼承此基礎類別。但是動物只能是一種型別，例如：貓科動物是貓科動物，犬科動物是犬科動物。將貓科動物放到犬科動物上是荒謬的，反之亦然。

將一種動物 Downcasting 為一種子型別（subtype）時就更荒謬了。這就像是說猴子和駱駝一樣，牠們都擅長將人類和貨物運送穿過沙漠。這毫無意義。因此，你永遠不應該 Downcasting。將諸如猴子和駱駝之類的各種動物「向上轉型」（upcasting）為 Animal 型別是有效的，因為貓科動物、犬科動物、猴子和駱駝都是動物（animal）。

過多的文字使用

使用文字（literal）時，很容易造成程式碼撰寫錯誤。一個例子是字串文字中的拼寫錯誤。最好將文字指派給常數變數（constant variable）。字串文字應放置在資源檔案中以進行本地化，尤其是如果你計劃將軟體部署到世界各地的話。

Feature Envy

當一種方法花費更多時間，來處理其所在類別之外的類別中的原始碼時，這被稱為 **Feature Envy（特性依戀）**。我們將在 Authorization 類別中看到一個範例。但在實作之前，讓我們看一下 Authentication 類別：

```
public class Authentication
{
    private bool _isAuthenticated = false;
```

```
    public void Login(ICredentials credentials)
    {
        _isAuthenticated = true;
    }

    public void Logout()
    {
        _isAuthenticated = false;
    }

    public bool IsAuthenticated()
    {
        return _isAuthenticated;
    }
}
```

我們的 Authentication 類別負責登入和登出人員，並識別人員是否已通過身分驗證。
新增我們的 Authorization 類別：

```
public class Authorization
{
    private Authentication _authentication;

    public Authorization(Authentication authentication)
    {
        _authentication = authentication;
    }

    public void Login(ICredentials credentials)
    {
        _authentication.Login(credentials);
    }

    public void Logout()
    {
        _authentication.Logout();
    }

    public bool IsAuthenticated()
    {
        return _authentication.IsAuthenticated();
    }
```

```
    }

    public bool IsAuthorized(string role)
    {
        return IsAuthenticated && role.Contains("Administrator");
    }
}
```

正如你在 Authorization 類別中所見，它所做的已超出了預期。有一種方法可以驗證使用者是否「被授權」擔任某個角色。檢查傳入的角色以檢查它是否為管理員角色。如果是，則該人員被授權；但如果該角色不是管理員角色，則該人員未被授權。

不過，如果你查看其他方法，那麼它們只不過在 Authentication 類別中呼叫相同的方法而已。因此，在此類別的上下文中，身分驗證方法是 Feature Envy 的一個範例。讓我們從 Authorization 類別中刪除 Feature Envy 的部分：

```
public class Authorization
{
    private ProblemCode.Authentication _authentication;

    public Authorization(ProblemCode.Authentication authentication)
    {
        _authentication = authentication;
    }

    public bool IsAuthorized(string role)
    {
        return _authentication.IsAuthenticated() &&
role.Contains("Administrator");
    }
}
```

你會發現 Authorization 類別現在要小得多，而且它只做它需要做的事情。不再有任何 Feature Envy 的部分。

接下來，我們將看看 Inappropriate Intimacy。

Inappropriate Intimacy

當類別依賴於「單獨類別中擁有的實作細節」時，它就構成了 **Inappropriate Intimacy**（**不適當的親密**）。具有這種依賴的類別真的需要存在嗎？可以將它與它所依賴的類別合併嗎？還是有共享功能，最好能被提取到自己的類別之中？

類別之間不應相互依賴，因為這會導致耦合，而且還可能影響內聚力。理想情況下，一個類別應該是獨立的。而且，各個類別之間應該了解得越少越好。

不適當的揭露

當類別透露其內部細節時，這就是**不適當的揭露**（indecent exposure）。這打破了「封裝」（encapsulation）的 OOP 原則。只有應該公開的內容才能被公開。所有其他「不需要公開的實作內容」都應該使用適當的存取修飾詞（access modifier）隱藏起來。

資料值不應該是公有的。它們應該是私有的，而且只能透過建構函式、方法和屬性（property）進行修改。而且它們只能透過屬性才能夠檢索。

大型類別（又名 God 物件）

大型類別（large class）也被稱作 God 物件，是系統中所有部分的所有事物。這是一個龐大又笨拙的類別，它所做的事太多了。當你嘗試讀取此物件時，閱讀類別名稱並查看其所在的名稱空間，可能會讓你清楚了解程式碼的意圖，但是當你查看程式碼時，程式碼的意圖可能讓你難以理解。

編寫良好的類別應具有其意圖的名稱，並應放置在適當的名稱空間之中。該類別的內容應遵循公司的程式碼撰寫標準。方法應保持盡可能地小，而方法參數應保持絕對最小的狀況（absolute bare minimum）。只有屬於該類別的方法才應該在該類別之中；不屬於該類別的成員變數、屬性和方法都應刪除，並放置在正確名稱空間的正確檔案之中。

為了使類別小而集中，請不要在不需要時繼承類別。如果有一個包含五個方法的類別，而你將永遠只使用其中一個，是否有可能將該方法移到其自己的可重用類別中？請記住單一職責原則。一個類別應該只負責一個責任。舉例來說，檔案類別僅應處理與「檔案」有關的操作和行為；檔案類別不應執行資料庫操作。我相信你明白了。

在編寫類別時，你的目標是使類別盡可能地小、整潔且可讀。

惰性類別（又名 Freeloader 和惰性物件）

Freeloader 類別幾乎沒有任何用處。當你遇到這樣的類別時，可以將其內容與「具有相同意圖的其他類別」合併。

你也可以嘗試破壞繼承階層結構（inheritance hierarchy）。請記住，理想的繼承深度是 1。因此，如果類別的繼承深度值較大，那麼它們是從「繼承樹」向上移的理想選擇。你也可以考慮對「非常小的類別」使用內嵌（inline）類別。

Middleman 類別

Middleman（中間人）類別只不過是將「功能」委託給其他物件。在這種情況下，你可以擺脫 Middleman 並直接處理承擔責任的物件。

此外，請記住，你需要保持繼承的深度。因此，如果你無法擺脫該類別，請嘗試將其與現有類別合併。請檢視該程式碼區域的整體設計。是否可以透過某種方式重構所有程式碼，以減少程式碼量和減少不同類別的數量？

變數和常數的孤立類別

讓「一個單獨的類別」儲存應用程式中多個不同部分的變數和常數，這並不是一個好習慣。當你遇到這種情況時，這些變數可能很難具有任何真實的意義，且它們的上下文可能會遺失。最好將常數和變數移動到使用它們的區域。如果常數和變數會由多個類別使用，則應將它們指派給將在其中使用的「名稱空間」的根目錄下的檔案。

Primitive Obsession

對於某些任務來說（例如「範圍值」和「格式化的字串」，如信用卡、郵遞區號和電話號碼），使用「原始值」而不是「物件」的原始碼會遭遇 **Primitive Obsession**（**原始型別偏執**）的困擾。其他徵兆包括了「用於欄位名稱的常數」以及「不適當地儲存在常數中的資訊」。

拒絕遺贈

當「一個類別」繼承自「另一個類別」但不使用其所有方法時，這就是「**拒絕遺贈**」（**refused bequest**）。發生這種情況的常見原因是「子類別」與「基礎類別」完全不同。例如，building 基礎類別用於不同的建築物類型，但是 car 物件繼承了 building，只因它具有「與門窗有關」的屬性和方法。這顯然是錯誤的。

遇到這種情況時，請考慮是否需要基礎類別。如果需要的話，則建立一個，然後從中繼承；否則，請將功能新增到從「錯誤類型」繼承的類別之中。

推測普遍性

使用「目前不需要但將來可能需要的功能」進行開發的類別，將遭遇「**推測普遍性**」（**speculative generality**）的困擾。這樣的程式碼是無效程式碼（dead code），並增加了維護開銷及造成程式碼膨脹。最好在看到它們時將其刪除。

說，別問

「說，別問」（Tell, Don't Ask）軟體原理告訴我們，作為程式設計師，我們要將「資料」與「將對資料進行操作的方法」捆綁在一起。我們的物件不得「索取」（ask for）資料，然後對其進行操作！它們必須「說出」（tell）物件邏輯以對該物件的資料執行特定任務。

如果你找到包含「邏輯」的物件，這些物件亦要求其他物件提供「資料」來執行它們的操作，請將「邏輯」和「資料」合併到一個類別之中。

臨時欄位

「臨時欄位」（temporary field）是物件的整個生命週期中不需要的成員變數。

你可以透過把「臨時欄位」和「對它們進行操作的方法」移到它們自己的類別中來進行重構。最後，你將取得整潔又有條理的程式碼。

方法等級的臭味

方法等級（method-leve）的程式碼臭味是方法本身內部的問題。方法是使軟體執行良好或執行不佳的主要角色。它們應該組織得井井有條，只做它們被期望做的事情——不多也不少。最重要的是，我們必須了解由於方法建構不當可能引起的各種問題。我們將處理與「方法等級的程式碼臭味」有關的問題，以及我們可以採取哪些措施解決它們。我們將從「害群之馬方法」開始。

害群之馬方法

在該類別的所有方法當中，「害群之馬」（black sheep）方法會有明顯不同。當你遇到「害群之馬」方法時，你必須客觀地考慮該方法。它叫什麼名字？該方法的目的是什麼？回答完這些問題之後，你可以決定刪除該方法，並將其放置在真正屬於該方法的位置。

循環複雜度

當一種方法具有太多的迴圈和分支時，這就是「循環複雜度」。此程式碼臭味也是「類別等級的程式碼臭味」，當我們著眼於置換 switch 和 if 敘述句時，我們已經看到了如何減少分支的問題。至於迴圈，可以將它們置換為 LINQ 敘述句。LINQ 敘述句有一個附加好處：它能作為功能性程式碼（functional code），因為 LINQ 是一種功能性查詢語言（functional query language）。

人為複雜性

當一種方法不必要地複雜且可以簡化時，這種複雜性被稱為人為複雜性。簡化方法以確保其內容易於閱讀和理解。然後，嘗試重構該方法，並將它的大小減至最小的行數（最實際的行數）。

無效程式碼

當一個方法存在但不被使用時，這就是無效程式碼（dead code）。建構函式、屬性、參數和變數也是如此。它們應該被識別出來並刪除。

過多的資料回傳

當一個方法回傳的資料多於「呼叫它的每個客戶端」所需的資料時，這種程式碼臭味被稱為「過多的資料回傳」（excessive data return）。只有「被需要的資料」才應該被回傳。如果你發現了物件群組，它們有不同的需求，那麼你應該考慮編寫能夠迎合這些群組的不同方法，而且只回傳那些群組所需的內容。

Feature Envy

具有 Feature Envy 的方法，在存取「其他物件」的資料時，所花費的時間比「在自己的物件中」所花費的時間還要多。當我們在「類別等級的程式碼臭味」中觀察 Feature Envy 時，我們已經看到了這一點。

方法應該保持小巧，此外，最重要的是應將其「主要功能」本地化（localized）為該方法。如果它在「其他方法」中做得比「其自身的方法」還要多，那麼就有空間，可以把某些程式碼移出該方法並移入其自身的方法中。

識別字大小

識別字（identifier）可以是過短或過長的。識別字應具有描述性和簡潔性。命名變數時要考慮的主要事項是上下文（context）和位置（location）。在一個區域迴圈（localized loop）中，單一字母可能是合適的。但如果識別字是在類別等級，就會需要一個「人類可理解的名稱」來為其提供上下文。避免使用缺少上下文、模稜兩可或造成混淆的名稱。

Inappropriate Intimacy

過於依賴「其他方法或類別中的實作細節」的方法顯示了 Inappropriate Intimacy（不適當的親密）。這些方法需要重構，甚至可以刪除。需要謹記在心的重點是，這些方法使用了另一個類別的內部欄位和方法。

要執行重構，你可以把「方法」和「欄位」移動到實際需要使用的地方。或者，你可以將「欄位」和「方法」提取到它們自己的類別之中。當子類別與父類別緊密聯繫時，繼承（inheritance）可以代替委派（delegation）。

冗長的行（又名 God 行）

冗長的程式碼行（long lines of code）可能很難閱讀和解釋。程式設計師將難以 debug 和重構這種程式碼。可能的話，可以對該「行」進行格式化，以使「逗號」後的「任何句點」和「任何程式碼」都出現在新「行」上。不過，我們也應該重構這種程式碼，使其變得更小。

惰性方法

惰性方法（lazy method）是一種做很少事情的方法。它可以將其工作「委託」給其他方法，也可以簡單地呼叫「在另一個類別上的方法」來執行它應該做的事情。如果是上述任何一種情況，那麼「擺脫」這些方法並將這些方法中的程式碼放置在需要它的地方，可能是值得的。舉例來說，你可以使用內嵌函數，如 lambda。

冗長的方法（又名 God 方法）

冗長的方法是一種已經不合時宜的方法。這樣的方法可能會失去其意圖並執行比預期更多的任務。你可以使用 IDE 來選擇方法的各個部分，然後選擇提取（extract）方法或提取類別，以將方法的各個部分移動到它們自己的方法（甚至它們自己的類別之中）。方法僅應負責完成一項任務。

冗長參數列表（又名參數過多）

三個或更多的參數會被視為「冗長參數列表」（Long Parameter List）程式碼臭味。你可以透過使用「方法呼叫」（method call）來置換參數，以解決此問題。另一種做法是使用「參數物件」（parameter object）置換參數。

訊息鏈

當一個方法呼叫一個物件以呼叫另一個物件再呼叫另一個物件，依此類推，就會產生「訊息鏈」（message chain）。之前，當我們研究 Demeter 定律時，你已經理解了如何處理訊息鏈。訊息鏈違反了該法則，因為一個類別只能與其最近的鄰居（nearest neighbor）進行溝通。重構這種類別，以將「所需的狀態和行為」移到更接近所需的位置。

Middleman 方法

當一個方法所要做的就是將工作委託他人完成時，它就是一個 Middleman（中間人）方法，可以進行重構和刪除。但是，如果有一些功能是無法刪除的，那麼請把它合併到「正在使用它的區域」之中。

奇怪的解決方案

當你看到多種方法做相同的事情但做法不同時，這就是一個「奇怪的解決方案」。選擇最能實作該任務的方法，然後將「對其他方法的方法呼叫」置換為「對最佳方法的呼叫」。然後，刪除其他方法。如此一來，只剩下一種方法，以及一種實作可重用任務的做法。

推測普遍性

程式碼中任何地方都沒有使用的方法，被稱為「推測普遍性」（speculative generality）程式碼臭味。它本質上是無效程式碼，所有無效程式碼都應從系統中刪除。這樣的程式碼增加了維護開銷，而且還造成了不必要的程式碼膨脹。

小結

在本章中，你學到了各種程式碼臭味，以及如何透過重構刪除它們。我們討論了：在應用程式的所有層級中都有的「應用程式等級的程式碼臭味」、在整個類別中執行的「類別等級的程式碼臭味」，以及影響各個方法的「方法等級的程式碼臭味」。

首先，我們介紹了「應用程式等級的程式碼臭味」，包括 Boolean 盲性、組合爆炸、人為複雜性、Data Clump、除臭劑註解、重複的程式碼、遺失的意圖、變數的突變、奇怪的解決方案、Shotgun Surgery、解決方案四散，以及不受控制的副作用。

然後，我們繼續研究「類別等級的程式碼臭味」，包括循環複雜度、Divergent Change、Downcasting、過多的文字使用、Feature Envy、Inappropriate Intimacy、不適當的揭露，以及大型物件（又名 God 物件）。我們還介紹了：惰性類別（又名 Freeloader 和惰性物件）、Middleman、變數和常數的孤立類別、Primitive Obsession、拒絕遺贈、推測普遍性、「說，別問」，以及臨時欄位。

最後，我們探討了「方法等級的程式碼臭味」。我們介紹了：害群之馬、循環複雜度、人為複雜性、無效程式碼、Feature Envy、Inappropriate Intimacy、冗長的行（又名 God 行）、惰性方法、冗長方法（又名 God 方法）、冗長參數列表（又名參數過多）、訊息鏈、Middleman、奇怪的解決方案，以及推測普遍性。

在下一章中，我們將繼續使用 ReSharper 進行程式碼重構。

練習題

1. 程式碼臭味的三個主要分類是什麼？
2. 說出「應用程式等級的程式碼臭味」的不同類型。
3. 說出「類別等級的程式碼臭味」的不同類型。
4. 說出「方法等級的程式碼臭味」的不同類型。
5. 你可以執行哪種重構來清除各種程式碼臭味？
6. 循環複雜度是什麼？
7. 我們如何克服循環複雜度？
8. 人為複雜性是什麼？
9. 我們如何克服人為複雜性？
10. 組合爆炸是什麼？
11. 我們如何克服組合爆炸？
12. 當發現除臭劑註解時該怎麼辦？
13. 如果你的程式碼錯誤，但不知道如何解決，該怎麼辦？
14. 關於程式設計的問題，哪裡是提問和取得答案的好地方？
15. 如何減少冗長參數列表？
16. 如何重構大型方法？
17. 整潔方法的最大長度是多少？
18. 你的程式的循環複雜度應該在哪個數字範圍內？
19. 理想的繼承深度值是多少？
20. 推測普遍性是什麼？你應該怎麼做？
21. 如果遇到奇怪的解決方案，應採取什麼措施？
22. 如果遇到臨時欄位，你將執行哪些重構？
23. Data Clump（資料泥團）是什麼？你應該如何處理？
24. 請解釋何謂拒絕遺贈的程式碼臭味。
25. 訊息鏈打破了什麼定律？

26. 訊息鏈應該如何重構？

27. Feature Envy 是什麼？

28. 如何消除 Feature Envy？

29. 你可以使用什麼模式來置換回傳物件的 switch 敘述句？

30. 如何置換回傳物件的 if 敘述句？

31. 解決方案四散是什麼？可以採取什麼措施解決它？

32. 請解釋「說，別問」原則。

33. 如何打破「說，別問」原則？

34. Shotgun Surgery（霰彈槍手術）的症狀是什麼？應該如何解決？

35. 請解釋遺失的意圖，以及對此可以採取的措施。

36. 如何重構迴圈？重構帶來了什麼好處？

37. Divergent Change 是什麼？你將如何重構它？

延伸閱讀

- Martin Fowler 和 Kent Beck 的經典著作《*Refactoring: Improving the Design of Existing Code*》
- 關於設計模式和程式碼臭味的好網站：`https://refactoring.guru/refactoring`
- 一個基於 C# 的非常好的網站，提供各種設計模式：`https://www.dofactory.com/net/design-patterns`

14

重構C#程式碼：
實作設計模式

編寫 clean code 的大半戰役（half the battle）在於正確實作和使用設計模式（design pattern）。設計模式本身可能會變成程式碼臭味。當設計模式被用來「過度設計」（over-engineer）某些易於實作的東西時，它就會變成程式碼臭味。

在本書的前幾章中，你已經看到了設計模式在編寫 clean code 和重構程式碼臭味的使用方式。具體來說，我們已經實作了 Adapter Pattern（轉接器模式）、裝飾器模式（decorator pattern）和代理模式（proxy pattern）。這些模式以正確的方式實作，來完成手上的任務。它們保持簡單，且確實不會使程式碼複雜化。因此，當用於適當目的時，設計模式對於消除程式碼臭味來說是非常有幫助的，讓你的程式碼美好、簡潔、清新。

在本章中，我們將探討 **Gang-of-Four**（四人幫，**GoF**）的「建立式」（creational）、「結構式」（structural）和「行為式」（behavioral）設計模式。設計模式並非一成不變，你不必嚴格執行它們。不過，透過檢視一些程式碼範例，可以幫助你從僅僅具有基本知識，進而掌握正確實作和使用設計模式所需的技能。

在本章中，我們將討論以下主題：

- 實作「建立式設計模式」
- 實作「結構式設計模式」
- 「行為式設計模式」的概觀

讀完本章，你將具備以下技能：

- 能夠理解、描述和開發不同的「建立式設計模式」
- 能夠理解、描述和開發不同的「結構式設計模式」
- 對「行為式設計模式」概觀的理解

我們將從「建立式設計模式」的介紹開始概述 GoF 設計模式。

技術要求

- Visual Studio 2019
- 一個 Visual Studio 2019 .NET Framework 控制台應用程式，作為你的工作專案
- 本章的完整原始碼：`https://github.com/PacktPublishing/Clean-Code-in-C-/tree/master/CH14/CH14_DesignPatterns`

實作建立式設計模式

從程式設計師的角度來看，我們在建立物件時會使用「建立式設計模式」。我們根據手上的任務選擇模式。總共有五種「建立式設計模式」：

- **單例（Singleton）**：單例模式可以確保在「應用程式等級」僅存在一個物件實例。
- **工廠方法（Factory Method）**：工廠模式用於建立物件，而無需使用「需要用到的類別」。
- **抽象工廠（Abstract Factory）**：如果沒有具體類別的規格，「相依（related）或依賴（dependent）物件的群組」將由抽象工廠實例化。
- **原型（Prototype）**：指定「要建立的原型」的型別，然後建立該原型的副本。
- **建置器（Builder）**：將物件建構（construction）與其表示形式（representation）分開。

我們現在將開始實作所有這些模式，並從「單例設計模式」開始。

實作單例模式

「單例設計模式」僅允許類別的一個實例對其進行全域存取。當系統內的所有操作必須由一個物件協調時，請使用單例模式：

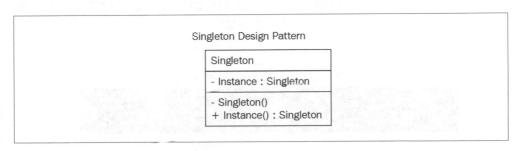

這種模式的參與者是**單例（singleton）**，這是一個負責管理自己的實例並確保在整個系統中僅執行一個實例的類別。

現在，我們將實作「單例設計模式」：

1. 將一個名為 Singleton 的資料夾新增到 CreationalDesignPatterns 資料夾中。然後，新增一個名為 Singleton 的類別：

```
public class Singleton {
    private static Singleton _instance;

    protected Singleton() { }

    public static Singleton Instance() {
        return _instance ?? (_instance = new Singleton());
    }
}
```

2. Singleton 類別儲存自身實例的靜態副本。你不能實例化該類別，因為該建構函式被標記為受保護的（protected）。Instance() 方法是靜態的。它檢查是否存在 Singleton 類別的實例。如果存在，則將其回傳；如果它不存在，則建立並回傳該實例。現在，我們將新增程式碼來呼叫它：

```
var instance1 = Singleton.Instance();
var instance2 = Singleton.Instance();
```

```
if (instance1.Equals(instance2))
    Console.WriteLine("Instance 1 and instance 2 are the same
instance of Singleton.");
```

3. 我們宣告 Singleton 類別的兩個實例，然後將它們進行比較，以查看它們是否為相同的實例。你可以在以下螢幕截圖中看到輸出：

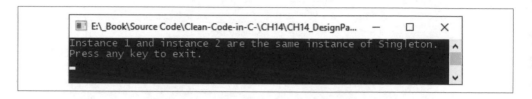

如你所見，我們有一個實作「單例設計模式」的工作類別。接下來，我們將處理「工廠方法設計模式」。

實作工廠方法模式

「工廠方法設計模式」建立的物件使它們的「子類別」能夠實作自己的「物件建立邏輯」（object creation logic）。當你要將物件實例化於一個地方而且需要生成一組特定的相關物件時，請使用此設計模式：

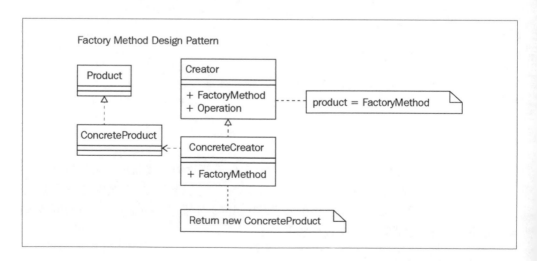

該專案的參與者如下：

- Product：透過工廠方法建立的抽象產品
- ConcreteProduct：繼承抽象產品
- Creator：具有抽象工廠方法的抽象類別
- Concrete Creator：繼承抽象建立者（abstract creator）並覆寫工廠方法

現在，我們將實作工廠方法：

1. 新增名為 FactoryMethod 的資料夾到 CreationalDesignPatterns 資料夾中。然後，新增 Product 類別：

   ```
   public abstract class Product {}
   ```

2. Product 類別定義了由工廠方法建立的物件。新增 ConcreteProduct 類別：

   ```
   public class ConcreteProduct : Product {}
   ```

3. ConcreteProduct 類別繼承了 Product 類別。新增 Creator 類別：

   ```
   public abstract class Creator {
       public abstract Product FactoryMethod();
   }
   ```

4. Creator 類別將由 ConcreteFactory 類別繼承，該類別將實作 FactoryMethod()。新增 ConcreteCreator 類別：

   ```
   public class ConcreteCreator : Creator {
       public override Product FactoryMethod() {
           return new ConcreteProduct();
       }
   }
   ```

5. ConcreteCreator 類別繼承了 Creator 類別並覆寫 FactoryMethod()。該方法回傳一個新的 ConcreteProduct 類別。以下程式碼展示了正在使用的工廠方法：

   ```
   var creator = new ConcreteCreator();
   var product = creator.FactoryMethod();
   Console.WriteLine($"Product Type: {product.GetType().Name}");
   ```

我們建立了 ConcreteCreator 類別的新實例。接著，我們呼叫 FactoryMethod() 來建立一個新產品。然後，由工廠方法建立的產品名稱會輸出到控制台視窗，如下所示：

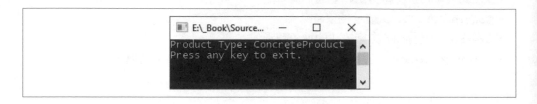

現在我們知道如何實作「工廠方法設計模式」了，接下來，讓我們繼續實作「抽象工廠設計模式」。

實作抽象工廠模式

在沒有具體類別規格的情況下，使用「抽象工廠設計模式」實例化「相依或依賴物件的群組」（又被稱作家族，family）：

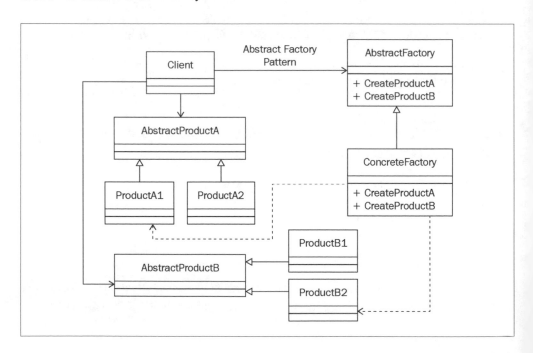

此模式的參與者如下：

- AbstractFactory：抽象工廠，由具體工廠（concrete factory）所實作
- ConcreteFactory：建立具體產品（concrete product）
- AbstractProduct：具體產品將會繼承的抽象產品
- Product：繼承 AbstractProduct，由具體工廠所建立

現在，我們將開始實作該模式：

1. 將一個名為 CreationalDesignPatterns 的資料夾新增到專案中。
2. 將一個名為 AbstractFactory 的資料夾新增到 CreationalDesignPatterns 資料夾中。
3. 在 AbstractFactory 資料夾中，新增 AbstractFactory 類別：

```
public abstract class AbstractFactory {
    public abstract AbstractProductA CreateProductA();
    public abstract AbstractProductB CreateProductB();
}
```

4. AbstractFactory 包含兩種用於建立抽象產品的抽象方法。新增 AbstractProductA 類別：

```
public abstract class AbstractProductA {
    public abstract void Operation(AbstractProductB productB);
}
```

5. AbstractProductA 類別具有一個抽象方法，該方法對 AbstractProductB 執行操作。現在，新增 AbstractProductB 類別：

```
public abstract class AbstractProductB {
    public abstract void Operation(AbstractProductA productA);
}
```

6. AbstractProductB 類別具有一個抽象方法，該方法對 AbstractProductA 執行操作。新增 ProductA 類別：

```
public class ProductA : AbstractProductA {
    public override void Operation(AbstractProductB productB) {
        Console.WriteLine("ProductA.Operation(ProductB)");
```

```
    }
}
```

7. ProductA 繼承了 AbstractProductA 並覆寫 Operation() 方法，該方法與 AbstractProductB 進行互動。在此範例中，Operation() 方法將印出控制台訊息。對 ProductB 類別執行相同的操作：

```csharp
public class ProductB : AbstractProductB {
    public override void Operation(AbstractProductA productA) {
        Console.WriteLine("ProductB.Operation(ProductA)");
    }
}
```

8. ProductB 繼承了 AbstractProductB 並覆寫 Operation() 方法，該方法與 AbstractProductA 進行互動。在此範例中，Operation() 方法將印出控制台訊息。新增 ConcreteFactory 類別：

```csharp
public class ConcreteProduct : AbstractFactory {
    public override AbstractProductA CreateProductA() {
        return new ProductA();
    }

    public override AbstractProductB CreateProductB() {
        return new ProductB();
    }
}
```

9. ConcreteFactory 繼承了 AbstractFactory 類別，並覆寫兩種產品建立方法。每個方法都會回傳一個具體的類別。新增 Client 類別：

```csharp
public class Client
{
    private readonly AbstractProductA _abstractProductA;
    private readonly AbstractProductB _abstractProductB;

    public Client(AbstractFactory factory) {
        _abstractProductA = factory.CreateProductA();
        _abstractProductB = factory.CreateProductB();
    }

    public void Run() {
```

```
        _abstractProductA.Operation(_abstractProductB);
        _abstractProductB.Operation(_abstractProductA);
    }
}
```

10. Client 類別宣告了兩個抽象產品。其建構函式採用了 AbstractFactory 類別。在建構函式內部,兩個宣告的抽象產品都由工廠指派了各自的具體產品。Run() 方法在兩個產品上都執行 Operation()。以下程式碼執行我們的抽象工廠範例:

```
AbstractFactory factory = new ConcreteProduct();
Client client = new Client(factory);
client.Run();
```

11. 執行程式碼後,你將看到以下輸出:

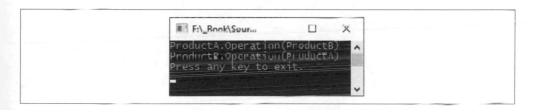

ADO.NET 2.0 的 DbProviderFactory 抽象類別是一個很棒的「抽象工廠」參考實作。Moses Soliman 發表在 C# Corner 的《*Abstract Factory Design Pattern in ADO.NET 2.0*》,這是一篇關於 DbProviderFactory 的好文章,介紹了「抽象工廠設計模式」的實作,讀者可以在此閱讀這篇文章:**https://www.c-sharpcorner. com/article/abstract-factory-design-pattern-in-ado- net-2-0/**。

我們已經成功實作了「抽象工廠設計模式」。現在,我們將實作「原型模式」。

實作原型模式

「原型設計模式」用於建立原型的實例,然後透過複製(clone)原型來建立新物件。當直接建立物件的成本很高時,請使用此模式。使用此模式,你可以快取(cache)物件並在需要時回傳複本(clone):

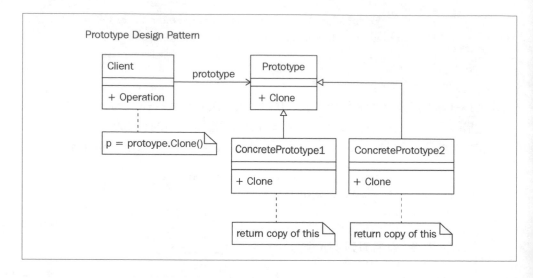

「原型設計模式」的參與者如下：

- Prototype：一個抽象類別，它提供了一個「複製」它自己的方法
- ConcretePrototype：繼承了原型，並覆寫了 Clone() 方法以回傳原型的成員複本。
- Client：請求原型的新複本

現在，我們將實作「原型設計模式」：

1. 將一個名為 Prototype 的資料夾新增到 CreationalDesignPatterns 資料夾中，然後新增 Prototype 類別：

```csharp
public abstract class Prototype {
    public string Id { get; private set; }

    public Prototype(string id) {
        Id = id;
    }

    public abstract Prototype Clone();
}
```

2. 我們的 `Prototype` 類別必須被繼承。它的建構函式要求傳遞一個識別字串（identifying string），該字串被儲存在類別等級。一個 `Clone()` 方法會被提供，子類別將覆寫該方法。現在，新增 `ConcretePrototype` 類別：

```
public class ConcretePrototype : Prototype {
    public ConcretePrototype(string id) : base(id) { }

    public override Prototype Clone() {
        return (Prototype) this.MemberwiseClone();
    }
}
```

3. `ConcretePrototype` 類別繼承了 `Prototype` 類別。它的建構函式採用一個識別字串，並將該字串傳遞給基礎類別的建構函式。然後，它透過呼叫「`MemberwiseClone()` 方法」並回傳「強制轉換」為原型型別的複本，來覆寫 clone 方法，以提供目前物件的淺層副本（shallow copy）。以下程式碼展示了使用中的「原型設計模式」：

```
var prototype = new ConcretePrototype("Clone 1");
var clone = (ConcretePrototype)prototype.Clone();
Console.WriteLine($"Clone Id: {clone.Id}");
```

我們的程式碼建立了一個帶有 `"Clone 1"` 識別字的 `ConcretePrototype` 類別新實例。然後，我們複製原型，並將其轉換為 `ConcretePrototype` 型別。我們接著將「複本的識別字」輸出到控制台視窗，如下所示：

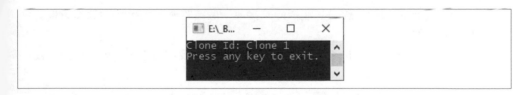

如我們所見，這個複本與「它所複製的原型」有相同的識別字。

Akshay Patel 在 C# Corner 發表的《*Prototype Design Pattern with Real-World Scenario*》是一篇詳細解說真實世界範例的優秀文章，讀者可以在此閱讀：`https://www.c-sharpcorner.com/UploadFile/db2972/prototype-design-pattern-with-real-world-scenario624/`。

現在，我們將實作最後一個的「建立式設計模式」，即「建置器設計模式」。

實作建置器模式

「建置器設計模式」將物件的建構（construction）與其表示形式（representation）分離。因此，你可以使用「相同的建構方法」來建立「物件的不同表示形式」。當你有一個複雜的物件需要分階段建置和連接時，請使用「建置器設計模式」：

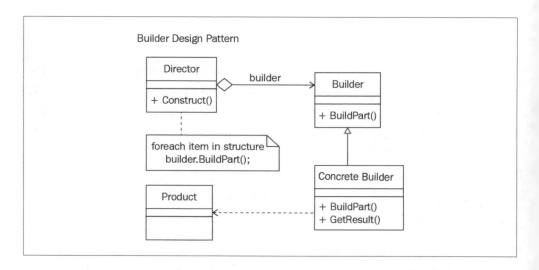

「建置器設計模式」的參與者如下：

- `Director`：一個類別，透過其建構函式接收一個建置器，然後呼叫該建置器物件上的每個建置方法
- `Builder`：一個抽象類別，提供抽象的建置方法，以及被用來「回傳」已建置物件的抽象方法
- `ConcreteBuilder`：一個具體類別，它繼承了 `Builder` 類別，覆寫了建置方法以實際建置物件，並覆寫了結果方法（result method）以回傳完全建置的物件

讓我們開始實作最後一個「建立式設計模式」，即「建置器設計模式」：

1. 首先將一個名為 `Builder` 的資料夾新增到 `CreationalDesignPatterns` 資料夾中。然後，新增 `Product` 類別：

```
public class Product {
    private List<string> _parts;

    public Product() {
        _parts = new List<string>();
    }

    public void Add(string part) {
        _parts.Add(part);
    }

    public void PrintPartsList() {
        var sb = new StringBuilder();
        sb.AppendLine("Parts Listing:");
        foreach (var part in _parts)
            sb.AppendLine($"- {part}");
        Console.WriteLine(sb.ToString());
    }
}
```

2. 在我們的範例中，Product 類別保留了一個零件（part）列表，它們都是字串。該列表在建構函式中被初始化。透過 Add() 方法新增零件，當我們的物件完全建構之後，我們可以呼叫 PrintPartsList() 方法，將組成物件的「零件列表」輸出到控制台視窗。現在，新增 Builder 類別：

```
public abstract class Builder
{
    public abstract void BuildSection1();
    public abstract void BuildSection2();
    public abstract Product GetProduct();
}
```

3. 我們的 Builder 類別將被具體類別繼承，具體類別將覆寫其抽象方法以建置物件並回傳它。現在，我們將新增 ConcreteBuilder 類別：

```
public class ConcreteBuilder : Builder {
    private Product _product;

    public ConcreteBuilder() {
        _product = new Product();
    }
```

```
        public override void BuildSection1() {
            _product.Add("Section 1");
        }

        public override void BuildSection2() {
            _product.Add(("Section 2"));
        }

        public override Product GetProduct() {
            return _product;
        }
    }
```

4. 我們的 ConcreteBuilder 類別繼承了 Builder 類別。該類別儲存「要建構的物件」的實例。覆寫建置方法，並透過產品的 Add() 方法將零件新增到產品之中。該產品透過 GetProduct() 方法呼叫，回傳到了客戶端。新增 Director 類別：

```
public class Director
{
    public void Build(Builder builder)
    {
        builder.BuildSection1();
        builder.BuildSection2();
    }
}
```

5. Director 類別是一個具體類別，它透過其 Build() 方法取得一個 Builder 物件，並呼叫該 Builder 物件上的建置方法來建置該物件。以下程式碼展示了使用中的「建置器設計模式」：

```
var director = new Director();
var builder = new ConcreteBuilder();
director.Build(builder);
var product = builder.GetProduct();
product.PrintPartsList();
```

6. 我們建立了 director 和 builder。director 建構了產品。然後該產品被指派，並
   將其「零件列表」輸出到控制台視窗，如下所示：

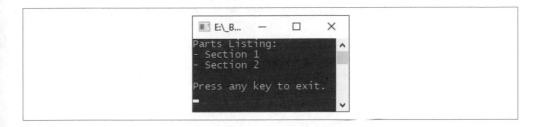

一切都如預期進行。

在 .NET Framework 中，System.Text.StringBuilder 類別是現實世界中「建置器
設計模式」的一個例子。當連接五行或更多行時，使用「帶有加號（+）運算子的字
串連接（string concatenation）」比使用「StringBuilder 類別」還要慢。當連接行
少於五行時，使用「+運算子」的字串連接會比 StringBuilder 快；但是在連接行多
於五行時，則比 StringBuilder 慢。這背後的原因是，每次使用「+運算子」建立字
串時，由於字串在堆積（heap）上都是不可變的，因此，你將重新建立該字串。但是
StringBuilder 在堆積上配置了「緩衝區空間」。然後，將字元寫入「緩衝區空間」。
在只有少數幾行的情況下，由於使用「字串建置器」時建立緩衝區的開銷很大，因此
「+運算子」會更快；但是，當多於五行時，使用 StringBuilder 會有明顯不同。
在可能產生成千上萬（甚至數百萬個）字串連接的巨量資料專案中，你所決定採用的
字串連接策略，將會影響效能的快或慢。讓我們建立一個簡單的示範。建立一個名為
StringConcatenation 的新類別，然後新增以下程式碼：

```
private static DateTime _startTime;
private static long _durationPlus;
private static long _durationSb;
```

_startTime 變數儲存「方法執行的當前開始時間」。使用「+運算子」進行連接時，
_durationPlus 變數儲存「方法執行的持續時間」作為「滴答數」（the number of
ticks），而使用 StringBuilder 進行連接時，_durationSb 變數儲存「操作的持續時
間」作為「滴答數」。將 UsingThePlusOperator() 方法新增到該類別中：

```
public static void UsingThePlusOperator()
{
    _startTime = DateTime.Now;
```

```
    var text = string.Empty;
    for (var x = 1; x <= 10000; x++)
    {
        text += $"Line: {x}, I must not be a lazy programmer, and should
continually develop myself!\n";
    }
        _durationPlus = (DateTime.Now - _startTime).Ticks;
        Console.WriteLine($"Duration (Ticks) Using Plus Operator:
{_durationPlus}");
    }
```

UsingThePlusOperator() 方法展示了使用「+ 運算子」連接 10,000 個字串所花費的時間。處理字串連接所花費的時間被儲存為「被觸發（fired）的滴答數」。每毫秒有 10,000 個滴答數。現在，新增 UsingTheStringBuilder() 方法：

```
public static void UsingTheStringBuilder()
{
    _startTime = DateTime.Now;
    var sb = new StringBuilder();
    for (var x = 1; x <= 10000; x++)
    {
        sb.AppendLine(
            $"Line: {x}, I must not be a lazy programmer, and should
continually develop myself!"
        );
    }
    _durationSb = (DateTime.Now - _startTime).Ticks;
    Console.WriteLine($"Duration (Ticks) Using StringBuilder:
{_durationSb}");
}
```

此方法與上一個方法相同，除了我們使用了 StringBuilder 類別執行字串連接。現在，我們將新增程式碼以印出時間差，名為 PrintTimeDifference()：

```
public static void PrintTimeDifference()
{
    var difference = _durationPlus - _durationSb;
    Console.WriteLine($"That's a time difference of {difference} ticks.");
    Console.WriteLine($"{difference} ticks =
{TimeSpan.FromTicks(difference)} seconds.\n\n");
}
```

PrintTimeDifference() 方法透過從「+ 滴答數」中減去「StringBuilder 滴答數」來計算時間差。「滴答數」的差異隨後被輸出到控制台,接著是一行將「滴答數」轉換為秒的內容。以下是測試我們方法的程式碼,以便我們可以看到兩種連接方法中的時間差:

```
StringConcatenation.UsingThePlusOperator();
StringConcatenation.UsingTheStringBuilder();
StringConcatenation.PrintTimeDifference();
```

執行程式碼時,你將在控制台視窗中看到時間和時間差,如下所示:

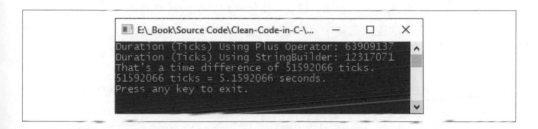

從螢幕截圖中可以看到,StringBuilder 更快。只有少量資料時,你用肉眼幾乎看不到任何區別。但是,當正在處理的資料行數量大幅增加時,用肉眼就可以明顯看到這種差異。

使用「建置器模式」的另一個例子是報告的建構。如果考慮「帶狀」的報告(banded report),則「帶狀」(或「帶區」)本質上是需要從「各種來源」建置的部分。因此,你可以擁有主要部分,然後將每個「子報表」作為不同的部分。最終報告將是各個部分的合併彙整。你可以使用類似下方的程式碼來生成報告:

```
var report = new Report();
report.AddHeader();
report.AddLastYearsSalesTotalsForAllRegions();
report.AddLastYearsSalesTotalsByRegion();
report.AddFooter();
report.GenerateOutput();
```

在這裡,我們建立了一個新報告。我們從新增標題開始;接著,我們將「所有地區」的去年銷售數字相加,然後是「按地區細分」的去年銷售數字;最後,我們在報告中新增頁尾,並透過「生成報告輸出」來完成該過程。

你已經從 UML 圖中看到了「建置器模式」的預設實作內容。然後，你使用 StringBuilder 類別實作了字串連接，這有助於你以高效率的方式建置字串。最後，你了解在建置報告的各個部分並生成其輸出時，「建置器模式」是多麼有幫助。

到此結束了我們對「建立式設計模式」的實作。現在，我們將繼續實作一些「結構式設計模式」。

實作結構式設計模式

作為程式設計師，我們使用「結構式模式」來改善程式碼的整體結構。因此，當遇到缺乏結構且不是最簡潔的程式碼時，我們可以使用本節中提到的模式，來重建程式碼並讓它變得整潔。有七種「結構式設計模式」：

- **轉接器（Adapter）**：此模式可以讓具有「不相容介面」的類別一起正常工作。
- **橋接（Bridge）**：此模式可藉由將抽象與其實作分離，來鬆散耦合程式碼。
- **組合（Composite）**：此模式可以聚合（aggregate）物件，可以對「單一物件」和「物件組合」進行統一處理。
- **裝飾器（Decorator）**：此模式可以在動態新增「新功能」到物件之上的同時，保持介面不變。
- **外觀（Façade）**：此模式可以簡化更大和更複雜的介面。
- **輕量（Flyweight）**：此模式可以節省記憶體並在物件之間傳遞共享資料。
- **代理（Proxy）**：在客戶端和 API 之間使用此模式來攔截客戶端和 API 之間的呼叫。

我們已經在前面介紹了轉接器、裝飾器和代理模式，因此本章中將不再贅述。現在，我們將從「橋接模式」開始實作我們的「結構式設計模式」。

實作橋接模式

我們使用「橋接模式」（bridge pattern）將抽象與它的實作分離，使它們在編譯時不受限制。抽象和實作都可以變化，而不會影響客戶端。

如果你需要「實作的執行時綁定」（runtime binding of the implementation）或在多個物件之間「共享實作」，或者，如果因為介面耦合（interface coupling）和各種實

作而存在「許多類別」，或者，如果你需要映射「正交類別階層架構」（orthogonal class hierarchy），那麼你可以使用「橋接設計模式」：

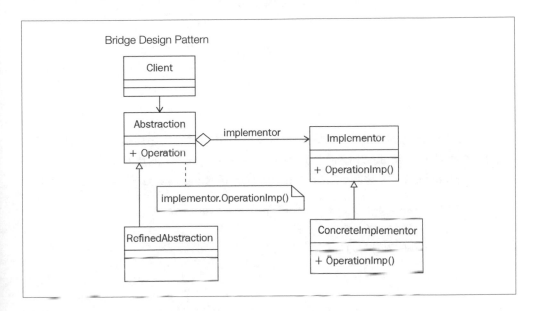

「橋接設計模式」的參與者如下：

- Abstraction：包含抽象操作的抽象類別
- RefinedAbstraction：繼承 Abstraction 類別並覆寫 Operation() 方法
- Implementor：具有抽象 Operation() 方法的抽象類別
- ConcreteImplementor：繼承 Implementor 類別並覆寫 Operation() 方法

現在，我們將實作「橋接設計模式」：

1. 首先新增 StructuralDesignPatterns 資料夾到專案中，接著，在該資料夾中新增 Bridge 資料夾。然後，新增 Implementor 類別：

```
public abstract class Implementor {
    public abstract void Operation();
}
```

2. Implementor 類別只有一個抽象方法，即 Operation()。新增抽象類別：

```
public class Abstraction {
    protected Implementor implementor;
```

```
        public Implementor Implementor {
            set => implementor = value;
        }

        public virtual void Operation() {
            implementor.Operation();
        }
    }
```

3. Abstraction 類別具有一個受保護的欄位，用於儲存 Implementor 物件，該物件是透過 Implementor 屬性設定的。名為 Operation() 的虛擬方法在實作程序（implementor）上呼叫 Operation() 方法。新增 RefinedAbstraction 類別：

```
public class RefinedAbstraction : Abstraction {
    public override void Operation() {
        implementor.Operation();
    }
}
```

4. RefinedAbstraction 類別繼承了 Abstraction 類別，並覆寫 Operation() 方法，以在實作程序上呼叫 Operation() 方法。現在，新增 ConcreteImplementor 類別：

```
public class ConcreteImplementor : Implementor {
    public override void Operation() {
        Console.WriteLine("Concrete operation executed.");
    }
}
```

5. ConcreteImplementor 類別繼承了 Implementor 類別，而且覆寫 Operation() 方法，以將訊息輸出到控制台。執行「橋接設計模式」範例的程式碼如下：

```
var abstraction = new RefinedAbstraction();
abstraction.Implementor = new ConcreteImplementor();
abstraction.Operation();
```

我們建立一個新的 RefinedAbstraction 實例，然後將它的實作程序設定為 ConcreteImplementor 的新實例。然後，我們呼叫 Operation() 方法。範例的輸出如下：

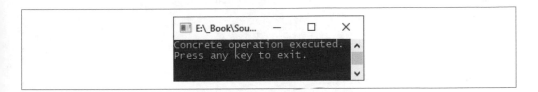

如你所見，我們在「具體實作程序類別」中成功地執行了具體操作。我們將要討論的下一個模式是「組合設計模式」。

實作組合模式

使用「組合設計模式」（composite design pattern），物件由樹狀結構組成，以表示「部分－整體」的階層架構（part-whole hierarchy）。此模式讓你能夠以統一（uniform）的方式處理「單一物件」和「物件組合」。

當你需要忽略「單一物件」和「物件組合」之間的差異，需要樹狀結構表示階層架構，以及當階層架構需要跨結構的通用功能時，請使用此模式：

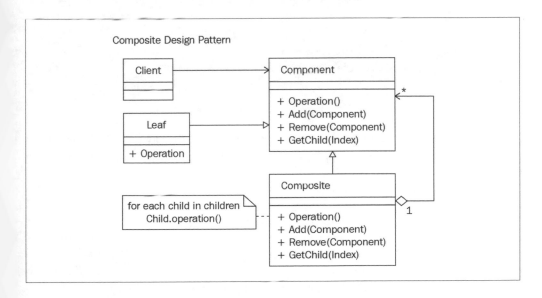

「組合設計模式」的參與者如下：

- Component：組合物件介面
- Leaf：組合中沒有孩子（children）的葉子（leaf）
- Composite：儲存「子元件」並執行操作
- Client：透過元件介面來操縱「組合」及「葉子」

現在是實作「組合模式」的時候了：

1. 新增一個名為 Composite 的新資料夾到 StructuralDesignPatterns 類別。然後，新增 IComponent 介面：

```csharp
public interface IComponent {
    void PrintName();
}
```

2. IComponent 介面具有單一方法，該方法將同時由「葉子」和「組合」所實作。新增 Leaf 類別：

```csharp
public class Leaf : IComponent {
    private readonly string _name;

    public Leaf(string name) {
        _name = name;
    }

    public void PrintName() {
        Console.WriteLine($"Leaf Name: {_name}");
    }
}
```

3. Leaf 類別實作了 IComponent 介面。它的建構函式使用一個名稱並儲存它，然後 PrintName() 方法將「葉子的名稱」輸出到控制台視窗。新增 Composite 類別：

```csharp
public class Composite : IComponent {
    private readonly string _name;
    private readonly List<IComponent> _components;

    public Composite(string name) {
        _name = name;
        _components = new List<IComponent>();
```

```
    }

    public void Add(IComponent component) {
        _components.Add(component);
    }

    public void PrintName() {
        Console.WriteLine($"Composite Name: {_name}");
        foreach (var component in _components) {
            component.PrintName();
        }
    }
}
```

4. Composite 類別以與葉子相同的方式實作 IComponent 介面。此外，Composite 還會儲存由 Add() 方法新增的元件列表。它的 PrintName() 方法印出了自己的名稱，然後印出列表中每個元件的名稱。現在，我們將新增程式碼來測試我們「組合設計模式」的實作內容：

```
var root = new Composite("Classification of Animals");
var invertebrates = new Composite("+ Invertebrates");
var vertebrates = new Composite("+ Vertebrates");

var warmBlooded = new Leaf("-- Warm-Blooded");
var coldBlooded = new Leaf("-- Cold-Blooded");
var withJointedLegs = new Leaf("-- With Jointed-Legs");
var withoutLegs = new Leaf("-- Without Legs");
invertebrates.Add(withJointedLegs);
invertebrates.Add(withoutLegs);

vertebrates.Add(warmBlooded);
vertebrates.Add(coldBlooded);

root.Add(invertebrates);
root.Add(vertebrates);

root.PrintName();
```

5. 如你所見，我們先建立組合內容，然後再建立葉子。接著，我們將葉子新增到適當的組合內容中。然後，我們將組合內容新增到根（root）的組合內容中。最後，我們呼叫根組合內容的 `PrintName()` 方法，該方法將印出「根」的名稱以及階層架構中所有「元件」和「葉子」的名稱。你可以看到輸出，如下所示：

```
E:\_Book\Source Code\Clean-Code...           ×
Composite Name: Classification of Animals
Composite Name: - Invertebrates
Leaf Name: -- With Jointed-Legs
Leaf Name: -- Without Legs
Composite Name: - Vertebrates
Leaf Name: -- Warm-Blooded
Leaf Name: -- Cold-Blooded
Press any key to exit.
```

我們的組合實作如預期地工作。我們將要實作的下一個模式是「外觀設計模式」。

實作外觀模式

「外觀模式」（façade pattern）的目標是讓使用 API 子系統變得更容易。使用此模式可以將「大型複雜系統」隱藏在一個更簡單的介面後面，供客戶使用。程式設計師會實作此模式的主要原因是，他們必須使用的系統過於複雜且難以理解。

採用這種模式的其他原因還包括了「如果有太多的類別相互依賴」，或者僅僅是因為「程式設計師無法存取原始碼」：

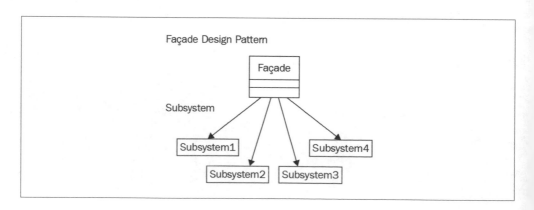

「外觀模式」的參與者如下：

- Facade：簡單的介面，充當客戶端和子系統之間的「中間人」（go-between）
- Subsystem Class：子系統類別，直接從客戶端存取中刪除，而且由外觀直接存取

現在，我們將實作「外觀設計模式」：

1. 新增一個名為 Facade 的資料夾到 StructuralDesignPatterns 資料夾中。然後，
   新增 SubsystemOne 和 SubsystemTwo 類別：

```
public class SubsystemOne {
    public void PrintName() {
        Console.WriteLine("SubsystemOne.PrintName()");
    }
}

public class SubsystemOne {
    public void PrintName() {
        Console.WriteLine("SubsystemOne.PrintName()");
    }
}
```

2. 這些類別具有一個單一方法，能將「類別名稱」和「方法名稱」輸出到控制台視
   窗。現在，讓我們新增 Facade 類別：

```
public class Facade {
    private SubsystemOne _subsystemOne = new SubsystemOne();
    private SubsystemTwo _subsystemTwo = new SubsystemTwo();

    public void SubsystemOneDoWork() {
        _subsystemOne.PrintName();
    }

    public void SubsystemTwoDoWork() {
        _subsystemTwo.PrintName();
    }
}
```

3. Facade 類別為它所了解的每個系統建立成員變數。然後，它提供了一系列方法，
   將在需要時存取每個子系統的各個部分。我們將新增程式碼以測試我們的實作內
   容：

```
var facade = new Facade();
facade.SubsystemOneDoWork();
facade.SubsystemTwoDoWork();
```

4. 我們要做的就是建立一個 Facade 變數，然後我們可以呼叫「在子系統中執行方法呼叫」的方法。你應該看到以下輸出：

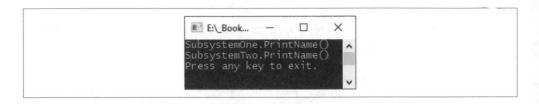

現在，讓我們看看最後一個「結構式模式」，即「輕量模式」。

實作輕量模式

「輕量設計模式」（flyweight design pattern）透過減少整體物件數來有效地處理大量「細粒度」（fine-grained）的物件。使用此模式可透過減少建立的物件數來提升效能並減少記憶體佔用：

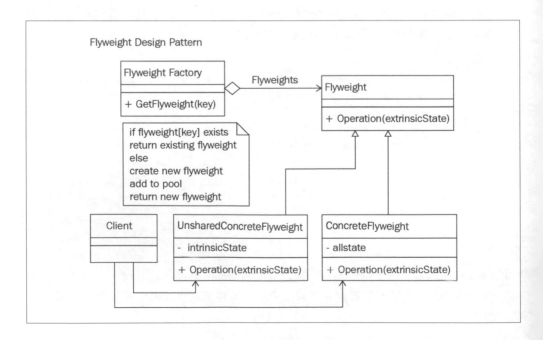

「輕量設計模式」的參與者如下：

- Flyweight：為 flyweight 提供一個介面，以便它們可以接收外部狀態並對其執行操作
- ConcreteFlyweight：可共享的物件，可為「內在狀態」（intrinsic state）新增儲存空間
- UnsharedConcreteFlyweight：當 flyweight 不需要共享時使用
- FlyweightFactory：正確管理 flyweight 物件並正確共享它們
- Client：維護 flyweight 參考，並計算或儲存 flyweight 的「外在狀態」（extrinsic state）

 「外在狀態」（extrinsic state）表示它並非物件本質的一部分，它起源於物件的外部。「內在狀態」（intrinsic state）表示「狀態」屬於物件，而且對於物件來說是必不可少的。

讓我們實作「輕量設計模式」：

1. 首先，新增 Flyweight 資料夾到 StructuralDesignPatters 資料夾中。現在，新增 Flyweight 類別：

```
public abstract class Flyweight {
    public abstract void Operation(string extrinsicState);
}
```

2. 此類別是抽象的，而且包含一個名為 Operation() 的抽象方法，該方法在 flyweight 的「外在狀態」中傳遞：

```
public class ConcreteFlyweight : Flyweight
{
    public override void Operation(string extrinsicState)
    {
        Console.WriteLine($"ConcreteFlyweight: {extrinsicState}");
    }
}
```

3. ConcreteFlyweight 類別繼承了 Flyweight 類別並覆寫 Operation() 方法。該方法輸出「方法名稱」及其「外在狀態」。現在，新增 FlyweightFactory 類別：

```csharp
public class FlyweightFactory {
    private readonly Hashtable _flyweights = new Hashtable();

    public FlyweightFactory()
    {
    _flyweights.Add("FlyweightOne", new ConcreteFlyweight());
    _flyweights.Add("FlyweightTwo", new ConcreteFlyweight());
    _flyweights.Add("FlyweightThree", new ConcreteFlyweight());
    }

    public Flyweight GetFlyweight(string key) {
        return ((Flyweight)_flyweights[key]);
    }
}
```

4. 在這個 flyweight 範例中，我們將 flyweight 物件儲存在「雜湊表」（hashtable）中。在我們的建構函式中建立了三個 flyweight 物件。我們的 GetFlyweight() 方法從「雜湊表」中回傳指定鍵的 flyweight。現在，新增客戶端（client）：

```csharp
public class Client
{
    private const string ExtrinsicState = "Arbitary state can be
anything you require!";

    private readonly FlyweightFactory _flyweightFactory = new
FlyweightFactory();

    public void ProcessFlyweights()
    {
        var flyweightOne =
_flyweightFactory.GetFlyweight("FlyweightOne");
        flyweightOne.Operation(ExtrinsicState);

        var flyweightTwo =
_flyweightFactory.GetFlyweight("FlyweightTwo");
        flyweightTwo.Operation(ExtrinsicState);

        var flyweightThree =
```

```
_flyweightFactory.GetFlyweight("FlyweightThree");
        flyweightThree.Operation(ExtrinsicState);
    }
}
```

5 「外在狀態」可以是你要求的任何狀態。在我們的範例中，我們使用一個字串。我們宣告一個新的 flyweight 工廠，新增三個 flyweight，並對它們執行操作。讓我們新增程式碼來測試我們的「輕量設計模式」實作：

```
var flyweightClient = new
StructuralDesignPatterns.Flyweight.Client();
flyweightClient.ProcessFlyweights();
```

6. 程式碼建立一個新的 Client 實例，然後呼叫 ProcessFlyweights() 方法。你應該看到以下內容：

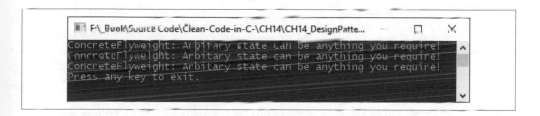

好了，這就是「結構式模式」的尾聲了。現在，讓我們看看「行為式設計模式」的實作。

行為式設計模式的概觀

作為程式設計師，你在團隊中的「行為」受你與其他團隊成員的「溝通」和「互動」方式所影響。我們編寫的物件沒有什麼不同。作為程式設計師，我們透過使用「行為式模式」（behavioral pattern）來確定物件的「行為」以及它們如何與其他物件「溝通」。這些「行為式模式」如下：

- **責任鏈（Chain of Responsibility）**：一個處理「傳入請求」的「物件的順序管道」（sequential pipeline of objects）。
- **命令（Command）**：在一個物件中「封裝」在某個時間點將被用來呼叫方法的所有資訊。

- 直譯器（**Interpreter**）：提供給定語法的翻譯。
- 迭代器（**Iterator**）：使用此模式，可以按順序存取「聚合物件」（aggregate object）的元素，而不會暴露其基礎表示形式。
- 中介者（**Mediator**）：使用此模式，可使物件透過「中間物」（intermediary，媒介）彼此溝通。
- 備忘錄（**Memento**）：使用此模式，可以捕獲並儲存物件的狀態。
- 觀察者（**Observer**）：使用此模式，可觀察「被觀察物件」的物件狀態並向其發出通知。
- 狀態（**State**）：使用此模式，可以在物件狀態「改變」時更改其行為。
- 策略（**Strategy**）：使用此模式來定義可互換的（interchangeable）「封裝演算法」的目錄（catalog）。
- 樣板方法（**Template Method**）：使用此模式來定義演算法以及可以在「子類別」中覆寫的步驟。
- 訪問者（**Visitor**）：使用此模式，可將新操作新增到現有物件，而無需對其進行修改。

由於本書的限制，我們沒有足夠的頁面來介紹「行為式設計模式」。考慮到這一點，我推薦你閱讀以下書籍，你可以使用這些書籍來進一步了解「設計模式」：

- 第一本書是 Vaskaran Sarcar 的《*Design Patterns in C#: A Hands-on Guide with Real-World Examples*》，由 Apress 出版：https://www.apress.com/gp/book/9781484236406
- 第二本書是 Dmitri Nesteruk 的《*Design Patterns in .NET: Reusable Approaches in C# and F# for Object-Oriented Software Design*》，也是由 Apress 出版：https://www.apress.com/gp/book/9781484243664
- 第三本書則是 Gaurav Aroraa 和 Jeffrey Chilberto 的《*Hands-On Design Patterns with C# and .NET Core*》，由 Packt 出版：https://www.packtpub.com/product/hands-on-design-patterns-with-c-and-net-core/9781789133646

在這些書中，你不僅會了解所有模式，你還會接觸到真實範例。這將幫助你從單純掌握知識更上一層樓，在你自己的專案中嫻熟應用與「設計模式」有關的實用技能。

我們對「設計模式」實作的討論來到了尾聲。在總結所學內容之前，我將為你提供一些與 clean code 和重構有關的最後想法。

最後想法

軟體開發有兩種類型：**Brownfield Development**（棕地開發，即「既有的、需要好好改進的專案」）和 **Greenfield Development**（綠地開發，即「全新的、未開發的專案」）。在我們的職業生涯中，必須處理的絕大部分程式碼都是 Brownfield Development，也就是「現有軟體」的維護和擴展，而 Greenfield Development 則是「新軟體」的開發、維護和擴展。在 Greenfield 的軟體開發世界，你將有機會從一開始就編寫 clean code，而我也鼓勵你做到這一點。

在進行專案之前，請確保已正確「規劃」專案。然後，使用可用的工具，有自信地開發 clean code。針對 Brownfield Development，最好在維護或擴展系統之前花時間「由內而外」地了解系統。不幸的是，你未必擁有充裕的時間。於是，有時候你可能會著手編寫所需的程式碼，卻沒有意識到該程式碼已經存在了（而它是可以執行你正在實作的任務的）。讓你的程式碼保持整潔且結構合理，這會使專案在稍後更容易重構。

無論你正在從事的專案是 Brownfield 還是 Greenfield，你必須確保你遵循了公司的程序。它們之所以存在是有充分理由的，這些理由是為了「開發團隊之間的和諧」以及「整潔的 Codebase」。當你在 Codebase 中遇到不整潔的程式碼時，應該立即進行重構。

如果程式碼太複雜而無法立即更改，而且如果需要在各層之間進行太多更改時，則必須將「更改」記錄為「專案的技術債」，並在經過適當規劃之後得以解決。

歸根究底，無論你自稱軟體架構師、軟體工程師、軟體開發人員還是任何其他職稱，為此，你的「生財之道」就是你的「程式設計技能」。不良的程式設計對你目前的職位來說可能是不利的，對你尋找新職位的能力來說亦無助益。因此，請利用你必須使用的所有資源，確保「你目前的程式碼」能為「你的能力水準」背書，留下良好印象。我曾聽過這樣一句話：

> You are only as good as your last programming assignment!
> （**編輯注**：直譯的話，意思是你只不過像你「前次程式設計任務」那樣好）

當架構設計得不太聰明和建置過於複雜的系統時，這一點很重要。保持程式的繼承深度不大於 1，並藉由 LINQ 之類的函數式程式設計技術，盡最大的努力減少迴圈。

你在「第 13 章」中看到了 LINQ 如何比 foreach 迴圈更具效能。透過限制電腦程式的路徑數量，試著降低軟體的複雜性；透過將「樣板程式碼」移除至「可在編譯時編入程式碼的 Aspect」，進而減少「樣板程式碼」。這樣可以將「方法中的行數」降低到僅需要業務邏輯的那些行。保持類別小巧，並只專注於一項責任。另外，將「方法的程式碼行數」保持在 10 行以內。類別和方法只能執行單一職責。

學習使編寫的程式碼保持簡單，以便易於閱讀和推理。了解你編寫的程式碼。如果你可以輕鬆理解程式碼，那很好。現在，問問自己：『在完成另外一個專案之後，回到這個專案時，你是否可以不費吹灰之力就理解程式碼？』當程式碼難以理解時，必須對其進行重構和簡化。

否則可能會導致系統膨脹，並導致緩慢而痛苦的死亡。使用文件註解來記錄可公開存取的程式碼。對於隱藏的程式碼，僅在程式碼本身無法充分理解時才使用簡單明瞭的註解。對經常要重複的通用程式碼則使用「模式」，以避免重複你自己（Don't Repeat Yourself，DRY）。Visual Studio 2019 中的縮排是自動的，但是不同文件類型之間的預設縮排是不同的。因此，最好確保所有文件類型都具有相同的縮排等級。請使用 Microsoft 建議的標準命名。

請不要複製和貼上他人的原始碼，以此作為你的程式設計挑戰。使用標竿分析法（Benchmarking，分析，profiling）來覆寫相同的程式碼，以減少處理時間。經常測試你的程式碼，以確保其行為和應做的事情。最後，練習、練習、再再再練習！

我們都會隨著時間改變我們的程式設計風格。如果身處的團隊採用了許多不良做法，這些程式設計師的程式碼會隨著時間惡化；如果身處的團隊採用了許多最佳實踐，那麼他們的程式碼將隨著時間而不斷改進。不要忘記，僅僅因為程式碼可以編譯並完成了它應該做的事情，並不代表它是最整潔或效能最高的程式碼。

作為電腦程式設計師，你的目標是編寫易於閱讀、推理、維護和擴展的整潔且具有高效能的程式碼。練習實作 TDD 和 BDD，以及 KISS、SOLID、YAGNI 和 DRY 的軟體範式。

你可以考慮從 GitHub 中簽出（check out）一些舊程式碼，作為將「舊的 .NET 版本」遷移到「新的 .NET 版本」的訓練機會，重構程式碼，使其變得整潔和具有高效能，並新增文件註解來為開發團隊生成 API 文件。這是磨練個人電腦程式設計技能的

好習慣。這樣一來，你經常會遇到一些非常聰明的程式碼，而你可以親自學習。在其他時候，你可能會想知道程式設計師當時在想什麼！不過，無論哪一種方式，只要有機會就提升你的 clean code 撰寫技能，都會使你成為一個更強大、更好的程式設計師。

在程式設計的領域中，我認為正確的另一句話如下：

> 『要成為一名真正的電腦程式設計師，你必須超越自己目前的能力。』

無論你或你的同行認為你有多專業，請記住你還可以做得更好。因此，請繼續推進並提升你的「遊戲等級」。然後，當你退休時，你可以因自己作為電腦程式設計師的出色成就，而自豪地回顧自己的職業生涯！

現在，讓我們總結一下在本章中學到的知識。

小結

在本章中，我們介紹了幾種「建立式」、「結構式」和「行為式」的設計模式。你使用了在本章中取得的知識來查看遺留程式碼（legacy code）並了解其目標。然後，你使用在本章中學到的模式來重構現有程式碼，使其更易於閱讀、推理、維護和擴展。藉由本書中的模式以及你可以使用的許多其他模式，你可以重構現有程式碼並從一開始就編寫 clean code。

使用「建立式設計模式」可以解決實際問題並提升程式碼效率；使用「結構式設計模式」，可以改善程式碼的整體結構，並改善物件之間的關係；而使用「行為式設計模式」，可以改善物件之間的溝通，同時保持這些物件的解耦（decoupling）。

好了，這就是本章的尾聲。我感謝你花時間閱讀本書並研究程式碼範例。請記住，使用軟體應該是一件快樂的事情。我們不需要為我們的業務、開發和支援團隊以及軟體客戶帶來麻煩又不整潔程式碼。因此，請考慮你正在編寫的程式碼，無論你從事該行業已有多少年，請永遠努力成為一個「比今天還要更好」的程式設計師。有句老話：

No matter how good you are, you can always do better!
（**譯者注**：沒有最好，只有更好！也就是說，「無論你有多好，總能做得更好！」）

讓我們測試一下你對本章的理解。本章的最後還有豐富又實用的延伸閱讀。用 C# 開心地編寫 clean code 吧！

練習題

1. GoF 模式是什麼，為什麼我們要使用它們？
2. 請解釋「建立式設計模式」用於何處？並列出它們。
3. 請解釋「結構式設計模式」用於何處？並列出它們。
4. 請解釋「行為式設計模式」用於何處？並列出它們。
5. 是否可能過度使用「設計模式」而導致程式碼臭味？
6. 請描述「單例設計模式」以及何時可以使用它。
7. 為什麼要使用工廠方法？
8. 你將使用哪一種設計模式來隱藏「大型且難以使用的系統」的複雜性？
9. 如何最大程度地減少記憶體使用並在物件之間共享公用資料？
10. 使用哪種模式將抽象與它的實作解耦？
11. 如何建構同一複雜物件的多個表示形式？
12. 如果你有一個需要進行各種操作的項目，才能使其進入所需狀態，那麼你將使用哪一種模式，為什麼？

延伸閱讀

- 《*Refactoring: Improving the Design of Existing Code*》，作者：Martin Fowler
- 《*Refactoring at Scale*》，作者：Maude Lemaire
- 《*Software Development, Design, and Coding: With Patterns, Debugging, Unit Testing, and Refactoring*》，作者：John F. Dooley
- 《*Refactoring for Software Design Smells*》，作者：Girish Suryanarayana，Ganesh Samarthyam 和 Tushar Sharma（**編輯注**：博碩文化即將出版本書繁體中文版，《設計重構：*25* 個管理技術債的技巧｜消除軟體設計臭味》）
- 《*Refactoring Databases: Evolutionary Database Design*》，作者：Scott W. Ambler 和 Pramod J. Sadalage
- 《*Refactoring to Patterns*》，作者：Joshua Kerievsky
- 《*C#7 and .NET Core 2.0 High Performance*》，作者：Ovais Mehboob Ahmed Khan

- 《*Improving Your C# Skills*》，作者：Ovais Mehboob Ahmed Khan，John Callaway，Clayton Hunt 和 Rod Stephens
- 《*Patterns of Enterprise Application Architecture*》，作者：Martin Fowler（**編輯注**：博碩文化即將出版本書繁體中文版）
- 《*Working Effectively with Legacy Code*》，作者：Michael C. Feathers（**編輯注**：博碩文化出版本書繁體中文版，《*Working Effectively with Legacy Code* 中文版：管理、修改、重構遺留程式碼的藝術》）
- dofactory 的 RAD C# 設計模式框架：`https://www.dofactory.com/products/dofactory-net`
- 《*Hands-On Design Patterns with C# and .NET Core*》，作者：Gaurav Aroraa 和 Jeffrey Chilberto
- 《*Design Patterns Using C# and .NET Core*》，作者：Dimitris Loukas
- 《*Design Patterns in C#: A Hands-on Guide with Real-World Examples*》，作者：Vaskaran Sarcar

memo

memo

讀者回函

讀 者 回 函

GIVE US A PIECE OF YOUR MIND

感謝您購買本公司出版的書，您的意見對我們非常重要！由於您寶貴的建議，我們才得以不斷地推陳出新，繼續出版更實用、精緻的圖書。因此，請填妥下列資料(也可直接貼上名片)，寄回本公司(免貼郵票)，您將不定期收到最新的圖書資料！

購買書號：   **書名：**

姓　　名：＿＿＿＿＿＿＿＿＿＿＿＿＿＿＿＿＿＿＿＿＿

職　　業：□上班族　　□教師　　□學生　　□工程師　　□其它

學　　歷：□研究所　　□大學　　□專科　　□高中職　　□其它

年　　齡：□10~20　　□20~30　　□30~40　　□40~50　　□50~

單　　位：＿＿＿＿＿＿＿＿＿＿＿　部門科系：＿＿＿＿＿＿＿

職　　稱：＿＿＿＿＿＿＿＿＿＿＿　聯絡電話：＿＿＿＿＿＿＿

電子郵件：＿＿＿＿＿＿＿＿＿＿＿＿＿＿＿＿＿＿＿＿＿＿

通訊住址：□□□＿＿＿＿＿＿＿＿＿＿＿＿＿＿＿＿＿＿＿

您從何處購買此書：

□書局＿＿＿＿　□電腦店＿＿＿＿　□展覽＿＿＿＿　□其他

您覺得本書的品質：

內容方面：　□很好　　　　□好　　　　□尚可　　　　□差

排版方面：　□很好　　　　□好　　　　□尚可　　　　□差

印刷方面：　□很好　　　　□好　　　　□尚可　　　　□差

紙張方面：　□很好　　　　□好　　　　□尚可　　　　□差

您最喜歡本書的地方：＿＿＿＿＿＿＿＿＿＿＿＿＿＿＿＿＿

您最不喜歡本書的地方：＿＿＿＿＿＿＿＿＿＿＿＿＿＿＿＿

假如請您對本書評分，您會給(0~100分)：＿＿＿＿＿　分

您最希望我們出版那些電腦書籍：

請將您對本書的意見告訴我們：

您有寫作的點子嗎？□無　　□有　　專長領域：＿＿＿＿＿＿＿＿

歡迎您加入博碩文化的行列哦！

博碩文化網站　　http://www.drmaster.com.tw

221

博碩文化股份有限公司　產品部

新北市汐止區新台五路一段112號10樓Ａ棟